2012—2013

食品科学技术
学科发展报告

REPORT ON ADVANCES
IN FOOD SCIENCE AND TECHNOLOGY

中国科学技术协会　主编
中国食品科学技术学会　编著

U0232079

中国科学技术出版社
·北京·

图书在版编目（CIP）数据

2012—2013食品科学技术学科发展报告／中国科学技术协会主编，中国食品科学技术学会编著．—北京：中国科学技术出版社，2014.2

（中国科协学科发展研究系列报告）

ISBN 978－7－5046－6543－0

Ⅰ. ①2… Ⅱ. ①中… ②中… Ⅲ. ①食品工业－科学发展－研究报告－中国－2012—2013 Ⅳ. ① TS2－12

中国版本图书馆 CIP 数据核字（2014）第 006343 号

策划编辑	吕建华　赵　晖
责任编辑	赵　晖　左常辰
责任校对	何士如
责任印制	王　沛
装帧设计	中文天地

出　　版	中国科学技术出版社
发　　行	科学普及出版社发行部
地　　址	北京市海淀区中关村南大街 16 号
邮　　编	100081
发行电话	010-62103354
传　　真	010-62179148
网　　址	http://www.cspbooks.com.cn

开　　本	787mm × 1092mm　1/16
字　　数	393 千字
印　　张	16.75
版　　次	2014 年 4 月第 1 版
印　　次	2014 年 4 月第 1 次印刷
印　　刷	北京市凯鑫彩色印刷有限公司
书　　号	ISBN 978－7－5046－6543－0/TS·66
定　　价	61.00 元

2012—2013

食品科学技术学科发展报告

REPORT ON ADVANCES
IN FOOD SCIENCE AND TECHNOLOGY

首席科学家　　陈　坚

专　家　组

　　组　长　陈　坚
　　副组长　孟素荷　孙宝国
　　成　员　（按姓氏笔画排序）

　　　　王　硕　李　铎　李　琳　李树君　杨晓光
　　　　何国庆　陈　卫　陈　洁　单　杨　周光宏
　　　　金征宇　姜招峰　郭　勇　潘迎捷

学术秘书　　张欣然

序

　　科技自主创新不仅是我国经济社会发展的核心支撑，也是实现中国梦的动力源泉。要在科技自主创新中赢得先机，科学选择科技发展的重点领域和方向、夯实科学发展的学科基础至关重要。

　　中国科协立足科学共同体自身优势，动员组织所属全国学会持续开展学科发展研究，自 2006 年至 2012 年，共有 104 个全国学会开展了 188 次学科发展研究，编辑出版系列学科发展报告 155 卷，力图集成全国科技界的智慧，通过把握我国相关学科在研究规模、发展态势、学术影响、代表性成果、国际合作等方面的最新进展和发展趋势，为有关决策部门正确安排科技创新战略布局、制定科技创新路线图提供参考。同时因涉及学科众多、内容丰富、信息权威，系列学科发展报告不仅得到我国科技界的关注，得到有关政府部门的重视，也逐步被世界科学界和主要研究机构所关注，显现出持久的学术影响力。

　　2012 年，中国科协组织 30 个全国学会，分别就本学科或研究领域的发展状况进行系统研究，编写了 30 卷系列学科发展报告（2012—2013）以及 1 卷学科发展报告综合卷。从本次出版的学科发展报告可以看出，当前的学科发展更加重视基础理论研究进展和高新技术、创新技术在产业中的应用，更加关注科研体制创新、管理方式创新以及学科人才队伍建设、基础条件建设。学科发展对于提升自主创新能力、营造科技创新环境、激发科技创新活力正在发挥出越来越重要的作用。

此次学科发展研究顺利完成，得益于有关全国学会的高度重视和精心组织，得益于首席科学家的潜心谋划、亲力亲为，得益于各学科研究团队的认真研究、群策群力。在此次学科发展报告付梓之际，我谨向所有参与工作的专家学者表示衷心感谢，对他们严谨的科学态度和甘于奉献的敬业精神致以崇高的敬意！

　　是为序。

2014 年 2 月 5 日

前　言

继 2006 年、2008 年、2010 年我学会三次圆满完成中国科协学科发展研究项目的分学科项目"食品科学技术学科发展研究"之后，2012 年我学会再次承担了这一连续性研究项目。

为保证本项目权威、前瞻的特征，经学术界同行推荐、我学会研究确定，组成以学会副理事长、江南大学校长陈坚教授为首席科学家兼组长，以孟素荷理事长、孙宝国院士为副组长的编写组，承担此项工作，并根据编写组成员各自的学科背景优势，进行工作分工。

根据中国科协的统一要求，我学会于 2012 年 8 月 14 日在北京召开本项目开题会，进一步明确了项目进度安排和工作分工，并于 2013 年 5 月 29 日，组织召开"2012—2013年食品科学技术学科发展研讨会"，为研究成果的最后完成征求业内意见，并为报告的最终完成夯实了基础。

作为该项目的研究成果，本报告的时间跨度以 2011—2013 年为主。由于本学科发展较快、领域较宽，一次报告难以概全，所以本报告在上一次报告的基础上，仍旧有所侧重，着重选取了本学科近年来发展较快的主要领域、行业热点问题以及涉及交叉学科的边缘领域，进行重点研究。

本报告除综合报告外，还包括食品安全、食品生物技术、功能食品、水产品贮藏与加工、畜产品贮藏与加工、淀粉科学与工程、果蔬贮藏与加工、食品添加剂、食品装备、转基因食品、方便食品、食品营养学等 12 个分报告。其中，综合报告由江南大学校长陈坚教授组织，陈洁教授等人撰写；天津科技大学校长王硕教授、浙江大学何国庆教授、北京联合大学应用文理学院姜招峰教授、上海海洋大学校长潘迎捷教授、南京农业大学校长周光宏教授、东莞理工学院校长李琳教授、湖南省农业科学院副院长单杨研究员、北京工商大学副校长（中国工程院院士）孙宝国教授、中国农业机械化科学研究院院长李树君研究员、国家疾病预防控制中心营养与食品安全所杨晓光研究员、江南大学副校长金征宇教授、浙江大学李铎教授，分别负责专题报告的撰写。

在此，谨向各位领导和参与编写、修改并提出宝贵意见的各位专家表示诚挚的谢意！并向所引用资料的作者，以及本报告的主办单位中国科协和为本书出版付出辛勤劳动的工作人员表示感谢！

由于时间和经验所限，本报告难免有不足之处，敬请读者指正。

中国食品科学技术学会

2013 年 12 月

目　录

综合报告

专题报告

ABSTRACTS IN ENGLISH

Comprehensive Report

Reports on Special Topics

综合报告

食品科学技术学科发展现状与前景

一、引言

食品产业是国民经济的支柱产业和保障民生的基础性产业。2012年，我国食品工业总产值近9万亿元，相比2011年增长约22%，约占GDP（51.9万亿）的17%。食品产业融合带动了农业、流通服务业和相关制造业的发展，在社会经济中充分发挥了"调结构、保增长、惠民生、促发展"的重要作用。

食品科学技术进步是食品工业跨越发展的直接推动力。我国食品科学技术学科发展涵盖了食品产业全过程，包括食品原料、食品营养、食品加工、食品装备、食品流通与服务、食品质量安全控制等环节。食品科技进步为食品产业发展输送创新人才、发现创新知识、开发创新技术、转化创新成果，提供有力地支撑并引导了食品产业的可持续发展。

2012—2013年度，在政府、企业、高等院校、科研院所及行业协会的共同努力下，我国食品科学与技术学科的建设在过去的基础上又取得了长足发展。

学科专业重新梳理评估，科学研究水平进一步提升。2012年新修订的《普通高等学校本科专业目录》中，食品科学与工程类一级学科下设食品科学与工程、食品质量与安全、粮食工程、乳品工程和酿酒工程等5个专业方向，以及葡萄与葡萄酒工程、食品营养与检验教育和烹饪与营养教育等3个特设专业。同年，在采用新评估指标体系的新一轮学科评估中，国内食品科学与工程学科具有"博士一级"、"博士二级"和硕士授权的共51所高等院校参加了评估。评估结果表明高校中有关食品的代表性学术论文、科研获奖、专利转化和科研项目研究等科学研究水平进一步提升。

人才任务建设日益迫切，教育培养加强梯队优化。在人才队伍建设方面，高等院校纷纷通过国家"千人计划"、"万人计划"、教育部"长江学者"特聘计划、国家自然科学基金委员会"杰出青年"计划，引进和培养国内外食品领域的高端人才和团队，致力于食品营养、食品安全等国家需求的基础科学研究，并进一步打造我国食品领域的高端人才基地。全国235所高等院校中具有食品学科一级博士授权资格的有21所，每年能够为食品工业及相关行业输送近10万名毕业生；以不同培养目标实施的校企联合培养、卓越工程师计划、国际联合培养、专业学位培养等人才培养模式在高校的食品学科中全面实行。

基础研究支持不断强化，安全营养研究持续深化。反映国内基础研究支持情况的首先是国家自然科学基金委员会在食品领域基础研究方面的投入。2012 年度，基金委食品科学领域共支持研究经费近 1.33 亿元，包括食品科学基础、食品生物化学、食品营养与健康、食品加工生物学基础、食品贮藏与保鲜、食品安全与质量控制等领域。在此同时，基金委明确 2013 年将优先支持关系国民营养健康与制约食品产业发展的重要科学问题，重点支持食品组分相互作用、分子营养学、膳食结构与人体健康等领域的研究。在基金委、科技部等支持下，我国食品科学研究工作特点包括：以生物传感器、免疫技术为代表的有害因子检测和安全风险评估等食品安全技术原理研究持续升温；天然多糖、多酚、抗氧化肽等活性物质的分离、构效关系及生理活性研究不断深入；营养基因组学技术手段更加成熟完善，对营养素作用机制研究更关注细胞和基因水平，重点突出食品营养预防和干预疾病发生；多糖、蛋白质等生物大分子材料的开始应用于生物医学和先进材料领域。

论文专利强调量质并重，成果转化凸显规模效益。2012 年我国学者在食品领域 SCI 源期刊上发表论文总数超过 2400 篇，相比 2006 年提高了近 4 倍，平均引用率为 0.6，发表论文数量占全部论文数量比例为 4.52%，仅次于美国。在 *Journal of Agricultural and Food Chemistry* 和 *Food Chemistry* 两大代表性高水平期刊上，2012 年中国学者发表论文数量均为 320 篇，相比 2006 年分别提高 207.69% 和 461.40%。食品、食物及处理领域的专利申请数、授权数稳定增长，分别达到 12198 项和 3763 项。"一种从植物油树脂中分离提纯叶黄素晶体的方法"等 6 项食品科技发明专利获得 2012 年度中国专利奖优秀奖。产业技术创新战略联盟成为产学研合作新模式。2012 年，肉类加工产业技术等 4 家 A 类联盟、大豆加工产业技术等 3 家 B 类联盟通过科技部评估，玉米产业技术等 5 个联盟获批为试点联盟。2012—2013 年间，在国家和省部级项目计划支持下，食品科技成果产业化硕果累累。稻米深加工高效转化与副产物综合利用等一批科研项目成果，在我国食品和生物龙头企业中实现了产业化，在全国形成了上百条生产线，创造经济效益上百亿元。

为了总结归纳这段时期内 2012—2013 年我国食品科学与技术领域取得的新进展，分析现阶段食品科技工作中存在的问题，提出当前和未来食品科学技术领域的发展趋势，并为制定今后我国食品科技和食品工业发展相关政策、规划提供依据，中国食品科学技术学会组织国内 14 所建有较强食品学科的高等院校和科研院所，共同编写了《食品科学技术学科发展现状与前景》。

报告分为综合报告和专题报告两个部分。综合报告分为最新前沿进展、国内外发展对比、趋势与展望 3 个部分，全面介绍了 2012—2013 年度我国食品科学与技术在学科建设、人才培养、科学研究、技术创新、成果转化等方面的状况，对比分析了国内外发展的异同点以及给予我们的启示，探讨了食品学科未来发展的趋势。专题报告部分有 12 个篇章，包括食品安全、食品生物技术、功能食品、水产品贮藏与加工、畜产品贮藏与加工、淀粉科学与工程、果蔬贮藏与加工、食品添加剂、食品装备、转基因食品、方便食品以及食品营养等。各专题报告分别介绍了各专题领域的最新进展、国内外差异、未来值得关注的重点方向和发展前景。

二、近年的最新进展

（一）科学与技术的研究进展

21 世纪以来，我国食品科学与技术学科发展迅速，在食品科技的多个领域取得了显著成绩，国际影响力显著提升，部分相关研究已经达到国际先进水平。本报告通过对近5 年中国学者发表的 "Food Science Technology" 相关的被引用次数超过 30 的论文和影响因子超过 15 的论文进行归纳和分析，得出了食品科学与技术领域的 9 个热点研究主题，包括检测方法、微生物制造、风险评估和营养等（见图 1）。为了进一步考察研究热点在过去 15 年中的迁移和转换，采用同样手法，也对 1995—2012 年国内学者发表的高水平 / 高引用论文，分三阶段进行统计，结果也列在图 1 中。显然，从图 1 结果可以看出：① 1995—2012 年食品安全持续受到高度关注，有关检测方法的论文不断增加，而有关风险评估的研究近 15 年虽然数量略有下降，但依然占据了统计论文总量的 10% 左右；②食品营养和功能因子相关领域的研究长盛不衰，其中酚类、营养、多糖、益生菌以及蛋白与肽等成为该领域中最热的方向，上述 5 个方面的高影响因子和高引用论文总量超过整个热点论文总量的 70%，特别是有关酚类化合物的研究，占据是统计论文总量的 35%；③食品微生物制造方面的研究在过去 18 年中也始终占据了比较重要的位置，约占统计论文总量的 7%；④食品大分子材料近年来不断受到重视，从 1995—2000 年间不足总论文量的 2% 上升到 2007—2012 年间的 5%。

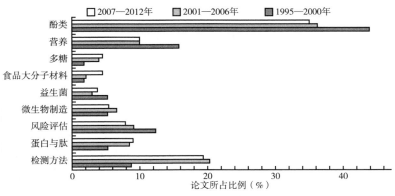

图 1　各个主题的相关论文比例

注：图中统计的论文包括被引用次数超过 30 的论文和影响因子超过 15 的论文。
论文来源：在 ISI Web of Science-SCIE 数据库检索 FOOD SCIENCE TECHNOLOGY 相关的中国学者论文，1995—2000 年共有 236 篇，引用次数超过 30 的论文有 65 篇；2001—2006 年共有 2913 篇，引用次数超过 30 的论文有 406 篇；2007—2012 年的共有 14002 篇，引用次数超过 30 的论文有 355 篇；1995—2012 年发表的 Food Science Technology 相关的高影响因子论文（IF>15）37 篇。

为了进一步阐明上述研究热点的进展情况，本报告对各热点主题分别进行综述，从研究进展、关键成果以及未来研究趋势等方面进行以下详细讨论。

1. 食品安全检测技术与风险评估研究

近年来，食品安全问题受到人们的广泛关注，快速检测技术越来越受到国家和企业的重视，在国家各类计划的支持下，食品安全快速检测技术得到迅速发展，新技术新方法不断涌现。食品安全风险评估为科学评估食品中污染物危害水平，制定切实有效的食品安全管理措施，降低食源性疾病发生，更好地保护人类健康等方面有着极其重要的作用，是制定标准的科学依据，也是食品质量安全管理的有效手段。

（1）传感器检测技术

传感器是目前食品安全检测研究的热点。农药残留、兽药残留等快速检测领域运用最多的是纳米生物传感器，如酶传感器、免疫传感器等。

酶传感器。 近年来，材料制备技术、光通信技术的发展为生物传感器提供了许多新材料、新方法，特别是在材料的选择上，传感器的制备不断吸收分子印迹、纳米材料、量子点等新技术，呈现出新的发展趋势。研究发现，将酶固定在 CdTe 量子点上，同时在多壁碳纳米管的表面沉积金纳米颗粒，能够极大增强有机磷水解酶传感器的选择性、灵敏度及反应速度。

免疫传感器。 免疫传感器的研究主要涉及信号放大、多组分检测、自动化、小型化以及传感器的再生等方面。最近，研究者基于金纳米棒自组装原理，首次研制了藻毒素金纳米棒免疫传感器，对藻毒素检测结果表明，端面识别模式的组装方法具有更高的检测灵敏度和更宽的检测范围（见图2），从而阐述了侧面和端面识别两种自组装模式在检测中应用的选择依据。在自动化和小型化方面，近年的热点免疫传感器如全内反射荧光、光波导模式谱、表面等离子共振免疫传感器、石英晶体微天平技术都具有良好的发展前景。

基于适配体的传感器。 与抗体相比，适配体具有制备简单、制备成本低、重复性高等优点。利用适配体的特异性识别作用开发传感器，是替代免疫识别体系的一种新趋势。

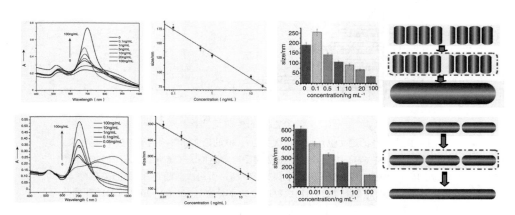

图2　两种自组装方式的模式检测原理分析

基于适配体竞争检测模式已经开发出新型赭曲霉毒素（OTA）电化学传感器，对 OTA 的检测限可达 30pg/mL，具有检测灵敏度高、制备方法简单、检测速度快（20min）等优点。有研究者通过 OTA 适配体标记量子点，将其替代传统的胶体金免疫层析试纸条金标抗体，开发出高灵敏的 OTA 快速检测（15min）试纸条传感器，其检测限可达到 3ng/mL。

其他传感器。组织传感器、细胞传感器、非生物传感器等也被应用于食品安全的检测。研究者基于溶出伏安法的原理，用纳米金掺杂石墨烯膜修饰电极，制备了高灵敏度和高选择性的汞离子传感器，在水样中的检出限为 6ng/L。基于冠醚的离子配合作用构建新型金纳米自组装材料，与金纳米粒子的光共振相结合，该功能化纳米粒子能够实现对牛奶中三聚氰胺的快速（5min）、灵敏（6ppb）、特异性的检测（见图 3）。

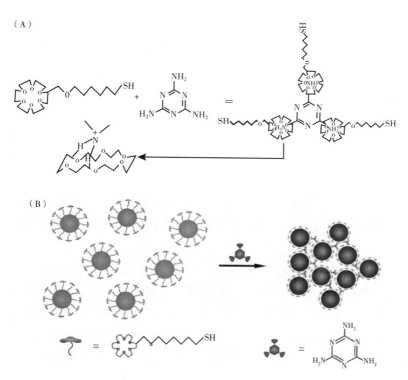

图 3　醚和三聚氰胺配合作用（A）和三聚氰胺诱导的 18 – 冠 – 6 – 巯基 – 改性 GNPs 的凝聚（B）

（2）免疫速测法

根据检测标记物的不同，免疫速测法分为放射免疫检测（RIA）、酶免疫检测（EIA）、荧光免疫检测（FIA）、发光免疫检测（LIA）等。近几年，又出现了大量新的免疫分析技术，如流动注射免疫层析等。

纳米材料、量子点等新技术的出现推动了荧光免疫法的发展。采用双镧系螯合硅纳米材料作为标记物可获得高灵敏度的时间分辨免疫荧光法。采用 DNA 杂交生物荧光纳米粒子探针作为生物元件检测食源性病原体沙门氏菌，检出限可达 3fmol/L。基于量子点纳米晶体颗粒单克隆抗体结合物能够显著提高牛奶中磺胺甲嘧啶的检测灵敏度，检出限可达 0.4μg/L。研究者基于生物素和亲和素放大效应，结合 Western Blot 技术，建立了目标蛋白的超灵敏免疫检测方法，在亲和素的作用下生物素修饰的荧光量子点聚集组装成荧光量子团，其荧光强度和稳定性都得到了很好提高；检测灵敏度达到了皮克级水平，有力地推动了超灵敏免疫检测技术的发展和应用。

（3）其他方法及展望

活体生物学方法利用敏感生物对有毒物的耐受程度进行测试。如发光细菌法利用农药残留抑制荧光酶的活性影响发光细菌的荧光强度，以判断残留物的量。此外，生物芯片技术、便携式气质联用技术等在快速检测中亦有应用。

目前，快速、准确、经济、简便、多残留同时检测已成为食品有害成分快速检测方法发展的主要方向，部分具体内容可见分报告《食品安全的现状与发展》。快速检测涉及的食品种类和检测对象繁多，现有的快速检测方法仍难以满足多残留同时检测的要求，因此，迫切需要研究开发多残留同时检测的快速检测方法、技术和仪器。

（4）风险评估

重金属污染问题已对我国的生态环境、食品安全、百姓身体健康和农业可持续发展构成了威胁。数据表明，我国内地遭受镉、砷、铬、铅等重金属污染的耕地面积近 2000 万 hm^2，约占耕地总面积的 1/5。谷物和蔬菜中重金属超标明显。中科院生态环境研究中心调查结果表明中国谷物含砷量为 70 ~ 830μg/kg，湖南砷矿区稻米含砷量可达 500 ~ 7500μg/kg。上海市蔬菜 Cd 和 Pb 超标率分别为 13.29% 和 12.0%。中国疾病预防控制中心报告表明中国人总膳食中 Pb 摄入量远高于发达国家水平；我国人群 Cd 摄入量低于日本，与英美等国较为接近。

目前，我国学者就国际农药残留联席会议（JMPR）农药残留急性膳食摄入量计算方法进行了描述，并提出了在高毒和中等毒性农药登记前应进行急性膳食风险评估。对中国水稻中毒死蜱与氟虫腈农药残留风险的研究结果表明，毒死蜱对 14 岁之前的男性及儿童具有高风险，延长安全间隔期可有效降低风险。农药的累积性暴露评估也是非常关键的。如果忽视农药的累积性暴露，将导致低估消费者的农药暴露风险。例如用毒死蜱作为等效因子，100000 名儿童的膳食暴露是毒死蜱参照剂量的 10 多倍，结论认为儿童膳食暴露的主要来源不是高剂量的单个农药，而是中等剂量的混合农药。

我国的风险评估还处于初级发展阶段，很多机制还不完善，缺乏系统的农药残留数据、重金属残留数据和各种食品消费量数据，以及易感人群如妇女、儿童和老人等群体的膳食模式。由于缺乏足够数据，也使得利用现有数据进行膳食暴露评估软件的开发与研究滞后和落后。开展风险评估及相关研究对我国农产品质量安全管理与有害成分残留标准的制定都有积极的理论和现实意义。

2. 多酚的高效分离、生理活性及抗氧化机理

多酚物质是植物的主要次生代谢产物之一，对植物的品质、色泽、风味等有显著影响，同时还具有抗氧化、抗癌、抗菌等多种重要生理功能，近几十年来始终为国内外研究热点。

（1）多酚化合物制备和分析方法

由于酚类物质易氧化，所以在提取时既要获得较高的提取率，又要防止氧化。传统的酚类化合物提取方法主要是有机溶剂提取法。然而，有机试剂提取法具有潜在的健康风险（溶剂残余）、污染环境等问题。近年来，新的提取方法不断涌现，如超声波辅助提取、固相萃取、微波辅助提取、超临界流体萃取、加压溶剂萃取等。这些新提取方法大多能够显著提高提取效率，缩短提取时间，并且提取条件更为温和，虽然在成本、处理量等方面仍需完善，但这些技术在提升生产效率、解决环境污染问题、提高产品品质和健康性等方面有一定优势。

在分离方面，柱层析技术发展迅速，新的层析技术和高效柱层析填料不断涌现。树脂层析分离法分离植物多酚的效率高，选择性强，操作条件温和，但操作周期稍长。高速逆流色谱、串联快速色谱等方法也不断应用，为酚类成分的分离提供了更加快速、便捷的途径。

随着现代分析技术的快速发展，超高效液相、液质联用、气质联用、液相—核磁联用等先进技术广泛应用于多酚化合物的分析与鉴定，使快速、大规模分析和鉴定多种植物中的多酚成分成为了可能。例如，采用 LCMS–IT–TOF 和 HPLC 技术对植物中的多酚化合物进行定性和定量分析（见图 4），可高效鉴定植物中的多种酚类化合物。

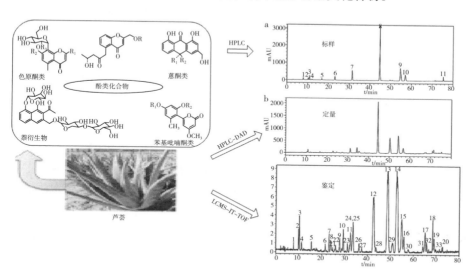

图 4　基于 LCMS–IT–TOF 和 HPLC 技术对芦荟中的化合物进行定性和定量分析

（2）多酚成分的功能活性

多酚化合物对于植物本身就具有许多重要的生理功能，对人和动物具有重要的营养保健功能，包括抗氧化、抗衰老、抗病毒和抗肿瘤等。

众多学者对多种植物中的多酚组分和多酚化合物的抗氧化活性进行了大量研究，几乎涉及所有的植物种类。对 68 种食用或药用草药抗氧化活性的研究结果表明，不同的提取物的抗氧化活性各不相同，多酚含量最高的 6 种提取物具有最强的抗氧化活性，他们是食品抗氧化剂的良好资源，而且这些植物的抗氧化活性与其多酚含量显著相关，表明多酚含量是抗氧化活性强弱的重要标志。

近年来，多酚的防癌抗癌作用受到了广泛关注。研究发现，没食子酸能够诱导肺肿瘤细胞的凋亡和显著抑制肿瘤的生长。EGCG 是通过抑制蛋白激酶、拓扑异构酶 I、MAP-1 和 NF-kappa B 等多个靶点发挥抗肿瘤作用。莲房原花青素、葡萄籽多酚和茶多酚对 Hela 肿瘤细胞株具有明显的体外抑制作用，且存在良好的剂量—效应关系。

多酚能够抑制细菌、真菌和酵母菌，尤其对金黄色葡萄球菌、大肠杆菌、霍乱菌等常见致病细菌有很强的抑制能力。对 46 种食用香辛料和传统药用植物提取物的研究发现，大多数提取物对食源性致病菌具有较强的抑制活性，而且这些提取物的抗菌活性与其多酚含量成正比。最近的研究表明茶多酚、葡萄籽提取物和苹果多酚对大肠杆菌、金黄色葡萄球菌、沙门氏菌、酿酒酵母及青霉菌具有较强的抑制作用，与其他两种植物多酚相比，茶多酚的抑菌效力更为显著，抑菌活性 pH 范围更宽，热稳定性更好。

（3）多酚化合物的抗氧化机理

多酚化合物的抗氧化机理国内外普遍认可的是氢原子转移机理、电子伴随质子转机理和络合机理。有研究发现，连翘叶黄酮对·OH 具有清除作用，抑制邻苯三酚自氧化，并抑制·OH 所致 MDA 的产生。而大蒜精油中的硫化物能与引起油脂自动氧化的活泼自由基发生反应而终止自由基的连锁反应，延缓多不饱和脂肪酸的自动氧化。大蒜提取物具有清除自由基的作用是由于其分子中有亚甲基亚砜及烯丙基结构，其本身是通过提供活泼氢与自由基反应，自身形成自由基共振杂化而被稳定。另据研究发现，卷柏双黄酮对 XO 有较强抑制作用，侧柏总黄酮对 LOX 的活性有较强的抑制作用；茶多酚的抗氧化作用不仅与其清除自由基有关，而且也与其络合铁离子的能力密切相关；红茶多酚能显著提高 GSH-Px 的活性和降低 DNA 的氧化损伤。

随着基因组学、蛋白质组学等现代生物技术的快速发展，各个植物中酚类物质的种类、含量、结构以及它们的代谢途径、互作方式、基因调控模式等方面的研究正在全面进行和逐步深入，这将有助于未来酚类物质的定向合成和利用。同时，随着现代提取工艺技术的不断改进，如超声、超临界萃取、膜技术和电化学等技术的发展，必将为植物多酚物质的提取分离提供更加简便、快速及高效的方法，从而大大提高植物多酚物质的提取效率和纯度，进而使植物多酚物质呈现出更加广阔的应用前景。

3. 功能肽的制备及活性研究

功能肽主要被定义为具有激素类似功效或者药物类似活性的肽，也被广义化定义为具有生理活性或者加工功能的肽。目前，有关功能肽的功能主要有抗菌肽、抗血栓、抗高血压、阿片样肽、免疫活性肽、矿物质螯合能力肽以及抗氧化功能肽等。尽管在这个领域的研究已经有大量关于功能肽制造、分离纯化、结构鉴定以及应用的研究，也有成功商业化的产品，但是肽的活性机制、结构与功能相关性等研究尚未透彻，如何提升肽活性或功能、挖掘新功能肽等，国内外研究依然活跃。

（1）**功能肽的生产和加工方法**

功能肽最初主要从动植物体内提取或者由各类蛋白水解获得，目前也可以采用发酵法、酶催化水解以及人工合成等方法获得。其中，利用蛋白水解蛋白获得具有一定功能性质的水解物、分离纯化获得具有高功能性质的肽段，是各类功能肽研究得较多的方法。为了减小大规模分离纯化的负担或者提高产率，大量研究集中在酶的筛选、酶水解条件的优化以及各种蛋白质前处理或者酶水解辅助方法如热诱导、超声波、微波辅助、高静压辅助等方法。为了从水解蛋白体系中获得高纯度的具有药用价值的功能肽，很多工业化分离纯化方法被用于肽的分离纯化中，如超滤、各类工业色谱技术等。

（2）**生理活性肽的功能提升**

在食品和药物领域，高效开发具有高功能性的生理活性肽是新的兴趣点。很多研究集中在如何提高肽的稳定性、亲和性和体内活性。在体外具有活性的肽，由于给药效率、生物相容性以及体系可能被降解等问题在体内未必具有相当的活性。功能肽要成功成为药物或者保健品，需要有抵抗胃肠中的蛋白酶降解、能够成功抵抗刷状缘和血清肽酶降解从而通过肠道转运至血清。基于此，微胶囊技术、纳米脂质体等包埋技术和给药技术得到不断开发。另外，一些新的药物载体不断被开发以提高肽的免疫原性，从而为发展新的疫苗打下基础。

（3）**肽结构与功能的研究**

肽的结构与功能、生物相容性以及给药过程体内的稳定性都有巨大关联。以抗氧化性为例，迄今为止，已经从不同的蛋白质水解物中分离纯化并获得了近百个具有抗氧化能力的纯的肽段，其中尤其是含有组氨酸、脯氨酸、酪氨酸和亮氨酸的肽段，具有很强的抗氧化能力；而且，各类结构肽抗氧化活性的机制各不相同。最近研究发现，组氨酸在抗氧化肽中的位置以及构象对肽的抗氧化能力有着巨大影响。肽的抗氧化性可能基于金属离子螯合能力或者自由基淬灭能力。肽的序列对抗氧化活性有非常显著的影响，在肽序中，咪唑基的位置对于肽的抗氧化性而言具有重要意义。含有组氨酸的肽既有金属离子螯合能力，也有单线态氧淬灭能力和羟基自由基淬灭能力，尽管这些特征单独而言都与肽的抗氧化性不成线性关系，但是肽的总体抗氧化能力可能来自于这些性质的相互协作。含有酪氨酸的短肽中，相邻的氨基酸结构及肽所处的环境对肽的抗氧化性具有显著影响（见图5）。研究者对 tyrosine、N-acetyl tyrosine、Gly-Tyr、Glu-Tyr、Tyr-Arg 和 Lys-Tyr-Lys 这些结构相似且都含有酪氨酸的二肽和三肽的抗氧化性的研究结果显示，对于光催化氧化，带有正电荷的基团连接在酪氨酸上，在光催化氧化条件下，促进含有酪氨酸的短肽的氧化；连接中性或者酸性氨基酸，曾会降低肽的氧化速率；但是对于金属催化氧化，正好相反。

肽的结构，如肽的电荷、分子大小、亲水性以及溶解度等，不仅影响其体外功能，也影响其生物相容性。报道显示，小肽可能可以通过肠内表达的肽转运并穿过肠上皮，而寡肽则可能通过膜上皮细胞疏水区域的被动运输穿过肠上皮。部分在胃肠道表现功能的肽（如胆固醇结合态）则不一定需要吸收就可以表达功能。

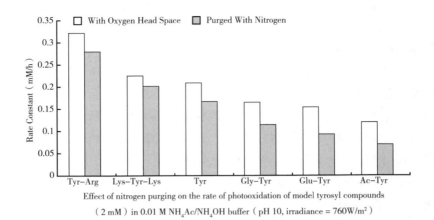

Effect of nitrogen purging on the rate of photooxidation of model tyrosyl compounds
（2 mM）in 0.01 M NH_4Ac/NH_4OH buffer（pH 10, irradiance = 760W/m^2）

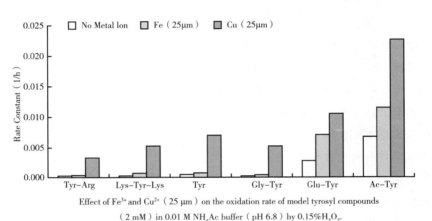

Effect of Fe^{3+} and Cu^{2+}（25 μm）on the oxidation rate of model tyrosyl compounds
（2 mM）in 0.01 M NH_4Ac buffer（pH 6.8）by 0.15%H_2O_2.

图 5　相邻的氨基酸结构及肽所处的环境对含有酪氨酸的短肽的
抗氧化性具有显著影响

迄今为止，不断有新的具有各类生理活性能力的肽段从各种蛋白水解物中被分离纯化和鉴定。随着肽合成技术的进步，利用人工合成肽，探讨生理活性肽结构与功能之间的相关性、结构明确的肽段与食品中其他成分的相互作用也在不断展开，今后的研究需要从分子机制角度去了解肽的活性机制。另外，到目前为止，大部分对于蛋白水解物或者活性肽的研究仅止步于体外测定法，并不能证实这些肽究竟在人体中是否也有着活性，在体外具有活性的肽或者蛋白水解物对于人体的健康效应可能将成为未来研究的目标之一。

4. 食品微生物制造优化原理与技术

食品微生物制造过程中微生物的生理功能受微生物的遗传机制（自身基因型）、生理行为（胞内微环境）、工程环境（宏观营养与环境条件）等三方面因素所决定。目前，揭示三大因素调控微生物细胞功能的生理机制，获得食品微生物制造过程优化理论，并应用于工业实践中，是食品微生物制造领域的研究热点。

（1）食品制造微生物生理机制的解析

基于全基因组序列构建的特定微生物代谢网络，及其结构和功能的分析，为从全局规模上深刻认识和高效、定向调控微生物生理功能奠定了坚实基础，从而为代谢工程的发展创造了前所未有的机遇。最近，在对维生素 C 生产菌株普通生酮基古龙酸菌和巨大芽孢杆菌进行基因组测序的基础上，研究者采用比较基因组、KAAS 和 SEED 等方法对两株菌的全基因组进行注释，发现普通生酮基古龙酸菌难以独立生长的原因在于氨基酸合成途径的缺失，而巨大芽孢杆菌促进其生长的机理在于具有很强的氨基酸和蛋白质合成与分泌能力。基于此，通过添加特定氨基酸和调节巨大芽孢杆菌蛋白分泌能力，显著提高维生素 C 的生产效率，使 1m³ 和 200m³ 规模的发酵罐上维生素 C 发酵时间缩短了 18%。

为提高丁二酸的生产，研究者在对 *Mannheimia Succiniciproducens* 的基因图谱及其主要新陈代谢途径进行研究的基础上，基于全基因组序列的结果构建了包含 373 个反应和 352 个代谢物的代谢模型，代谢流分析结果表明二氧化碳和磷酸烯醇式丙酮酸羧化成草酰乙酸对细胞的生长同样重要，基于这一结果从基因组的角度提出了菌种 M. Succinici-producens 的改进策略。

在研究者的共同努力下，越来越多的优化策略被发现。借助代谢工程的策略，将编码 pheA 基因整合到热诱导型低拷贝表达载体构建重组菌株，能够显著提高 L- 苯丙氨酸的产量。在 GSH 过量合成的微生物中，通过构建腺苷脱氨酶（add）缺失突变株完全阻断 Ado 向肌苷（Ino）和次黄嘌呤（Hx）的转化，或通过缺失负责降解 GSH 的关键酶 γ- 谷氨酰转肽酶（γ-GGT）和三肽酶（PepT）基因，能够使 GSH 在生物合成过程中几乎不发生降解提高，从而显著提高 GSH 产量。操纵 cysK 基因（编码半胱氨酸合成酶）是改进菌种提高瘦素生产的新策略，改进的菌种能够显著提高细胞生长速率，其瘦素生产率能够增加达四倍之多；同时，另一种富含丝氨酸蛋白的生产也会得到相应的提高。

工业过程中食品制造微生物的代谢功能主要由自身的胞内微环境和胞外的宏观环境所共同决定。最近，研究者通过有机整合融合 PCR、酵母高效电转化、制霉菌素富集和限制性培养基筛选等技术手段，建立了一种针对单倍体真核微生物线粒体基因组的基因敲除方法，并发现野生型和转化的 mtDNA 能同时存在于转化子中，且随着培养条件的改变两种 mtDNA 所占的比例发生规律性变化的单细胞线粒体基因组多态性（见图 6）。这一研究结果为真核微生物的线粒体基因改造提供了一种普适的方法。

（2）食品微生物制造过程优化控制技术

在深入揭示食品制造微生物自身遗传机制和详尽阐释工业制造过程中的食品制造微生物生理功能的基础上，从整体系统和特定过程的观点出发，通过对食品微生物制造过程内部的动态过程进行数量化分析并构建数学模型，特别是针对食品微生物制造过程中微生物表现出的生理状态进行优化，是开发食品微生物制造过程优化控制技术的新趋势。有研究者采用两阶段设计法优化酒精分批补料发酵过程，首先根据微生物发酵动态过程建立动力学模型，然后将建立的模型应用于发酵过程的优化，结合发酵数据调整模型的动力学参数，获得了酒精的最大产率，有效提高了酒精的产量。研究发现采用好氧和厌氧发酵相结

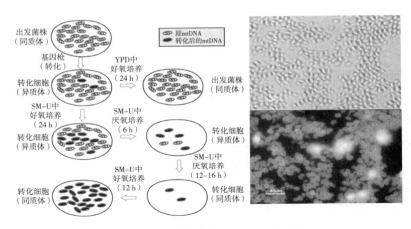

图 6　mtDNA 转化和 SCMGP 的过程

合的方式能够在更大程度上提高酒精的产量，好氧发酵能够促进菌体充分生长，而接下来的厌氧发酵则有利于更好的发挥微生物的代谢特性，从而能够显著提高酒精产量；通过动态控制溶解氧、搅拌转速，特别是葡萄糖的含量，将环境条件控制在最适合细胞生长或最适合产物合成的水平，有效地提高了酒精的产量和生产强度。

　　由于基因与蛋白质倾向于成组地通过网状相互作用而影响微生物细胞功能，因此对食品微生物制造的微生物生理功能的理解和全局调控的研究必须构建并分析其相互作用的网络。这些分子和基因相互作用网络包括基因调控网络、信号转导网络、蛋白质相互作用网络和代谢网络等；另一方面，随着重要食品微生物全基因组序列研究成果的公布或即将公布，和高通量数据的不断积聚，食品微生物制造进入了后基因组时代。后基因组时代的来临，为全局性、系统化地解析、高效设计、定向调控微生物生理代谢功能奠定了坚实的基础。

5. 益生菌高效筛选、功能解析与应用

　　作为一类足量摄入后对宿主产生有益影响的活的微生物，益生菌具有诸多公认的优良生理功能，在食品中有着广泛的应用，已成为国内外食品科学研究中一个飞速增长的领域。开发并利用益生菌生产具有特定功能性质的功能食品是目前的研究热点和发展趋势。

（1）功能性益生菌的高效筛选与功能评价

　　益生菌天然生境是一非常复杂的微生态系统。如何从其生境中筛选出具有益生功能的菌株，即建立高效定向筛选模型是益生菌开发的关键。目前，对代谢性疾病有缓解作用的益生乳酸菌、拮抗特定致病菌的益生菌、产功能胞外多糖、抗氧化和免疫调节的益生乳酸菌的开发与功能评价已成为相关领域的研究热点。针对高胆固醇和高血脂，利用胆固醇同化模型，研究者从中国传统发酵泡菜中成功筛选到植物乳杆菌 ST-III，并发现它能够降低 SD 大鼠总胆固醇和总胆酸，降低大鼠低密度脂蛋白胆固醇水平，提高高密度脂蛋白胆固醇水平。

　　随着人们生活水平的提高和健康意识的加强，免疫力已成为民众最为关注的健康话题

之一，具有免疫调节功能的益生菌研究也成为了研究热点。研究者从自然发酵酸马奶样品和传统发酵食品中成功筛选出 2 株优良的益生菌干酪乳杆菌干酪亚种 *L. casei* Zhang 和植物乳杆菌 Lp6；研究发现，Zhang 具有良好的耐酸性，人工胃液耐受性和胆盐耐受性，能在小鼠肠道内定殖和生长，具有拮抗病原菌的作用，对小鼠的细胞免疫、体液免疫及肠黏膜局部免疫具有调节功能；对 H22 荷瘤小鼠肿瘤生长有明显抑制作用，对所引起的免疫功能低下具有明显的恢复作用；Lp6 也具有显著的免疫调节作用。

（2）益生菌微生物学性质和功能特性的解析

优良益生菌生理特性与遗传背景的深入解析是益生菌开发和利用的基础。最近，研究者以来源于中国传统发酵食品的拥有自主知识产权的优良益生菌——植物乳杆菌 ST-Ⅲ、干酪乳杆菌 Zhang 和双歧杆菌 V9 菌株为对象，采用 Roche 454 高通量测序测定构建了三株益生菌菌株的全基因组序列并进行了比较基因组分析。在基因组水平上解析了三株优良益生乳酸菌菌株生物学性状和功能性质的分子遗传基础。这是我国第一批进行系统基因组学分析的优良益生乳酸菌。

此外，在基因组测序的基础上，完成了 *L. casei* Zhang 的蛋白质组学分析，构建了干酪乳杆菌 Zhang 在 pH4～7 的二维电泳参考图谱，这是国内第一株系统完成蛋白质组学研究的益生菌株，在蛋白质组水平上揭示了 *L. casei* Zhang 的耐酸性反应、耐胆盐性能的基本规律，为深入了解干酪乳杆菌 Zhang 菌株的生命活动规律和指导益生菌产品的高效生产奠定了基础。

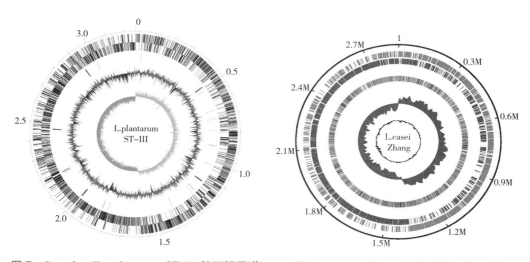

图 7 *Lactobacillus plantarum* ST-Ⅲ 基因组图谱　　图 8 *L. casei* Zhang 染色体基因组图谱

黏附和免疫调节是益生乳酸菌与宿主相互作用的重要机制。最新研究表明，植物乳杆菌 Lp6 以甘露糖特异的方式结合黏液，细胞表面蛋白和多糖是主要的黏附介导物。其中黏附性蛋分子量为 29～60kDa，以非共价形式结合于细胞壁。由于带鞭毛大肠杆菌等食源致病菌也带有甘露糖特性的黏附素，*Lactobacillus plantarum* Lp6 可能与这些细菌竞争黏附位点，抑制其侵袭肠道。嗜酸乳杆菌可通过其细胞壁蛋白结合到派伊尔结连滤泡上皮表面的甘露糖残基部位，并抑制病原菌结合该位点，从而发挥抗感染作用。

（3）益生菌生物加工关键理论与技术

益生菌在食品生产过程中会面临多种胁迫作用如酸、氧、饥饿、低温、渗透压等胁迫，从而影响细胞的重要生理功能，抑制细胞的活力和功能活性的发挥。乳酸菌抗胁迫研究有利于理解其抗胁迫机制和合理设计相应的生产工艺。以乳酸乳球菌为研究模型进行研究发现，在高致死率的胁迫或宿主菌自身抗性被削弱的条件下，利用代谢工程手段在乳酸乳球菌 NZ9000 导入谷胱甘肽（GSH）能够保护乳酸乳球菌 NZ9000 增强对氧胁迫的抵抗能力。此外，还发现在乳酸乳球菌 SK11 中生产 GSH 可以显著提高宿主菌的好氧生长性能和 pHin。同时，GSH 能够增强乳酸乳球菌 SK11 对氧胁迫和酸胁迫的抗性，这是关于 GSH 能保护革兰氏阳性菌抵抗酸胁迫的首次报道。用于酸面团发酵的旧金山乳杆菌从胞外吸收 GSH 后对低温、冷冻干燥和冻融胁迫的抵抗能力就显著提高，并通过对细胞膜中的饱和 / 不饱和脂肪酸的含量及平均链长、Na^+、K^+-ATPase 酶活性等的分析，为乳酸菌的稳定性提高的普适方法提供了理论基础。在研究干酪乳杆菌典型株 ATCC 393 株细胞在多重胁迫环境下的交互保护应答机制时，发现经酸胁迫预适应后细胞对热致死及氧致死的交互保护作用最为显著。其中，盐酸预适应引发的生理应答效应使细胞在应对热致死和氧致死胁迫时的存活率分别提高了 305 倍和 173 倍。

围绕具有自主知识产权和特定功能性质的优良益生菌，加强核心菌种资源与益生菌生物加工关键技术研究，开展新型功能性益生菌创新开发与应用，对于促进我国食品生物加工产业的发展具有重要意义。与国外益生菌研究领域的前沿相比，我国开展优良益生菌开发与应用研究、推动食品产业经济发展的任务仍然十分艰巨。

6. 天然多糖的活性及构效关系

随着对多糖生物学功能认识的深入，多糖生物学研究已经成为国际生物化学研究领域争夺的制高点。以多糖为重点的糖工程研究是继蛋白质、基因工程后生物化学和分子生物学领域中的科学前沿。其中，作为天然植物主要有效成分之一的多糖研究，为天然植物研究带来一个全新的时代。

（1）多糖的功能活性

目前，多糖功能活性的研究主要集中在增强机体免疫功能及抗病能力、抗氧化和延缓衰老、降血糖、调血脂、抗病毒、抗辐射等方面。研究发现，多糖主要通过增强机体免疫力而发挥杀伤或抑制肿瘤细胞的作用，即通过增强机体的免疫应答，而并不是直接杀伤肿瘤细胞。例如，黑灵芝多糖可通过促进小鼠淋巴细胞及腹腔巨噬细胞增殖、功能活化及诱导细胞因子分泌量的增加而达到增强机体免疫功能的作用。黑灵芝多糖还可通过线粒体凋亡途径诱导癌细胞凋亡。和环磷酰胺联合使用时，对肿瘤细胞的抑制率显著提高；相比于单独使用环磷酰胺，减少的 IL-2，TNF-α，胸腺和脾脏指数在一定程度可以再生，T，B 淋巴细胞增殖活性显著提高（见图 9）。

最近几年，多糖的多种生理功效如抗病毒、抗辐射、抗凝血、抗菌、抗炎、抗突变等

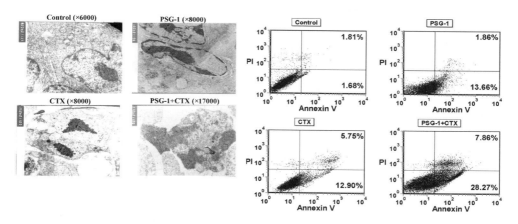

图 9　黑灵芝多糖 PSG-1 与环磷酰胺 CTX 共同作用对
S-180 移植小鼠肿瘤细胞凋亡作用的影响

也引起了研究者的广泛关注。最近研究发现当归多糖对骨髓造血细胞都具有显著的辐射防护作用。研究者通过提取分离纯化得到了具有高活性的两种新多糖 APS-1a 和 APS-3a，在获得其单糖组成和糖苷键类型基础上，进一步对其生物活性机制进行了阐明，结果显示当归多糖具有很强的生血活性，能够保护 CD34$^+$ 细胞的造血功能。抗辐射多糖的挖掘为贫血患者和放化疗患者提供了新的健康促进剂。

（2）多糖构效关系研究

多糖的结构与抗肿瘤活性。研究发现，多糖抗肿瘤活性主要与硫酸基、糖苷键、金属离子络合等三个结构因素密切相关。有研究表明黄芪多糖的抑瘤率为 23.6%，而硒化黄芪多糖的抑瘤率达 51.1%，即黄芪多糖硒化之后对 S180 肉瘤有更强的抑制作用。越来越多的研究发现多糖的硫酸化水平与其抗内皮细胞增生活性正相关，而且这些硫酸化多糖对阿霉素的抗癌作用具有协同增效作用。

多糖的结构与抗病毒活性关系。研究表明，多糖对艾滋病病毒、疱疹病毒及流感病毒等具有良好的抑制作用，且具有活性的多为硫酸多糖。人工分子修饰能够使原来不含有硫酸根或硫酸根含量低的多糖表现出较强的抗病毒活性。例如，在多糖硫酸化基础上进行乙酰化等，可提高硫酸多糖亲脂性，利于透过多层生物膜屏障发挥作用，提高了硫酸多糖抗病毒活性。

多糖抗 HIV 活性与聚合度和分子量相关。多糖发挥生物活性主要是其长链分子内活性单元的存在，在与病毒膜蛋白相互作用时，通常存在一个结构特异的最小活性单位，对不同的蛋白因子，糖的最小活性序列的结构和长度是不同的，它反映了靶分子上主要作用靶点对配体的结构性要求。如硫酸褐藻多糖 SPMG，平均每个糖单位含 1.5 个硫酸基，重均分子量为 10kDa。SPMG 通过与 HIV 表面糖蛋白 gp120 蛋白结合从而抑制 HIV 病毒对细胞的侵袭，在体内外均具有抗 AIDS 的活性。硫酸葡聚糖的分子量为 1000 时，最有效地抑制 HIV-2 诱导的合胞体的形成，分子量 10000 时其抗病毒活性达到最大。

具有抗疱疹病毒、抗流感病毒活性的多糖一般为硫酸多糖。在研究 κ- 卡拉胶衍生物对小鼠流感病毒性肺炎的影响时，发现在低浓度时，硫酸根取代度高的 κ– 卡拉胶对小鼠肺指数的抑制率更高，在高浓度时则相反。除了硫酸根含量的影响，硫酸根的取代位置也影响 κ– 卡拉胶多糖抗流感病毒活性。

多糖结构与抗尿路结石活性的关系。临床研究表明，口服从海藻中提取并经改良的分子量为 5000 ~ 6000 的硫酸多糖能明显增加尿石症患者 24h 尿中 GAGS 含量，而 GAGS 对尿石的成核、生长和聚集具有抑制作用。进一步研究表明，天然硫酸小分子量的海藻硫酸多糖比大分子量的海藻硫酸多糖能更有效地抑制大鼠膀胱内草酸钙结石的形成。

目前，清晰地阐明多糖构效关系仍属于一个科研难点，糖的研究远滞后于蛋白质和核酸，主要集中体现在多糖构效关系、代谢过程及作用机制尚未阐明。限制多糖研究的问题主要是高纯度多糖种类较少，化学结构与功能关系不明确，从而导致部分多糖活性不稳定以及难以在分子水平阐明生理功效和作用机制。因此我国需要加快多糖的开发应用，创新高纯度多糖制备技术，加强对多糖构效关系及作用机制的基础研究。相信多糖的发展趋势正如科学家所预言："今后的数十年，将是多糖的时代。"

7. 营养基因组学研究

近年来，基因组学、生物信息学在生物技术领域的研究获得了巨大进展，为在营养学领域研究膳食与基因的交互作用提供了良好的技术支撑条件。在此背景下，营养基因组学（nutrigenomics）应运而生，并迅速成为营养学研究的新前沿。

（1）营养素作用机制

通过基因表达的变化可以研究能量限制、微量营养素缺乏、葡萄糖代谢等许多问题。通过研究，可以检测营养素对整个细胞、组织或系统及作用通路上所有已知和未知分子的影响。因此，这种高通量、大规模的监测无疑将使得研究者能够真正全面地了解营养素的作用机制。通过应用分子生物学技术，研究者能够测定单一营养素对某种细胞或组织基因表达谱（gene expression profile）的影响。以缺锌致脑功能异常机制的研究为例，研究者应用基因芯片技术检测了缺锌仔鼠脑中差异表达基因，初步确认缺锌组仔鼠脑中有 8 条差异表达基因，其中 5 条锌上调序列、3 条锌下调序列，该研究结果为缺锌致脑功能异常机制的研究提供了重要线索。

研究发现，营养素通过转录因子影响基因表达，其中核受体超家族是最重要的营养素传感器。这些受体能够结合营养素及其代谢产物，如过氧化物酶体增殖体激活受体 PPARα（结合脂肪酸）或肝脏 X 受体 α（结合胆固醇代谢产物）与类胡萝卜素 X 受体组成异源二聚体结合到启动子区域的特定核苷酸序列上，从而调节甘油代谢的基因表达。肝脏内的 PPARα 还可以直接调节糖异生的基因表达。西兰花所含的芥子油甙是其主要活性抗癌物质，芥子油甙经水解后得到的 1—异硫氰基—4R—甲基亚硫酰基丁烷（SF）能够激活转录因子 Nrf2，Nrf2 是调节抗氧化和促炎基因的主要转录因子，从而在许多基因启动子区域编码抗氧化剂和解毒酶，起到抗癌作用。

一项蛋白质组研究表明，用丁酸盐处理结肠癌细胞 HT29，可影响 ubiquitin—

proteasome 系统及细胞凋亡信号途径相关蛋白的表达。结果提示丁酸盐除可通过组蛋白乙酰化途径调节基因表达外，还能通过蛋白水解调节细胞周期、凋亡及分化过程中关键蛋白的表达。同样，利用胰岛 B 细胞发现姜黄色素也能诱导基因表达。可见，借助功能基因组方法，不仅可在分子水平开展营养素与药物的比较研究，而且为阐明营养素作用机制提供了新的工具。

（2）膳食健康效应以及营养干预的有益作用

研究发现，饮食因素至少可通过两种机制影响 DNA 甲基化。首先，叶酸和维生素 B12 可提供甲基而影响 DNA 的甲基化，叶酸长期缺乏可诱导基因组甲基化水平降低，进而诱发癌基因的激活，基因组不稳定性增加。其次，饮食中的硒对 DNA 甲基化酶具有抑制作用，硒缺乏导致 DNA 甲基化酶活性增加，与结肠癌的发生有关。有研究表明用 EGCG 处理 LNCaP 细胞可诱导与生长抑制作用相关的功能基因的表达，同时抑制 G 蛋白信号网络的基因表达。利用转基因小鼠前列腺瘤（TRAMP）的动物模型模拟人前列腺疾病的进程，再给其灌胃绿茶中分离的多酚成分（GTP），剂量为人可接受量（相当于每天喝 6 杯绿茶），结果发现可显著抑制前列腺癌的发展和转移。

（3）营养素功能

营养素功能的研究通常是在营养素缺乏或不足的状态下进行研究。以硒的功能为例，研究者将功能基因组技术与膳食硒缺相结合进行研究，采用代表了 6347 个鼠类基因的高密度寡核苷酸阵列对喂饲了低硒膳食的 C57BI /6J 小鼠的小肠的基因表达水平进行检测，结果显示，相对于高硒膳食对照组，在所有被检测的基因中，84 个基因的表达增高超过了两倍，而 48 个基因的表达降低了 3/4；其中表达增高的包括 DNA 损伤 / 氧化诱导的基因如 GADD34 和 GADD45，以及细胞增殖基因；而表达降低的则包括谷胱甘肽过氧化物酶（GPX1）、P4503A1、2B9 等。研究结果表明硒的营养状况可能影响与肿瘤发生有关的多个途径。

基因组与蛋白质组技术的应用为全面认识营养素及其与疾病的关系提供了新的机遇。通过深入的营养基因组和营养蛋白质组研究，将有利于营养相关疾病新型诊断生物标志物的鉴定、营养素作用新靶点的发现和新型营养保健食品的研制。

8. 生物大分子材料研究

生物大分子具有低毒性、生物可降解性、可循环再生等优点，被广泛用于医用、食品包装以及工程塑料等行业。除了淀粉和纤维素等传统大分子作为材料研究以外，蛋白质以及其他一些多糖如葡聚糖、壳聚糖的研究日益增多。

（1）多糖材料

多糖含有丰富的羟基，倾向于形成聚集体以及发生自组装，因此在生命进程中扮演不同的功能角色，由多糖带动的生物高性能材料的发展也引起了极大关注。为了将葡聚糖接枝到生物材料的表面，研究人员探索了很多表面接枝方法，例如光敏反应、等离子体表面接枝多糖、层层自组装等。具有新功能的葡聚糖不断被挖掘，有报道称从 Auricularia auricula-judae 中分离得到一种梳子状的 β- 葡聚糖（AF1），带有短的支链，$0.02g \cdot mL^{-1}$

的 AF1 溶液可纺出高强度中空纤维，在稀溶液中可自组装成直径小于 100nm 和几十微米长度的中空纳米纤维（见图 10），该中空纤维具有优良的抗拉强度，生物相容性，耐有机溶剂和双折射。

纤维素等具有生物相容性和可降解性能。利用羧甲基纤维素钠（CMC）和纤维素在 NaOH/尿素水溶液体系中制的一种高吸水性水凝胶 GEL91，具有特别强的溶胀能力，GEL91 在水溶液中的最大溶胀比可以达到 1000，显著高于纤维素衍生物（见图 10）。在 GEL91 中 CMC 起到增大孔径的作用，而纤维素作为水凝胶的强壮骨架维持其外观。GEL91 在 NaCl 或 $CaCl_2$ 溶液中表现出智能溶胀和收缩，通过改变 CMC 的浓度可以控制牛血清蛋白的释放。这种基于纤维素形成的水凝胶在生物材料领域表现出很好的应用前景。

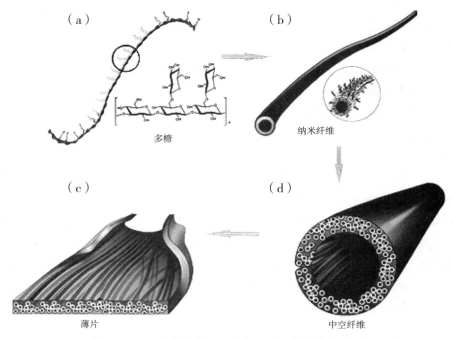

图 10　AF1 水溶液在不同浓度下分层自组装的过程

壳聚糖/甲壳素作为一种可再生的多糖资源，且具有无毒、抗菌和可降解性。用壳聚糖进行医用高分子材料的表面修饰是其中的一个大的方向。将壳聚糖固定到聚乳酸微球表面，制备出的聚乳酸细胞微载体能够更有效地促进软骨细胞的粘附和生长；等将水溶性的壳聚糖接枝到热塑性聚氨酯（TPU）表面，然后在此基础上又分别接枝了生物活性大分子肝素和多糖硫酸酯，发现壳聚糖的接枝可以有效地提高生物活性大分子的接枝密度，而且修饰后的材料对纤维蛋白原和血小板的排斥能力大大提高，抗凝血性增强。将壳聚糖接枝到 PE 的表面，可使改性后的 PE 抗血小板黏附和蛋白质吸附的能力显著提高。有研究以胶原和壳聚糖为原料制备了具有三维多孔结构的胶原聚糖/硅橡胶双层皮肤支架，动物实验表明，该支架在原位诱导了真皮的再生，并有高达 94% 的移植成功。

（2）蛋白质材料

蛋白质具有很高的营养价值，同时具有持水性、凝胶性、乳化性、起泡性、粘弹性等多种功能性质，加之其含有丰富的活性基团，如羰基、氨基等，可以参与很多的生化反应，逐渐为工业生产所用。近几年来，蛋白质作为生物材料被广泛应用到各个领域，如医药、食品包装、工程塑料等。

蛋白质通过改性例如乙酰化、酯化、变性、结合填料、与其他性质材料复合等途径，可以形成更高性能的材料。有报道显示，将甲壳素晶须强化大豆分离蛋白（SPI）可以有效增强 SPI 基纳米复合材料的抗拉强度和杨氏模量，例如强化长度为 $500 \pm 50nm$ 和直径 $50 \pm 10nm$ 的甲壳素晶须，可使 SPI 基膜片材料的抗拉强度和杨氏模量分别从为强化的 3.3MPa 和 26MPa 上升至 8.4MPa 和 158MPa，且有效加强材料的抗水性。将 SPI 与天然橡胶通过冷冻/冻干工艺共混，可以形成疏水性材料，该材料界面相容性良好，并具有光学透明性和生物可降解性，另外支持细胞粘附和增殖，暗示具有成为新型的组织工程材料的潜力。在通过溶液浇铸法制备基于羧甲基纤维素（CMC）和大豆分离蛋白、增容甘油的可食性膜时发现，提高 CMC 的含量，膜的机械性能提高，水敏感性降低，加入 CMC 形成的共混膜比蛋白膜有更好的结构和性能。用水性聚氨酯（WPU）来修饰大豆分离蛋白，可以制成热塑性材料，显著改善灵活性与持水性；WPU 的加入增强了混合膜在水中的机械性能，因此在潮湿的条件下也可以应用。另外，混合膜的毒性远比 WPU 小。

生物大分子材料在各领域的应用展现出了巨大的潜力，相信通过研究者的共同努力，还会有更多的性能优越的大分子材料问世，推动整个生物学科的发展，同时也为环境保护和能源节约做出贡献。

（二）学科建设方面的进展

1. 食品学科人才培养的规模和质量不断提高

我国食品学科发展迅猛，设置食品专业的高校数量也迅猛增加，由 20 世纪 80 年代的几十所高校迅速增加到 2010 年的 235 所高校。其中，37 所高校设有食品科学与工程一级或二级博士点，一百多所高校设有硕士点。食品学科在食品工业基础研究中、在产学研一体化持续发展中，提供着坚实的技术支撑，为食品工业的科技创新、科技进步和可持续发展提供了重要的动力支持。

（1）人才培养规模

1998 年以前，我国开设食品科学与工程本科专业的院校仅 70 所，而 2010 我国开设食品类专业的院校增至 235 所，增长了约 210%。随着食品专业培养的规模不断扩大，我国食品学科为食品工业输送的人才数量快速增加。如图 11 所示，包括我国食品学科在内的工科本科毕业生人数由 2007 年的 633744 人增长为 2011 年的 884542，增长了 39.6%，招生人数由 2007 年的 890510 人增长为 2011 年的 1134270 人，增长了 27.4%。

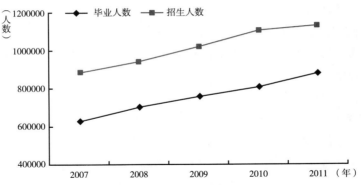

图 11 2007—2011 年我国工科本科毕业和招生情况

来源:《中国统计年鉴（2011）》。

（2）人才培养质量

经过大规模扩招后，高等教育进入一个稳步发展阶段，并逐渐专注于提高人才培养质量，按照教育部 2012 年进行的学科评估的标准和结果，本报告选取学位论文质量、教学与教材质量、优秀学生三个指标描述我国食品学科人才培养质量的提高水平。

1）学位论文质量。由表 1 可知，国家重点学科、博士一级、博士二级食品学科的学生论文质量都较高，平均分均达到 80 分以上，说明所培养的学生理论基础扎实，并掌握基本的研究方法。

2）教学与教材质量。由表 2 可知，国家重点学科、博士一级、博士二级食品学科的教学与教材质量之间差异较大，最高分和最低分之间相差 26.1 分，说明我国食品学科教学与教材质量有待提高。

3）优秀学生。由表 3 可知，国家重点学科、博士一级、博士二级食品学科的"优秀学生"分值都较高，平均分均高于 75 分，说明我国食品学科培养的学生质量较高。

表 1 "学位论文质量"得分分类统计表

分类		参评单位数	本类中单位名称（按单位代码排序）	最高分	最低分	平均分
国家重点学科		5	中国农业大学，江南大学，南昌大学，中国海洋大学，华南理工大学	94.4	80	85.8
授权类别	博士一级	18	中国农业大学，天津科技大学，内蒙古农业大学，东北农业大学，上海海洋大学，江南大学，江苏大学，南京农业大学，浙江大学，合肥工业大学，福建农林大学，南昌大学，中国海洋大学，华中农业大学，华南理工大学，华南农业大学，西南大学，西北农林科技大学	100	80	83.7
	博士二级	3	河北农业大学，哈尔滨商业大学，浙江工商大学	80	80	80

表2 "教学与教材质量"得分分类统计表

分类		参评单位数	本类中单位名称（按单位代码排序）	最高分	最低分	平均分
国家重点学科		5	中国农业大学，江南大学，南昌大学，中国海洋大学，华南理工大学	86.1	71.6	78.8
授权类别	博士一级	18	中国农业大学，天津科技大学，内蒙古农业大学，东北农业大学，上海海洋大学，江南大学，江苏大学，南京农业大学，浙江大学，合肥工业大学，福建农林大学，南昌大学，中国海洋大学，华中农业大学，华南理工大学，华南农业大学，西南大学，西北农林科技大学	86.1	60	71
	博士二级	3	河北农业大学，哈尔滨商业大学，浙江工商大学	63.5	60	61.2

表3 "优秀学生"得分分类统计表

分类		参评单位数	本类中单位名称（按单位代码排序）	最高分	最低分	平均分
国家重点学科		5	中国农业大学，江南大学，南昌大学，中国海洋大学，华南理工大学	100	88.7	93.9
授权类别	博士一级	18	中国农业大学，天津科技大学，内蒙古农业大学，东北农业大学，上海海洋大学，江南大学，江苏大学，南京农业大学，浙江大学，合肥工业大学，福建农林大学，南昌大学，中国海洋大学，华中农业大学，华南理工大学，华南农业大学，西南大学，西北农林科技大学	100	77.9	87.5
	博士二级	3	河北农业大学，哈尔滨商业大学，浙江工商大学	81	72.9	76.5

2. 科学研究水平逐渐提升

2009—2012年间，我国食品科学技术学科在国内外的知名度和影响力日益提升，特别是体现创新能力的科学研究水平不断提升，为食品工业持续快速发展提供较为坚实有力的技术和理论支撑。食品学科为国家重点学科、博士一级或二级学科的高校，其食品学科的科学研究水平代表了我国食品学科的最高层次。因此，本报告选取食品学科为国家重点学科或博士一级、二级学科的高校，对我国食品科学技术学科的科研水平进行分析。

（1）代表性学术论文质量

由表4可知，目前我国食品学科作为国家重点学科或博士一级学科的高校，其"代表性学术论文质量"最高分已达到96.3分，接近于满分；国家重点学科、博士一级、博士二级的食品学科，其"代表性学术论文质量"平均分分别为84.6、78.2、69.2，分别达到了较高的水平，说明我国食品学科领域发表的学术论文量质齐升。

表 4 　我国食品学科"代表性学术论文质量"得分分类统计表

分类		参评单位数	本类中单位名称（按单位代码排序）	最高分	最低分	平均分
国家重点学科		5	中国农业大学，江南大学，南昌大学，中国海洋大学，华南理工大学	96.3	79.1	84.6
授权类别	博士一级	18	中国农业大学，天津科技大学，内蒙古农业大学，东北农业大学，上海海洋大学，江南大学，江苏大学，南京农业大学，浙江大学，合肥工业大学，福建农林大学，南昌大学，中国海洋大学，华中农业大学，华南理工大学，华南农业大学，西南大学，西北农林科技大学	96.3	67	78.2
	博士二级	3	河北农业大学，哈尔滨商业大学，浙江工商大学	73.4	65.2	69.2

（2）科研获奖

　　由表 5 可知，目前我国食品学科作为国家重点学科或博士一级学科的高校，其"科研获奖"最高分已达到满分，但最低分为 69.9 分；国家重点学科、博士一级、博士二级的食品学科，其"科研获奖"平均分分别为 76.4、69.9、66.4，略低于"代表性学术论文质量"得分，这可能是因为各高校之间的"科研获奖"能力有一定差距，但平均分依然在 70 分左右，这说明我国食品学科的重点高校科研水平较高。

表 5 　我国食品学科"科研获奖"得分分类统计表

分类		参评单位数	本类中单位名称（按单位代码排序）	最高分	最低分	平均分
国家重点学科		5	中国农业大学，江南大学，南昌大学，中国海洋大学，华南理工大学	100	66.6	76.4
授权类别	博士一级	18	中国农业大学，天津科技大学，内蒙古农业大学，东北农业大学，上海海洋大学，江南大学，江苏大学，南京农业大学，浙江大学，合肥工业大学，福建农林大学，南昌大学，中国海洋大学，华中农业大学，华南理工大学，华南农业大学，西南大学，西北农林科技大学	100	62.3	69.9
	博士二级	3	河北农业大学，哈尔滨商业大学，浙江工商大学	68.5	63	66.4

（3）专利转化

　　高校科研成果的"专利转化"水平是代表科技转化为生产力的重要指标。由表 6 可知，目前我国食品学科作为国家重点学科或博士一级学科的高校，其"专利转化"最高分为 30 分，但最低分为 1 分，这说明各个高校之间差距明显，尽管部分院校食品学科的"专利转化"水平较高，但大部分高校食品学科的"专利转化"水平有待提高。

表6　我国食品学科"专利转化"得分分类统计表

分类		参评单位数	本类中单位名称（按单位代码排序）	最高分	最低分	平均分
国家重点学科		5	中国农业大学，江南大学，南昌大学，中国海洋大学，华南理工大学	30	3	15.2
授权类别	博士一级	18	中国农业大学，天津科技大学，内蒙古农业大学，东北农业大学，上海海洋大学，江南大学，江苏大学，南京农业大学，浙江大学，合肥工业大学，福建农林大学，南昌大学，中国海洋大学，华中农业大学，华南理工大学，华南农业大学，西南大学，西北农林科技大学	30	1	10
	博士二级	3	河北农业大学，哈尔滨商业大学，浙江工商大学	1	0	0.7

（4）科研项目情况

由表7可知，目前我国食品学科作为国家重点学科或博士一级学科的高校，其"科研项目情况"最高分达到91.6，但最低分为64.2分；国家重点学科、博士一级、博士二级的食品学科，其"科研项目情况"平均分分别为83、74.7、64.3，略高于"科研获奖"得分，这说明我国食品学科的重点高校科研水平较高。

表7　我国食品学科"科研项目情况"得分分类统计表

分类		参评单位数	本类中单位名称（按单位代码排序）	最高分	最低分	平均分
国家重点学科		5	中国农业大学，江南大学，南昌大学，中国海洋大学，华南理工大学	91.6	73.5	83
授权类别	博士一级	18	中国农业大学，天津科技大学，内蒙古农业大学，东北农业大学，上海海洋大学，江南大学，江苏大学，南京农业大学，浙江大学，合肥工业大学，福建农林大学，南昌大学，中国海洋大学，华中农业大学，华南理工大学，华南农业大学，西南大学，西北农林科技大学	91.6	64.2	74.7
	博士二级	3	河北农业大学，哈尔滨商业大学，浙江工商大学	67.2	61.8	64.3

（三）本学科在产业发展中的重大应用成果

1. 农产品高值化挤压加工与装备关键技术研究及应用

针对挤压技术应用面窄、挤压设备产量小、关键部件寿命短、自动化程度低、适应能力差等问题，食品科研人员以挤压技术为出发点，在国内首次完成了配合营养米和速溶首乌颗粒的工业化生产，并形成了多条高品质全脂大豆的挤压生产线。研究了挤压螺杆柔性组合与压力—温度分段控制技术，显著提高了国产挤压机的加工适应能力，创新了同一挤压机分别工业化生产稳定化米糠等产品的加工模式。发展了热渗透处理和等离子表面喷涂技术，大大延长了挤压机关键部件的使用寿命；实现了挤压机的自动化操作，创造性地采用软件模拟分析进行挤压设备系列化和模块化的设计与制造，完成了 50～315kW 系列挤压装备的大规模化生产。

经过 15 年的不懈努力，在挤压关键技术、挤压装备应用以及挤压机性能提高等方面取得了显著突破，完成了在十多家食品饲料企业大规模工业化生产以及专用挤压机或配套设备的设计、制造与应用；相关成果通过国家及省部级验收和鉴定，整体水平达国内领先，获山东省技术发明奖二等奖、教育部科技进步奖二等奖等省部级奖励 8 项。通过项目的实施，获国家授权发明专利 18 项，授权实用新型专利 25 项。该成果主要由山东理工大学、江南大学、江苏牧羊集团有限公司等单位完成，2011 年荣获国家科技进步奖二等奖。

2. 大豆精深加工关键技术创新与应用

通过生物技术、高效萃取技术、膜技术等现代高新技术的融合，突破了大豆蛋白生物改性、醇法连续浸提大豆浓缩蛋白、可控酶解制备大豆功能肽、超滤膜处理大豆乳清废水、大豆油脂酶法精炼、大豆功能因子产品开发等大豆精深加工共性关键技术，实现了提质增效和技术创新，打破了国外在功能性蛋白、油脂生物炼制、副产物综合利用方面的技术封锁，为我国大豆加工产业快速发展提供技术支撑，显著提升了我国大豆加工业的核心竞争力。

成功开发出功能性蛋白、大豆肽、酶法精炼油等新产品 23 种；获得授权发明专利 16 项、实用新型专利 3 项；成果得到了广泛推广，取得了显著的效益。项目研发新技术装备已在全国 18 家企业得到推广应用，建立生产线 45 条，包括山东谷神集团、广州合诚生物科技股份公司、哈高科大豆食品公司、黑龙江双河松嫩大豆生物公司等，累计创经济效益 64 亿元，其中 9 家企业近三年新增利税 7.1 亿元，创汇 2.1 亿美元，节支 4600 万元。该成果主要由国家大豆工程技术研究中心、华南理工大学、河南工业大学、东北农业大学、哈高科大豆食品有限责任公司、黑龙江双河松嫩大豆生物工程有限责任公司、谷神生物科技集团有限公司等单位完成，2011 年荣获国家科技进步奖二等奖。

3. 稻米深加工高效转化与副产物综合利用

针对我国稻米特别是低值稻米（节碎米等）深加工与副产物综合利用落后局面，国内外首创稻米（节碎米）淀粉糖深加工及副产物高效综合循环经济模式，在创新工艺与设备基础上，实现副产物高效综合利用率 100%，真正达到"无三废、零排放"的最佳生态环保、节能效果。构建高活力、超高耐温复合酶制剂和酶助剂，显著提高酶活力 30% 以上，显著提高淀粉转化率 97% 以上；以节碎米为原料，制取了高色价（≥200U/g 红曲色素）低桔霉素（≤0.02mg/kg）红曲色素，被评为国家重点新产品；国内率先以低值稻米为原料，将低值稻米淀粉改性成高附加值稻米变性淀粉。

研发出 11 大系列（淀粉糖、红曲色素、改性淀粉、米蛋白和功能肽、米胚油和米糠膳食纤维、稻壳活性炭等）30 多种高附加值产品，申报了 73 项专利，其中授权 39 项。技术先后在 30 多家企业推广应用，产生了极好的经济效益和社会效益，为我国稻米特别是低值稻米深加工高效转化与副产物综合利用起到了强劲的推进作用。该成果主要由中南林业科技大学、华南理工大学、万福生科（湖南）农业开发股份有限公司、华中农业大学、长沙理工大学、湖南润涛生物科技有限公司、湖南农业大学等单位完成，2011 年荣获国家科技进步奖二等奖。

4. 高效节能小麦加工新技术

通过攻克小麦加工的关键共性难题，创新一批具有自主知识产权的新工艺、新装备、新技术，全面提升了我国小麦加工业的整体技术水平。项目成果主要包括高效节能小麦加工技术、蒸煮类小麦专用粉生产新技术、高效节能挂面生产新技术等内容。项目创新强化物料分级与纯化技术和磨撞均衡制粉技术、首创以在制品配制为主导的专用粉生产技术，集成一套完整的高效节能小麦加工新技术。提高小麦加工单位产能 25% 以上，降低电耗 15% ~ 20%；优质粉出粉率提高 10% 以上，面粉总出率增加 2% 以上；专用粉品质更加适合蒸煮类食品质量要求，同时大幅度提高专用粉出粉率。显著提高了面粉及其制品的安全性，对促进主食工业化健康发展具有重要意义。

目前，项目技术已在全国 600 多条生产线应用，并推广至国外多个国家，大大推动了行业技术进步，取得了较好的经济效益和社会效益。项目的推广应用，大幅度提高了面粉出率，节约了大批粮食，相当于增加数千万亩良田，对保障国家粮食安全具有重要意义；累计节电数十亿度，减少不可再生资源消耗；产品质量与安全性的改善，满足了日益提高的食品安全需求，对提高人民物质生活及健康水平做出突出贡献；项目实施过程为行业培养了大批技术人才，为行业的快速发展提供了人才保障。推动了行业的整体技术进步，使我国小麦加工业技术跃居国际先进水平。该成果主要由河南工业大学、武汉工业学院、克明面业股份有限公司、河南东方食品机械设备有限公司、郑州智信实业有限公司、郑州金谷实业有限公司等单位完成，2011 年荣获国家科技进步奖二等奖。

5. L-乳酸产业化关键技术研究与应用

历经 13 年联合攻关，先后解决了 L-乳酸菌种不稳定、发酵产酸率低、周期长、生产效率低、产品纯度低，难以实现规模化生产等重大技术难题；先后开发了高产乳酸生产菌株 JD-076L 的选育、L-乳酸高浓度发酵工艺的应用与优化、L-乳酸的耦合分离提纯新技术的发明与应用、L-乳酸专用新型发酵罐的研制与应用等关键技术。这 4 项关键技术分离效率高，耦合吸附分离后原液中 L-乳酸残存量在 0.01% 以下；选择性强，只吸附 L-乳酸；分离效果好，产品质量指标达到世界同类产品先进水平。与传统提取工艺相比，耦合吸附分离在常压下进行，耦合吸附剂可反复循环使用，且不需要消耗其他原辅材料，大幅度减少了原材料消耗和设备投资。

实现了乳酸行业的重大原创性技术创新，形成了具有自主知识产权的L-乳酸关键技术，填补了国内L-乳酸的技术和生产空白。以上技术创新在我国首次实现工业化生产后，可以提升玉米原粮效益3倍，整体技术水平和产品质量达到国际领先水平，生产成本大大低于国际同类产品，彻底改变了我国L-乳酸生产技术被国外垄断的状况，产品远销日本、美国、欧洲、东南亚80多个国家和地区。该成果主要由河南金丹乳酸科技有限公司、哈尔滨工业大学（威海）等单位完成，2011年荣获国家科技进步奖二等奖。

6. 食品安全危害因子可视化快速检测技术

针对食源性致病菌和小分子化学危害物可视化分析理论进行了创新研究，开发了7项具有自主知识产权的可视化快速检测核心技术；首次建立了两个属及9种食源性致病菌的基于生物薄膜传感器的可视芯片检测方法和15种食源性致病菌LAMP现场检测方法，实现了多目标菌的高通量同时检测和现场快速检测；开发了70余种食品中有害物可视化快速检测产品，技术指标达到了国际先进水平，获得国家发明专利13项。

开发的快速检测技术和系列产品陆续在我国进出口口岸检验检疫、农业、工商、质监和卫生等食品安全监测机构以及食品生产企业等2000多家单位得到广泛应用。近3年，产生直接经济效益21.63亿元；产品在检测机构的广泛应用，保障了年均货值为175亿美元食品、农产品的进出口贸易，有效应对了国外技术壁垒，维护了我国1500多家食品企业的利益，提升了我国食品安全监管水平和企业的自检自控能力，保障了消费者的健康和生命安全。该成果主要由天津科技大学、中国检验检疫科学研究院、天津出入境检验检疫局动植物与食品检测中心、辽宁出入境检验检疫局检验检疫技术中心、天津生物芯片技术有限责任公司、天津九鼎医学生物工程有限公司等单位完成，2012年荣获国家科技进步奖二等奖。

7. 果蔬食品的高品质干燥关键技术研究及应用

通过18个主要纵向和产学研大型横向课题的联合研发，建立了果蔬食品干燥过程品质调控新技术理论体系和技术平台；针对不同的出口需求，在17年中已应用该系列技术开发了四大类果蔬食品高品质脱水加工创新产品，较好地解决了传统果蔬食品干制品普遍存在的加工和后续保藏过程中品质变劣快、不稳定的国际性难题；开发的高效保质联合干燥新技术为高耗能的干燥行业做出了节能减排贡献。

获得授权国家发明专利33项，4项核心技术成果达到了国际同类领先或先进水平。通过在海通食品集团、山东鲁花集团等10家行业或地方龙头企业的实际应用，为企业构建了能自主开发新型高品质果蔬食品干制品的创新平台，显著提高了企业的市场竞争力，项目的实施既扶持了当地农业龙头企业，又使农民增收，有效推动了当地农业产业化进程，依托本项目还培养了一批本领域的高级研究人才与龙头企业实践性技术人才，取得了很显著的经济和社会效益。本成果的应用为实现我国果蔬食品高品质干燥技术的跨越式发展奠定了坚实的理论与技术基础，也为全球经济危机形势下竞争日益激烈的我国优势果蔬脱水产品扩大出口份额和拓展国内市场提供有力的技术支持。该成果主要由江南大学、宁波海通食品科技有限公司、中华全国供销合作总社南京野生植物综合利用研究院、山东鲁花集团有限公司、江苏兴野食品有限公司等单位完成，2012年荣获国家科技进步奖二等奖。

三、国内外研究进展比较

（一）学科国际研究热点

鉴于食品行业对于人类社会发展的重要影响，2012—2013年，欧、美、日等发达国家和地区纷纷制定了食品科学与技术相关的研究和发展计划。例如，欧盟投入1600万欧元打造"健康谷物"项目；德国政府投入40亿欧元，研究如何从源头上确保食品的品质和建立高效的食品安全监控机制；丹麦农业部设立了一个旨在加强有机食品生产的项目；澳大利亚投入3500万美元，研究加强对食品加工新技术的应用，加快设计新工艺和对改造现有生产线的改造，进一步提高生产效率；美国食品和药品监督管理局发起了"食品病原菌基因组项目（GPFP）"，旨在快速确认污染源，控制疾病的爆发。

为了进一步分析食品学科当年的研究热点，以Web of Science发文数前20位的食品科学与技术相关SCI收录杂志近五年（2008年1月1日至2013年3月2日）的论文为基础（见表8），以这些杂志引用次数排名前25位的论文为主要调研目标，本报告进行了研究热点分析。统计结果显示当前食品学科最热点的领域集中于食品营养、食品安全和食品加工三个方面，与主要发达国相关研究计划的关注点吻合。

表8 食品科学相关论文发文数前20位的期刊

序号	杂 志 名 称	文章数	影响因子
1	Journal of agricultural and food chemistry	8455	2.823
2	Food chemistry	6750	3.655
3	Journal of dairy science	5935	2.564
4	Food and chemical toxicology	2919	2.999
5	Journal of food science	2379	1.658
6	Journal of food engineering	2202	2.414
7	Natural product communications	1999	1.242
8	Journal of the science of food and agriculture	1975	1.436
9	International journal of food microbiology	1851	3.327
10	Food australia	1768	0.348

序号	杂志名称	文章数	影响因子
11	*International journal of food science and technology*	1746	1.259
12	*International sugar journal*	1724	0.138
13	*Meat science*	1710	2.275
14	*Journal of food protection*	1674	1.937
15	*Food research international*	1575	3.15
16	*Food control*	1541	2.656
17	*Lwt food science and technology*	1515	2.545
18	*European food research and technology*	1350	1.566
19	*Food Science and Biotechnology*	1231	0.493
20	*Food technology*	1184	0.521

1. 食品营养

随着人类生活水平的整体提升，国际上尤其在一些欧、美、日等发达地区和国家，对于食品营养研究的焦点已逐步从提供基本能量和物质一般性食品转向富含生物活性成分的功能食品。这种研究也带动了行业的转型，例如，2007—2012年世界功能食品市场年均增长达到5.7%。通过文献分析可以发现，功能食品的研究集中于三方面：益生菌筛选和非乳品益生菌饮料的开发、生物活性物质的来源、活性分析与作用机制、提高益生菌和生物活性物质的生物利用率。

（1）益生菌筛选和非乳品益生菌饮料的开发

人体肠道微生物菌群对于人体的营养和健康有重要影响，这类益生菌主要来自于乳杆菌属（*Lactobacillus*）和双歧杆菌属（*Bifidobacterium*），是许多功能食品和膳食补充剂中的有效成分。大量的研究表明，这些益生菌仅局限于少数菌株，同种不同株的益生菌具有较大的生物活性差异，这使筛选高生物活性的乳杆菌和双歧杆菌成为益生菌研究的主要方向之一。基于体外实验，意大利 Bologna 大学的研究者分离得到的 *Lactobacillus acidophilus* Bar13、*L. plantarum* Bar10，*Bifidobacterium longum* Bar33 和 *B. lactis* Bar30 可以高效替换结肠腺癌细胞层上的致肠病菌、鼠伤寒沙门氏菌和大肠杆菌 H10407。这些菌株将成为新型功能食品潜在有效成分。

益生菌乳饮料是人体摄入益生菌的主要方式之一。然而，研究已经证实饮用发酵乳品会使部分人群面临乳糖不耐症和胆固醇升高的危害。开发非乳品的益生菌饮料近来已经引起研究人员和生产企业的重视。非乳品的益生菌产品目前已在部分国家和地区上市，主要是一些素食益生菌饮料，如小麦和黑麦为主要原料的 Boza（保加利亚）、高粱为主要原料的 Bushera（乌干达西部地区）和 Mahewu（非洲和阿拉伯国家）、芳香草为主要原料的 Vita Biosa®（丹麦）等。

（2）生物活性物质的来源、活性分析与作用机制

生物活性物质相关研究的热点之一是对功能性食品中生活性物质的分析。已经分离得到的生物活性物质主要有五类：多酚类化合物、萜类化合物、活性多肽、活性多糖、皂苷类化合物。目前，大量的工作集中于对不同来源生物活性物质的含量与组成的比较，及其与抗氧化性、抗菌性能的相关性分析。如美国 California 大学的研究小组发现了石榴汁、红酒、康科德葡萄果汁、蓝莓汁、黑莓汁等常见饮料的多酚含量依次降低，其抗氧化活性也随之下降；葡萄牙 Bragança 理工学院分析了板栗花、叶子、皮、水果等提取物的抗氧化活性，发现同一植物不同组织的抗氧化活性差异。这些研究将为健康饮食提供必要的指导，也为新型功能食品的开发提供了技术基础。

基于食品中生物活性物质抗氧化性对人体健康的重要意义，建立快速、准确的食品抗氧化活力测定方法是生物活性物质研究的另一个热点。最近美国 Cornell 大学在生物活性物质体内抗氧化活性测定方面取得突破性进展。研究人员以体外培养的人体肝癌 HepG2 细胞为研究对象，以抗氧剂在胞内抑制自由基将 2′，7′—二氯荧光素二脂（2′，7′—dichlorofluorescin diacetate）转化为荧光物质荧光二氯荧光素的能力作为其抗氧化活性的评价指标。显然，这种检测方法能较真实地反映人体细胞中抗氧化剂的作用过程，结果更具参考价值。

生物活性物质作用机制的研究主要涉及两方面：① 生物活性物质的作用靶点。如，韩国 Korea 大学研究者发现了姜黄素通过对氧化损伤、胞内钙聚集及牛磺酸的过度磷酸化的抑制来保护 PC12 抵抗淀粉样蛋白诱导的毒性，从而有效缓解老年痴呆症；② 生物活性物质在人体内的代谢及对胃肠道菌群的影响。许多生物活性物质如原花青素等并不能直接被人体吸收，其在体内的微生物代谢对其发挥益生作用具有重要意义。荷兰 Wageningen 大学的研究人员用人体群菌对花青素进行了体外降解实验，确定主要代谢产物为 2—（3，4—二羟苯基）乙酸和 5—（3，4—二羟苯基）γ—戊内酯。新西兰园艺与食品研究所有限公司（The Horticulture and Food Research Institute of New Zealand Limited）的研究结果初步揭示了多酚化合物可能通过改变肠道中益生菌的数量，从而促进人体肠道健康。

（3）提高益生菌和生物活性物质的生物利用率

由于胃酸和胆盐的存在，多数益生菌在人体胃肠道中的存活率较低。提高益生菌对胃酸和胆盐耐受性是强化其生物利用率的关键之一。益生菌的微胶囊包埋技术，即通过挤压法或乳化法使益生菌与食品级的生物聚合物（如明胶和乳清蛋白的交联产物等）结合，使益生菌抵抗不良环境的能力有明显提高。荷兰 Wageningen 大学的研究人员将褐藻胶聚合物通过静电相互作用包裹于明胶基的微胶囊外层，提高了双歧杆菌的在胃环境中的存活率，显示了微胶囊壁层厚度对益生菌活性的重要影响。一般认为，与益生菌同时摄入的食物会对益生菌在胃肠环境中存活起到缓冲作用，因此，选择合适的食品系统提高益生菌的生物利用率已经受到人们的重视。

部分生物活性物质例如类胡萝卜素，因为较差的水溶性而无法被人体高效吸收，同样存在低生物利用率的问题。通过乳化的方法将活性物质包埋至聚合物或脂质体等载

体，提高其在水环境中的分散性，是强化其生物利用率的常用策略。纳米乳化液近年开始应用于生物活性物质的包埋。纳米乳化液滴的尺寸介于 5 ~ 200nm，远小于普通乳化液滴（1 ~ 100μm），具有以下优点：①液滴的"布朗运动"速率大于重力引起的沉降速率，纳米乳化液不易发生沉淀，并具有较高的热力学或动力学稳定性。德国柏林 Berlin Technische 大学的研究结果显示，以液固混合酯制备的 β– 胡萝卜素的纳米乳化液在 4 ~ 8℃储存 30 周不会出现聚集现象；②亲水和疏水的生物活性物质可被包埋于同一种纳米乳化液当中；③由于液滴的尺寸较小，生物活性物质更易于穿过细胞膜，最终获得较高的生物利用率。大量的研究表明，影响纳米乳液中活性物质的生物利用率的影响因素包括：层厚、组成、电荷、渗透能力、对消化产生的环境响应等。相关研究的开展将促进功能性食品的生产与推广。

2. 食品安全

（1）食品中危害因子的评估

污染食品的合成化学品与工业社会的发展密切相关，一些化学品在食品中的累积逐年增加，进而成为食品安全评估的重要检测指标。全氟化合物，如全氟辛烷磺酸（PFOS）和全氟辛酸铵（PFOA），是近年来食品安全领域关注较多的合成化学品之一。全氟化合物极其稳定且具有生物累积性，世界经济合作与发展组织（OECD）及美国环保总署（EPA）已将 PFC 列为"可能使人致癌的物质"。加拿大卫生部对 1992—2004 年之间 54 份食品样品的分析结果显示，PFOS 含量逐年递增。在鱼、海鲜、谷物、肉类、牛奶等食品中陆续检出全氟化合物，全氟化合物含量最终确定为食品安全评估的一个重要指标。

水体污染在很多国家和地区日益严重，往往导致鱼类体内危害物质尤其是重金属（汞、镉、铅等）的累积，使食用鱼及其制品面临摄入有害化学物质重金属的危险。因此，对鱼类产品重金属危害的评估近年来引起了研究者们的重视。意大利 Barry 大学的研究人员建立了鱼类产品重金属危害的评估方法（危害系数和毒性当量因子分析），对地中海的鱼评价结果显示，鱼肉中的汞超过安全含量而镉和铅未超标。

沙门氏菌和金黄色葡萄球菌是世界范围内两种主要的食源性致病菌，是食品安全评估的关键微生物。其中，具有甲氧西林抗性的金黄色葡萄球菌（MRSA）最近在新西兰引起普遍关注。新西兰食品和消费品安全局对市售的 2217 份生肉样品进行了检测，发现 MRSA 普遍分布于牛肉、猪肉、羊肉和鸡肉等样品中，对于 MRSA 传播的防治以及危害性评估将成当地研究者下一步工作的重点。随着研究的不断推进，研究人员开始意识到某些益生菌具有的潜在危害性。肠球菌和乳酸杆菌两个菌属是否具有致病性是近年来具有争议性的问题。尽管肠球菌用于制作奶酪的种子菌，但是该菌属的肠道分离物却是一种条件致病菌，目前还未发现摄入含有肠球菌的食品与肠球菌感染之间的相关性。美国 Ohio State 大学一项新的研究数据表明，食物可能是抗生素抗性细菌进化和散布的一个重要途径。因此，带有抗生素抗性的乳酸杆菌存在将抗性基因传递给致病细菌的可能，从而引起人体的病症。欧洲食品安全局的专家认为，对乳杆菌安全性的评估可以限定在抗性分析和确定这种抗性是否具有可转移性。

一些重要食品组分或食品对人体的潜在危害引起研究人员的重视。乙醛是很多饮料和食品中的重要风味物质。然而，国际癌症研究机构（IARC）的研究结果显示，在缺少乙醛脱氢酶的人体中，来自乙醇代谢途径中的乙醛会导致食管癌，同样来自乙醇代谢途径外的醛会增加食管癌的风险。德国卡尔斯鲁厄化学与家畜检验所（CVUA）的研究人员对1555 种酒精饮料的分析结果显示，啤酒的乙醛含量最低（$9 \pm 7mg/L$）、白酒（$34 \pm 34mg/l$）、烈性酒 $66 \pm 101mg/l$、强化酒（$118 \pm 120mg/l$）。如何降低或消除饮料和食品中乙醛的含量成为目前十分迫切的课题。红色肉类是一种重要的蛋白质食物，为人体提供必需的营养素包括铁、锌及维生素 B_{12}。然而，英国 Ulster 大学 McAfee 等对红色肉类信用安全性进行了分析，指出食用红色肉类面临增加心血管病和结肠癌的风险。

随着全球气候的变暖，气候对食品安全的影响日趋明显。大量的研究显示，气候变暖会引起以下几个方面的问题：①真菌的过量生长引起植物产品真菌毒素的增加；②由于病虫害引起的作物农药残留；③土壤当中的微量元素和重金属的引起农作物相关元素含量的变化；④大范围的大气输送与沉淀致环境中的多环芳烃进入食物当中。多环芳烃是一种持久的空气污染物，空气中高浓度的多环芳烃可致小鼠基因突变；⑤水体中浮游生物异常增殖产生的植物毒素引起海产品中生物毒素的累积；⑥更加极端的天气（如水灾或热浪）引起食品中病原微生物总体增加。显然，气候对食品安全的影响是今后必须面对的课题。

（2）食品中危害因子的先进检测技术

灵敏度与精度成为非微生物危害因子检测技术研究的主攻方向。三聚氰胺是一种用于制造塑料和阻燃剂等产品的三嗪类化合物，与三聚氰酸结合后可在肾脏中产生不溶的氰尿酸三聚氰胺晶体，导致肾衰竭。因此，该物质被美国食品药品管理局（FDA）列为非食品添加剂。液相色谱与串联质谱联用技术是目前测定三聚氰胺的 FDA 使用的方法，检测限达到了亿分之一。美国 Missouri 大学开发了一种面增强拉曼光谱技术，显著降低三聚氰胺检测的样品需求量。浊点萃取技术是近年来出现的一种新兴的环保型液—液萃取技术，萃取富集率最高可达 100%。土耳其 Gaziosmanpaşa 大学的研究人员运用浊点萃取技术成功预浓缩了水和铜、铅、钴，为火焰原子吸收光谱法测定食品中的铅、钴和铜离子提供了准确的样品。

有害微生物检测的效率进一步提高。对于食品中有害微生物的检测，培养法被认为是一种黄金准则，但该方法灵敏性较差，对于某些不易培养的微生物无能为力。分子生物学法已逐步替代传统的培养方法来检测病原微生物。捷克共和国兽医研究所开发了一种IS900 和 F57 竞争性实时定量 PCR 快速检测鲜奶中鸟型结核分枝杆菌。类似的定量 PCR方法还被用于检测金黄色葡萄球菌、沙门氏菌单核细胞增生利斯特菌等食源性致病菌。此外，类似的定量 PCR 方法还被用于检测金黄色葡萄球菌、沙门氏菌单核细胞增生利斯特菌等食源性致病菌。葡萄牙 Minho 大学的研究人员已逐步采用 DNA 扩增技术和基因芯片技术来分析黄曲霉素菌代谢关键基因表达情况，进而评估果园、葡萄园等环境中真菌及毒素的变化情况。总之，从不同角度和水平上对食品中的有害微生物进行准确、快速地检测已经引起科学家们浓厚的兴趣。

（3）食品中危害因子的消除

近期相关研究关注最多的是丙烯酰胺、棒曲霉素和赭曲霉毒素 A 等危害因子的消除。食品中具有潜在毒性的丙烯酰胺主要源自于植物源的食品中的氨基酸的天冬酰胺与葡萄糖、果糖中的羰基发生的热诱导反应。目前，国际上基本形成了 7 种降低食品中丙烯酰胺的含量的策略：①筛选含有低水平丙烯酰胺前体植物源食品；②加工前去除前体；③使用天冬酰胺酶将天冬酰胺降解成天冬氨酸；④优化加工条件降低丙烯酰胺形成；⑤添加可以阻止丙烯酰胺形成的食品组分；⑥借助色谱法、蒸发、聚合等方法去除或吸附食品中的丙烯酰胺；⑦降低体内的毒性。针对食品中常见的棒曲霉素和赭曲霉毒素 A，奥地利 Vienna 大学的研究小组利用组合紫外—荧光检测器的高效液相色谱筛选出可降解该毒素的乳酸菌。在肉品加工过程中，采用多种杀菌方法的组合可提高杀菌的效果。西班牙 Finca Camps i Armet 研究所通过组合添加天然抗菌剂 nisin、乳酸钾、高水压和冷冻法等方法，显著抑制了金黄色葡萄球菌在肉品中的生长。

3. 食品加工

（1）食品组分与功能性质分析

食品原产地分析技术随着人们对食品品质需求的不断提高应运而生。事实上，欧盟早在 1992 年便引入了一套完整的制度来保护农产品和食品原料的地理标识。根据原产地保护级别的高低，欧盟规章（510/200、509/2006 及 1898/2006）对食品地理标识进行了以下分类：原产地命名保护（PDO）、地理标志保护（PGI）及传统特色保证（TSG）。地理标识的使用让食品生产商可以获得市场认可，同时产品可以以较高的价格出售。目前，新型且易于操作的农副产品原产地分辨技术的研究已经有重要突破，涵盖了质谱分析（同位素质谱仪、电感耦合等离子体质谱等）、光谱分析（核磁共振光谱法、红外光谱法等）、分离技术（高效液相色谱、气相色谱及毛细管电泳等）及其他分子生物学分析技术（特征 DNA 分析技术等）。各原产地食品组分特征数据库的建立及应用化学计量学工具进行交叉验证将是下一步研究工作的重点。

优化食品组分，促进食品感观品质与营养价值的平衡。一些具有不同功能性质的食品组分赋予食品丰富多样的感观品质，同时又给人体健康带来不良隐患。比较典型的例子是谷蛋白和脂肪。谷蛋白可以使面制品具有良好的粘弹性，但会引起部分人群肠黏膜因为免疫的异常作用受到损害，进而造成膳食中营养素消化和吸收不良。肉类产品中的脂肪具有稳定肉糜、降低蒸煮损失、提高持水性、维持肉品的多汁性和硬度等作用。但高脂肪含量，尤其是高动物脂肪，将供给大量饱和脂肪酸和胆固醇，摄入人体后引起肥胖、高血压、心血管疾病和冠状动脉心脏疾病。因此，如何消除这些组分对人体健康危害，实现食品组分功能性质与营养价值的平衡具有重要的现实意义。目前，研究人员已经在这方面取得了一定进展。西班牙农业化学和食品技术研究所（IATA-CSC）在米粉中添加不同分离蛋白（豌豆和大豆蛋白）和谷氨酰胺转氨酶（蛋白质交联酶），使米粉的粘弹性有显著提高。美国 Wisconsin 大学的研究员发现，橄榄、玉米、大豆、油菜籽或葡萄籽制备的植物油和米糠纤维的混合物替代部分动物脂肪使肉糜产品具有更低的蒸煮损失和更好的乳化稳定性。

超声、高静压和高压均质处理被广泛用于强化部分食品原料的功能性质。因此，大量研究集中在物理加工方法性能的比较。由于具有乳化性、凝胶性、起泡性和风味结合能力等独特功能性质，乳清蛋白作为一种功能性配料广泛应用于食品工业，其物理加工的相关研究也广受关注。克罗地亚 Zagreb 大学和英国 Coventry 的研究人员发现，超声处理可显著影响乳清蛋白的功能性质，通过调整超声波频繁率（20kHz、40kHz、500kHz）可分别引起其溶解性、起泡性、电导性的改变。比较而言，高静压处理（500MPa，10min）较超声处理（20kHz，15min）对乳清蛋白的流变学和热物理学性质的影响更大，表明高静压处理可能是一种更高效的物理加工方法。

（2）食品加工过程控制

高静压力和超声波辅助提取技术是近年来广受关注的生物活性物质提取策略，而超临界流体提取技术应用得到进一步拓展。高静压使待提取化学物质更易于与提取溶剂接触，德国 Max–Rubner 研究所已成功运用高静压辅助提取技术从葡萄皮中提取了高活性的花青素。超声波主要是利用其产生的气穴效应对植物组织产生破坏作用，从而提高溶剂与植物组织接触的表面积，提高生活性质的提取效率。超临界流体提取技术是利用二氧化碳等流体在临界温度和临界压力以上的条件下惊人的扩散和溶解力进行化学物质提取的技术。斯洛文尼亚 Maribor 大学、马来西亚 Putra Malaysia 大学等研究机构最近超临界流体提取技术应用于酚类、酯、脂肪酸的提取，部分产品的提取已达到工业规模。上述提取技术的发展，使食品生物活性物质的提取过程中有机溶剂的使用大幅减少，而提取效率有显著提高。

微波真空干燥和微波对流干燥是近年最受关注的两种干燥技术。微波干燥方便快速，但过快的水分迁移速率往往导致物料水分含量不均一；真空或对流干燥尽管获得物料的水分含量较为均一，但是干速率较慢。微波真空干燥和微波对流干燥兼具快速和均一的两个特点，大量的研究集中于该技术在各种食品（如苹果、草莓等）干燥中的应用。在对传统干燥方法的应用中，研究员主要关注重要干燥过程参数对被干物质理化性质和生物活性的影响。如巴西 Estadual de Campinas 大学的研究人员全面分析了喷雾干燥中进口空气温度、补料速率、麦芽糊精浓度等参数对爱莎伊的水分含量、颗粒面光洁度及活性成分花青素的影响。此外，运用数学模型对干燥过程进行描述并对物料水分等参数进行预测也是相关研究的焦点。

在过去的 50 年中，人们越来越重视食品及其生产过程的质量和安全，对食品加工过程的在线检测技术的要求十分迫切。一般来讲，食品加工过程的在线检测技术需满足以下四个条件：①检测设备可以被安装至生产线并可以真空环境中进行检测；②能够较早的确定检测发生的错误；③在多种条件下可以进行检测；④在任意时间可以进行检测。与其他破坏性的检测方法相比，近红外光谱分析技术无需任何样品制备的过程，分析速度十分快捷。此外，近红外光谱分析允许对几种组分同时进行检测。基于上述特点，近红外光谱分析技术广应用于肉制品、果蔬、谷物、乳品、食用油、水产品、饮料等各种食品加工过程的在线检测。此外，高光谱检测系统的开发也是在线检测检测技术的一项重要突破。意大利 IVIA 研究中心建立的高光谱检测系统，可以对待检样品图像进行精确分割，已经成功应用于在线区分青霉菌早期感染的柑橘。

（3）食品保藏技术

食品和饮料包装占美国每年 130 亿美元包装费用的 55% ~ 65%，食品加工和包装企业花费大约 15% 的总成本用于包装材料。近年来，为强化食品包装的环保性和安全性，制备可生物降解、可食用的食品包装材料成为相关研究的主流。目前，用于食品包装的主要材料包括：酪蛋白酸钠、褐藻酸盐、甲基纤维素、羟丙基甲基纤维素、玉米蛋白膜、和乳清蛋白、大豆蛋白、卵清蛋白、小麦面筋以及聚乳酸等。在食品包装材料中填充抗菌剂是提高包装抗菌性能的主要方法，填充至包装材料当中的抗菌剂缓慢释放至食品表面或者以挥发形式扩散至包装体系。由于具有生物可降解性、生物相容性、非毒性和多样的物理化学性质，壳聚糖在成食品包装中成为最具应用潜力的抗菌剂，对真菌、革兰氏阳性菌和阴性菌均具有很高的抑制能力。此外，抗菌肽 Nisin 也是抗菌包装材料中主要的抗菌剂之一。随着纳米技术的兴起，用抗菌剂与其他填充剂（如黏土、硅酸盐、纤维素微纤维和碳纳米管等）制备纳米复合物再填至包装材料，可获得更稳定的抗菌膜。

食品具有较长货架期的同时，还应满足消费者对其营养和外观的需求。近年发展起来的非热保藏技术为满足这种需求提供了可能性。目前，典型的非热保藏技术包括：高静水压、辐照、微波、射频通道、光脉冲处理以及添加天然生物抗菌剂。这些新技术的应用将进一步防止在加工后处理过程中的交叉污染。对新鲜果蔬消毒，传统方法采用 50 ~ 200ppm（1ppm=10^{-6}，下同）氯水清洗。然而，氯化水使人长期暴露于可能的氯蒸气当中，从而增加引发呼吸系统与皮肤疾病的可能性。西班牙 XaRTA-Postharvest 研究所一个研究小组将稀氯化钠溶液电解后获得中性电解水（pH 8.0 ± 0.5）（有效杀菌成分为 HOCl、ClOt 等），由于 pH 值处于中性范围，在对果蔬进行高效杀菌的同时不会对设备产生腐蚀和刺激皮肤。总体而言，在今后一个时期研究人员将集中于非热保藏技术的开发和应用研究。

（二）科学与技术研究的水准与衡量

食品领域发表的高水平论文的数量与质量是衡量食品领域科学技术研究水准的重要指标，为了量化分析科学与技术研究的水准，本报告采用 ISI Web of Knowledge 中的数据，以 2006—2012 年间中国在食品领域发表 SCI 论文的数量和引用率，领域高水平期刊（*Journal of Agricultural and Food Chemistry*、*Food Chemistry*）上发表论文情况以及各子学科发表论文情况为指标，进行分析，并与美国和日本进行了比较。

1. 发文量及引用次数

以 "Food" 为检索词，在 ISI Web of Knowledge 数据库中检索，可以看出近年来食品领域发表文章的增长情况（见表 9）。2006 年以来，食品科学与技术领域的研究论文发表量逐年递增，增长率达到 54.17%；中国的增长速度比世界平均速度快了很多，增长率达到276.67%。在全世界所发的食品科学技术领域的研究论文里，中国[①]发表的论文所占比例从2006年的1.85%提高到了2012年的4.52%，增长了144.32%，同期美国和日本的论文发表情况分别见表10和表11。

表9 2006—2012年中国在食品领域SCI源期刊上发表论文的情况

年份	论文总数	中国发表论文数（引用数）	平均引用	中国所占比例（%）	中国发文量排名
2006	34759	643（13241）	20.6	1.85	11
2007	39269	865（14171）	16.4	2.20	9
2008	41916	1088（14334）	13.2	2.60	9
2009	44735	1348（14043）	10.4	3.01	7
2010	47336	1699（11669）	6.9	3.59	3
2011	51306	2065（6384）	3.1	4.02	2
2012	53588	2422（1520）	0.6	4.52	2

表10 2006—2012年美国在食品领域SCI源期刊上发表论文的情况

年份	论文总数	美国发表论文数（引用数）	平均引用	美国所占比例（%）	美国发文量排名
2006	34759	6236（161849）	25.9	17.94	1
2007	39269	6856（145293）	21.2	17.46	1
2008	41916	7116（120317）	16.9	16.98	1
2009	44735	7466（97024）	13.0	16.69	1
2010	47336	7748（65806）	8.5	16.37	1
2011	51306	8171（35050）	4.3	15.93	1
2012	53588	8637（8476）	1.0	16.12	1

表11 2006—2012年日本在食品领域SCI源期刊上发表论文的情况

年份	论文总数	日本发表论文数（引用数）	平均引用	日本所占比例（%）	日本发文量排名
2006	34759	1098（17343）	15.8	3.16	5
2007	39269	1191（16031）	13.5	3.03	6
2008	41916	1343（13566）	10.1	3.20	5
2009	44735	1406（11103）	7.9	3.14	6
2010	47336	1334（6627）	4.9	2.82	7
2011	51306	1409（3235）	2.3	2.75	7
2012	53588	1446（935）	0.6	2.70	8

① 文中凡涉及中国数据均不包括港澳台地区。

为了考察中国在食品领域发表学术论文在世界中的位置，比较了2006—2012年间中国与美国和日本发表论文占世界总论文数的比例和平均引用次数，如图12和图13所示。美国发表论文数量在世界遥遥领先，且在发文量上始终保持第一的位置；中国与日本的发文量相当，但中国发文量占世界的比例呈上升趋势，而日本和美国均呈下降或基本持平的趋势。就引用率而言，美国发表论文的篇均引用次数也高于中国和日本的对应年度引用次数，而中国则高于日本。

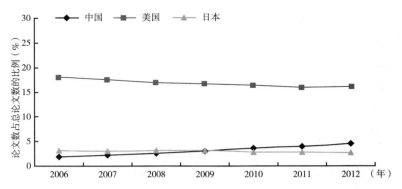

图 12　2006—2012 年中国发表论文占世界比例与美国和日本的比较

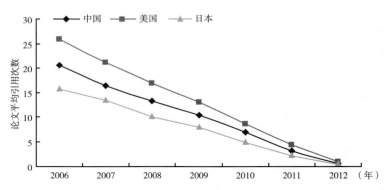

图 13　2006—2012 年中国发表论文平均引用次数与美国和日本的比较

2. 高水平期刊论文

表 12　2006—2012 年中国在食品科学与技术学科高水平期刊发表论文情况

	Eigenfactor Score	期刊	2006 年	2007 年	2008 年	2009 年	2010 年	2011 年	2012 年
1	0.10642	*Journal of Agricultural and Food Chemistry*	104（5）	137（3）	178（3）	208（2）	273（2）	289（2）	320（2）
2	0.07977	*Food Chemistry*	57（2）	148（2）	164（1）	188（1）	185（1）	259（1）	320（1）

表 13　2006—2012 年美国在食品科学与技术学科高水平期刊发表论文情况

	Eigenfactor Score	期刊	2006 年	2007 年	2008 年	2009 年	2010 年	2011 年	2012 年
1	0.10642	*Journal of Agricultural and Food Chemistry*	360 （1）	331 （1）	388 （1）	341 （1）	382 （1）	354 （1）	337 （1）
2	0.07977	*Food Chemistry*	40 （3）	100 （3）	74 （4）	92 （3）	142 （2）	119 （4）	167 （3）

表 14　2006—2012 年日本在食品科学与技术学科高水平期刊发表论文情况

	Eigenfactor Score	期刊	2006 年	2007 年	2008 年	2009 年	2010 年	2011 年	2012 年
1	0.10642	*Journal of Agricultural and Food Chemistry*	93 （7）	106 （5）	121 （5）	116 （4）	105 （5）	119 （5）	99 （5）
2	0.07977	*Food Chemistry*	31 （6）	76 （7）	44 （6）	54 （5）	50 （9）	68 （6）	67 （9）

　　为了考察高影响论文发表的情况，采用 ISI Web of Knowledge 的 Journal of Citation Reports 中的 Food Science & Technology 学科中的数据，将本学科的 128 种期刊按照 Eigenfactor Score 排序。从 2006—2012 年，中国在 Eigenfactor Score 排名前两位的期刊 *Journal of Agricultural and Food Chemistry*（JAFC）和 *Food Chemistry*（FC）上的发文量分别增加了 207.69% 和 461.40%。由图 14 和图 15 可以看出，美国在 JAFC 上的发文量高于中国和日本，但美国和日本各年度差别不大，而中国呈直线上升趋势，且在 2012 年与美国接近；在 *Food Chemistry* 上的发文量中国在各年度均高于美国和日本，且呈直线上升趋势，美国上升较慢，而日本则基本不变。

　　另外，采用了 ESI 基本科学指标数据库（Essential Science Indicators）中的结果，比较了中国、美国和日本三个国家食品领域优势明显的机构发表的高引用文章（Highly Cited Papers）篇数，结果如表 15 所示。由表中可以看出，美国康乃尔大学与加州大学戴维斯分校的高引用次数论文较多，说明其食品领域研究创新性较强。

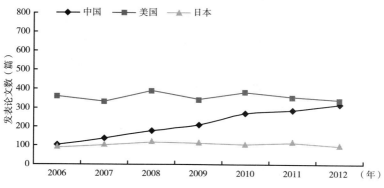

图 14　中国 2006—2012 年在 JAFC 发文量与美国和日本的比较

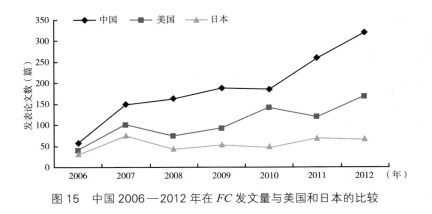

图 15　中国 2006—2012 年在 FC 发文量与美国和日本的比较

表 15　近 10 年中国、美国和日本食品领域代表性机构发表高引用论文篇情况比较

国家	机构	高引用论文篇数	国家	机构	高引用论文篇数
中国	江南大学	7	中国	江苏大学	1
	中国农业大学	6		天津科技大学	1
	华南理工大学	2	美国	康乃尔大学	17
	南昌大学	2		普渡大学	3
	南京农业大学	1		加州大学戴维斯分校	17
	浙江大学	6	日本	京都大学	6
	中国海洋大学	5		九州大学	2
	东北农业大学	3		东京工业大学	0

3. 不同子学科的情况

为了考察中国在食品领域各个子学科的发展情况，选取 ISI Web of Knowledge 中 Food Science & Technology 下发文量前十的子学科进行分析，结果见图 18 ~ 23。从 2006—2012 年，各个子学科的发文量均有较大的增长，Chemistry、Biochemistry Molecular Biology、Agriculture、Toxicology、Pharmacology Pharmacy、Nutrition Dietetics、Biotechnology Applied Microbiology、Microbiology、Plant Sciences 与 Genetics Heredity 等 10 个子学科的发文量分别增长了 293.99%、187.33%、278.08%、115.53%、256.93%、171.29%、334.15%、211.63%、156.12%、196.70%，由此可知中国 Chemistry、Agriculture、Pharmacology Pharmacy 和 Biotechnology Applied Microbiology 4 个子学科的发文量增长较快，而就发文量来说，中国则在 Chemistry、Biochemistry Molecular Biology 和 Pharmacology Pharmacy 3 个子学科最多。美国从 2006—2012 年在各个子学科发文量基本保持不变，且在 Biochemistry Molecular Biology、Pharmacology Pharmacy 和 Nutrition Dietetics 3 个子学科发文量最多。日本从 2006—2012 年在各个子学科发文量也基本保持不变，且在 Biochemistry Molecular

Biology 和 Pharmacology Pharmacy 两个子学科发文量最多。分析发现，中国、美国和日本均在 Biochemistry Molecular Biology 和 Pharmacology Pharmacy 两个子学科有较高的研究水平，而中国和美国则分别在 Chemistry 和 Nutrition Dietetics 子学科具有显著的优势。

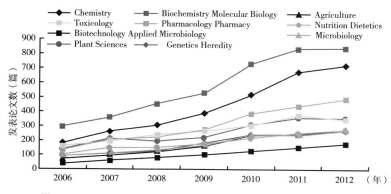

图 16　2006—2012 年中国在食品领域各个子学科的发文量

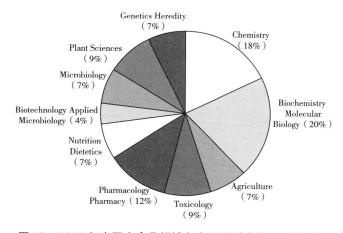

图 17　2012 年中国在食品领域各个子学科发文量所占比例

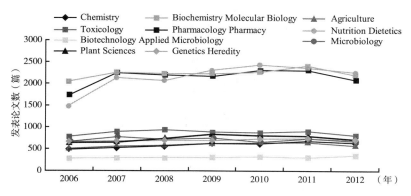

图 18　2006—2012 年美国在食品领域各个子学科的发文量

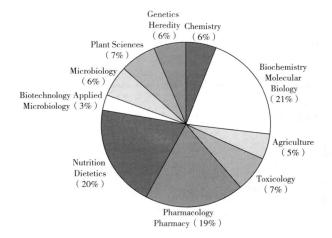

图 19　2012 年美国在食品领域各个子学科发文量所占比例

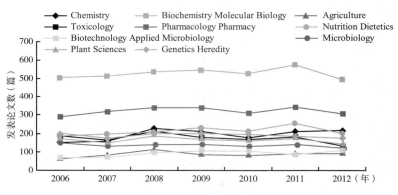

图 20　2006—2012 年日本在食品领域各个子学科的发文量

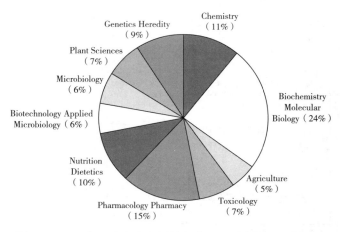

图 21　2012 年日本在食品领域各个子学科发文量所占比例

（三）食品科学与技术发展对食品产业的影响

1. 食品工业科学与技术发展水平

食品工业的科学与技术发展水平一般可以由食品工业科技研发经费投入强度、授权专利和技术创新收益等指标来反映。

（1）食品工业科技研发经费投入强度

研发经费（R&D）投入强度指 R&D 经费占产品销售收入的比重，是反映行业科技创新投入最重要且具有世界可比性的指标。从图 22 所示的食品工业 R&D 经费投入强度来看，美国食品工业 R&D 经费投入强度远高于我国，从 2008—2011 年，其 R&D 经费投入强度分别是我国食品工业的 1.81 倍、1.34 倍、1.71 倍和 2.5 倍。

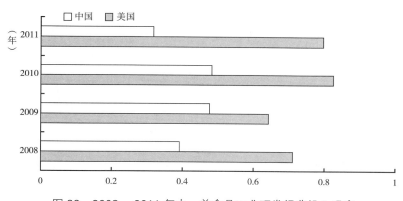

图 22　2008—2011 年中、美食品工业研发经费投入强度

来源：National Science Foundation，Division of Science Resources Statistics，Business R&D and Innovation Survey。中国科技统计年鉴（2012）。

（2）授权专利与技术创新收益

专利不仅能够反映一国食品科技创新活动产出，而且能够反映一国科技创新成果水平。从 2009—2011 年，美国食品工业的专利申请数由 966 件增加到 3261 件，其中专利授权数由 371 件增加到 1398 件，分别增加了 237.58% 和 276.82%。图 23 显示，从平均专利申请数和授权数来看，从 2009—2011 的 3 年间，美国平均每个食品工业企业的专利申请数和授权数分别为 0.74 和 0.29，远远超过我国的 0.39 和 0.10。

此外，食品工业新产品销售收入也是反映美国科技创新成果水平的重要指标。从 2009—2011 年，美国食品工业企业中，34% 的企业在产品或生产工艺方面有重大创新，新产品或新工艺的创新给企业带来的总利润为 13928.3 万美元。

2. 食品科学与技术进步对食品产业发展的贡献

本报告用食品工业产值的增长代表食品产业的发展，并运用柯布—道格拉斯生产函数

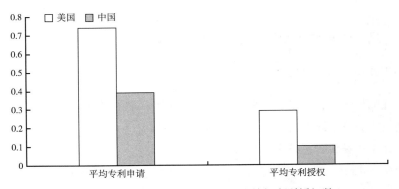

图 23 中美食品工业平均专利申请数与专利授权数

来源：The Patent Board™, Proprietary Patent database, special tabulations（2011）。
See appendix tables 6–47 ~ 6–56and 6–58 ~ 6–61，Science and Engineering Indicators
2012。

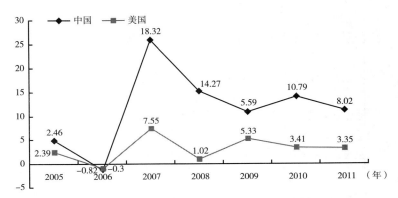

图 24 2005—2011 年食品工业科技进步的增长速度

与索洛模型估算食品科技进步及其对食品工业产值增长的贡献，相关数据见表16。通过索洛模型可以求得科技进步增长速度 a，结果如图24所示，从2007—2011年，美国食品科技进步增长速度基本保持在3% ~ 8%左右，并且从2006年开始被我国赶超，此后的2010年和2011年我国食品科技进步增长速度分别是美国的3.16倍和2.39倍。由此可见，我国食品科学技术水平虽无法与美国媲美，但科学技术进步的增长速度是比较快的。

由柯布—道格拉斯生产函数和索洛模型，计算出食品工业产值增长中科技进步贡献率、资金投入贡献率和研发人员贡献率，具体见表17。从2005—2011年，美国劳动力投入对食品工业增长的贡献率很低，除了2006年以外均在6%以下，有些年份甚至是负贡献，这主要是因为美国食品工业就业增长率几乎停止不前甚至负增长。资本投入对食品工业增长有重要的正向推动作用。从2007年开始，除个别年份外，美国食品科技进步对食品工业增长的贡献率高于资金和劳动力投入对食品工业增长的贡献率，对食品工业增长有很大的正向推动作用，尤其是2009年达到了443.58%的高峰，2010年为251.79%，2011年回落至35.81%，表明科技进步是拉动美国食品工业增长的关键因素。相比之下，我国食品科技进步对食品工业增长的贡献整体小于美国，但从 2007 年开始均稳定在 33% 以上，2011 年达到 33.71%，对食品工业的增长发挥了积极的作用。

表 16　2004—2011 年食品工业总产值、劳动力投入与固定资产投入

年份	工业产值（Y），亿美元/元		就业人数（L），万人		固定资产（K），亿美元/元	
	美	中	美	中	美	中
2005	659.70	20473.00	161.70	464.00	18.10	1881.62
2006	664.30	24801.00	162.10	482.00	18.80	2898.75
2007	717.20	31912.00	162.20	519.00	19.00	3342.12
2008	773.00	42600.70	161.60	603.00	22.80	4173.03
2009	766.80	49678.00	157.80	593.00	19.80	5616.06
2010	789.30	63079.90	156.20	654.00	19.90	7141.50
2011	863.00	78078.30	157.50	682.00	23.00	9790.40

注：食品工业包括食品、饮料和烟草制造业。来源：Bureau of Economic Analysis，December 13，2012。

表 17　科技进步、劳动力及资本对食品工业增长的贡献率

单位：%

年份	科技进步贡献率		资金贡献率		劳动力贡献率	
	美	中	美	中	美	中
2005	46.52	8.80	68.46	66.12	−14.98	25.08
2006	−117.20	−1.43	194.12	89.50	23.06	11.93
2007	94.82	63.91	4.68	18.68	0.50	17.41
2008	13.12	42.60	89.97	25.98	−3.09	31.42
2009	443.58	33.63	−257.96	72.87	−85.62	−6.50
2010	251.79	39.98	55.63	35.23	−27.42	24.79
2011	35.81	33.71	58.39	54.59	5.80	11.70

3. 促进食品科技进步的举措

（1）政府政策引导

为了推动科技成果的产业化应用，美国政府颁布了多部保护和鼓励 R&D 活动和科技成果转化的法规。如 1980 年的 Bayh—Dole 法案、2000 年的《技术转移商业法案》、2007年旨在促进创新的竞争力法案、2011 年的《美国专利法》。美国还颁布了多部有关鼓励风险投资，促进科技主体交流与合作的法案。在政府的鼓励和引导下，美国大学联合会、美国公立和赠地大学联盟和来自美国全国的 135 位大学校长承诺与企业、发明人和相关机构展开更密切的合作，从而支持企业创新、促使知识产权产品市场化和推动经济发展。

（2）政府资金支持

美国政府还要求 11 个联邦政府部门参加中小企业创新研究（SBIR）项目，5 个部门参与中小企业技术转移（STTR）项目，参与方式为每年从其财政预算中拨出一定比例的经费用于支持上述两个项目。同时，绝大多数产学研合作比较成功的高校都从美国联邦政府那里获得了大量研究经费。Coulter 基金会和国家科学基金会（NSF）与美国科学发展协会（AAAS）启动大学科研成果商业转化奖，该奖项旨在激励大学院校科研成果商业化。Coulter 基金会和国家科学基金会为奖项提供 400 万美元的运作资金，美国科学发展协会牵头规划和实施，多个合作机构、基金会和组织协办。

（3）高校积极参与

大学的科研机构除院系的研究实验室和独立研究单位外，在产学研合作方面起作用的主要是企业—大学合作研究中心。如康奈尔大学通过设立乳制品技术研究中心、食品加工与放大中试工程中心、风味分析实验室，与当地企业共同建立了果蔬中试加工线、葡萄栽种与酿酒技术实验室，在资源高附加值等应用领域上不断研发新技术；普渡大学设立产业合作计划，加强与各大食品企业联合，培养出符合企业要求的毕业生，目前有 Alfa Laval、Cargill Food System Design、Coca Cola、General Mills、Nestle R&D Center、Pepsico Beverages and Foods 等食品企业参与产业合作计划；加州大学戴维斯分校设立了加州食品与农业技术研究所（食品科学前沿趋势智能库、生物质能技术、食品节能加工技术等），启动食品前瞻性战略合作计划（CIFAR），该计划的国际合作网络已经扩展到亚洲、欧洲、南美等地。目前正在进行中的计划包括：食品趋势前瞻智能系统、加州食品工业能源研究计划（与加州政府合作）。

四、发展趋势及展望

（一）国内外科学与技术研究的发展趋势

1. 深入解析生物活性物质的作用机制，提高生物利用率

在过去十年中，研究者从不同来源的食品或植物资源中提取并鉴定得到以多酚类化合物为代表众多生物活性物质，但仍面临生物活性物质的提取效率低和作用机制不清楚等问题，很大程度上制约了生物活性物质及相关产品的推广和应用。因此，开发生物活性物生产和提取的新工艺，深入阐明生物活性物质的构效关系，将是下一阶段相关研究的重点。此外，为进一步提升生物活性物质生物利用率，生物活性物质的活性检测将由体外转向体内，提升策略将从单一载体开发转向生物活性物质、载体、食品组分等各方面、多参数的全面优化。

2. 加强食品功能性质研究，促进功能性质与营养价值有机整合

食品组分的功能性质（如乳化性质、起泡性质、胶凝性质等）与食品的感观品质密切

关联，相关研究一直都是食品学科的重要研究方向。随着各种新型食品的开发，传统食品组分的功能性质已经不能满足人们对食品感观品质需求。此外，人们在注重食品感观品质的同时，对食品的营养价值又有更高的要求。以近年关注最多的乳化性质为例，新开发的蛋白质—多糖乳化体系对 pH 值、盐浓度、加热、脱水、冷冻和低温等环境因素敏感性较传统乳化体系明显降低。通过乳化技术，可以将脂肪酸、胡萝卜素、黄酮等水不溶活性物质包埋，提高其消化吸收和营养价值。因此，食品功能性质研究的技术创新将向促进功能性质与营养价值的有机整合发展。

3. 开发以快速、准确、非破坏性为特点的食品检测新技术

微生物、化学组分是食品检测主要的目标物。传统的微生物方法定量分析食品中的腐败菌需要几天时间，而使用定量 PCR 分析技术则可以在几小时内一次性完成多达 384 个样品的分析。因此，以定量 PCR 为代表的病源微生物快速分析技术将得到进一步优化，并在实验室和生产企业中推广。对于食品中化学组的分析，非破坏性检测技术的开发和应用将是今后研究关注的焦点。目前已经应用的非破坏性检测技术主要有近红外光谱分析、光谱成像、电子鼻等，初步实现了部分食品加工过程参数的在线监测。

4. 加快以低营养损失为特点的食品加工新技术的工业化

食品加工或提取过程中由于高温等原因，往往会造成营养成分尤其是一些生物活性物质的损失。以超声波辅助提取技术和高静压杀菌技术为代表的低温加工技术，可以确保加工效果和食品安全性的同时，显著降低食品或原料中的营养损失。值得注意的是，尽管一些新型食品加工技术在实验室中取得较好的效果，但大规模的生产应用还较少，主要原因是对一些新技术的作用机制缺乏深入了解。借助数学建模等方法对食品加工新技术的机制进行全面了解，将有利于其工业化应用。

5. 开发和应用以环保、高强度、高抑菌活性为特点的新型食品包装技术

目前，食品包装材料多使用非降解材料，对环境造成了很大的污染。尽管已经有一些生物聚合物已被开发加工成为环境友好的包装材料，但是这些聚合材料最大的缺点就是机械强度差，以纳米级的材料作为填充物，可显著增加生物聚合物的机械强度。此外，食品包装材料的抑菌活性逐渐受到人们的重视，目前最常用的手段是将具有抑菌活性的壳聚糖与其他填充剂一并填充至包装材料中。然而，相关技术和产品大多数仍处实验室研发阶段，离实际应用还存在较大差距。开发和应用以环保、高强度、高抑菌活性为特点的新型食品包装技术的任务十分紧迫。

6. 进一步拓展组学技术在食品科学研究中的应用

随着基因组学、蛋白质组学等技术的快速发展，食品营养的研究手段也从一般的理化分析方法发展成基于质谱分析的先进检测技术。在这个背景下，逐渐形成一个全新的研究

方法食品组学（Foodomics）。食品组学将基因组、转录组、蛋白组、代谢组等组学技术，应用于食品组分分析、真伪鉴定以及与食品质量和安全；应用于新型转基因食品的开发、食品危害物质的检测及总体毒性研究；应用于食品中生物活性物质及其对人体影响的相关研究。在过去的 30 年中积累了大量食品营养组分的特性数据，为相关研究提供了重要的参考，但是资料的繁杂性、方法的多样性等使得进一步开发利用这些信息非常困难。食品组学技术将为食品营养组分等数据库的建立提供有效手段。总之，组学技术的应用将使我们从一个全新角度来开展食品科学研究。

7. 更加关注环境变化对食品安全带来的重要影响

全球气候变暖已逐渐成为科学家们的共识，它直接引起降水增加、极端天气频率和强度加强、海洋变暖和酸化、污染物途径转移等自然现象。因此，气候变化可能从原料种植到产品消费全过程对食品安全产生影响。食品中真菌毒素的污染受气候变化的影响已经引起人们的重视，但是受气候变化影响的其他食品安全因素及其消除策略的系统研究还较少，伴随着工业社会发展，采矿和制造业引起环境的重金属污染日趋严重。食品中重金属主要来源于农产品的种植阶段，对土壤、灌溉用水中的重金属含量的检测和评估对最终食品产品中的重金属危害控制具有关键作用。

8. 挖掘食物新资源，确保食品供给安全

随着人口的增长和环境气候的变化，全球食品的供给仍将面临挑战。新型食品资源的开发与综合利用应对上述挑战的重要策略。潜在的食品资源主要包括，基因工程和细胞技术开发新的食品、野生植物、藻类、食用昆虫、微生物食品以及开发海洋食品等。根据联合国粮食农业组织粮农组织的统计，全球范围内食品加工过程中大约 1/3 的可食用部分被丢失或浪费掉，然而，这部食品废料中却富含一些高附加值成分。例如，水果副产物中的提取的酚类和类胡萝卜素可作为食品和饮料的保藏剂以延长其货架期；果胶酶可作为糖果中的凝胶剂或替代肉品中的脂肪。从食品废料中提取有价值的成分具有重要意义，相关研究将集中于开发一系列安全且专一的食品废料回收工艺。

（二）本学科在我国未来的发展趋势

1. 学科领域以食品为中心，向功能营养发展

科技进步使膳食干预疾病成为科学现实，由此促使食品营养研究在世界范围内热烈开展。基于现有对食品组分的了解，融合生命科学的最新进展，探究食品成分在人体内的变化及产生的各种效果，不仅是食品科学研究的新领域，也是食品产业发展的新方向。我国营养产业产值已经超过 1000 亿元，开发多样化的"全"营养食品、营养专用食品、营养强化食品、营养补充剂及营养功能食品等新形式，将是食品设计的最终目标。

2. 基础研究以健康为目标，向学科交叉发展

营养健康相关研究已经成为学术界、产业界和政府的共识。如 2013 年食品类国家自然科学基金重点支持食品组分相互作用、分子营养学、膳食结构与人体健康等领域，并且越来越强调与生命科学、医学、营养科学、生物学、先进材料等学科的交叉与合作，由此衍生出一批新的研究热点。高等院校和科研院所中将组成一批高端人才领军的国际化研究团队，致力于食品—营养—疾病—生命相关的战略性基础研究工作。

3. 技术开发以创新为驱动，向可持续发展

可持续发展是食品产业发展的不变方向，因此采用高新技术改造现有工艺技术，覆盖原料生产、预处理、加工、后处理、包装、储运、销售等全生产链，实现质量安全、高效利用、节能生产、清洁环保，是食品技术创新研发的指导方针。我国已经在非热加工（如超高压、脉冲电场、超声波等）、物理分离（如膜分离、色谱床等）、生物加工（如酶技术、基因工程、发酵工程等）等领域取得了令人瞩目的进展，如何拓展这些高新技术的应用面和集成度，将是实现可持续发展的重要内容。

4. 成果转化以效益为主导，向高性价比发展

随着食品 R&D 投入的逐渐提高，及食品成果转化数量和规模的提升，投入 / 产出效益将是下一个需要解决的问题。特别是在企业成为创新主体和成果转化载体后，市场竞争必然要求在同样的研发投入下，进一步提高成果转化率、形成批量生产和产业化规模。我国科学技术中能转化为批量生产的仅占 20%，能形成产业规模的只有 5%，而西方发达国家科技成果转化率一般在 60% ~ 80%。

5. 人才培养以学以致用为宗旨，向多元化转变

食品科学是一个高度应用型的学科，科学技术研究、工程化开发、现代化生产领域的不断拓展分化，对人才培养提出更实际更多元化的要求。学术研究型人员、应用研究型人员、工程化技术人员、产品设计与营销人员等专门人才将是培养的典型目标，而专门人才的培养模式也将从本科开始相应地有所区分。大学教授、研究所研究员、工业企业家等高端人才作为人才培养导师的地位将越来越重要。

6. 平台队伍以高端人才领军，向优专精建设

结合现有食品优势学科和产业区域分布特定，亟需整合建立一批国家级科技创新示范实验室、工程创新中心及产学研创新平台，继续实施创新团队和人才推进计划，培养一批科技领军人才、优秀专业技术人才和青年科技人才；依托创新型企业、高等院校和研究所的人才资源，建立一批科学家工作室、创新团队和科技重大项目攻关团队。

（三）未来重点研究方向

1. 以满足加工要求和市场需求为特性的新食品资源

食品原料的理化加工特性和生理营养特性决定了其加工方式和产品形式。针对目前高新技术应用频繁，以营养、方便、新颖为特征的新食品需求旺盛，开发寻找能满足加工和市场要求的新食品资源是值得重点发展的方向之一。

利用基因工程技术开发安全的高附加值食品原料。针对我国食品原料来源单一、适于深度加工食品原料有限且损失率大的特点，将传统育种与基因改造相结合，在生物活性成分明确的基础上，通过挑选富含不同功能成分的优良亲本，采用传统育种技术获得富集多种功能成分与一身的食品原料资源。同时，在构效关系明确的基础上，通过转基因技术改变次生代谢流，促进靶向成分的积累，在保障食品安全同时，获得高附加值食品新资源。

研发原料高附加值转化技术。针对食品加工深度不够、农产品转化能力弱的特点，重点围绕产品深度开发和转化增值，推进粮油、果蔬、畜禽产品、水产品等大宗食品原料的精深加工，突破高效分离、定向重组、联合干燥、智能包装、集成综合加工、清洁生产等系列共性关键技术，加快终端产品设计开发，提升产品科技含量和附加值。

深度挖掘我国传统特色食品资源。发展天然、绿色、环保、安全有效的食品原料，充分利用我国特有动植物资源，开发具有民族特色和新功能的传统特色膳食食品。对大范围动植物资源进行生物活性物质靶向筛选，明确不同动植物的代谢产物分布规律，推定代谢途径，以期为功能成分资源选择提供依据。

2. 以营养健康和方便快捷为导向的新食品设计开发

针对国家在人口与健康方面的重大需求，开展基于我国居民特色的营养设计与健康调控研究，控制慢性病，提高人群素质和健康水平，实现国民健康保障从"治已病"为主前移到"治未病"和养生保健，从"被动医疗"转向"主动健康"，为全面提升公众营养水平与生活质量提供理论依据。

食品营养与人体健康的关系研究。在全面理解膳食平衡与肥胖、糖尿病发生的相关性及作用机制的基础上，研究环境因素（营养、生活方式等）和基因的相互作用对人体健康以及慢性疾病发生发展的影响和相关机理。重点研究营养性慢性代谢疾病的分子机制，从分子、细胞和动物水平研究各种营养因素与肥胖、糖尿病、代谢综合征发生发展的关系。基于营养基因组学，建立个体化营养模型，通过以基因型为基础的"个性化"饮食干预来预防、减轻或治愈多种慢性疾病。研究功能性食物及其有效成分对营养性代谢疾病的改善作用和相关机理，围绕代谢调控与代谢疾病的分子发病机制，探讨功能性食物成分对细胞关键信号通路的调控，揭示其在慢性代谢疾病发生发展中的作用。

满足个性化人群的营养需求。针对食物结构不合理、营养不协调等问题，重点研究食品营养品质靶向设计技术、特殊膳食食品设计与制造技术、功能食品设计与制造技术以及食品营养基因组学等前沿技术研究；开发一系列可适用于易疲劳人群、肥胖人群以及低免疫力人群等亚健康人群的个性化营养健康食品。同时，开发适合不同人群的营养强化食品，如孕妇、婴幼儿及儿童、老人、军队人员、运动员、临床患者特殊膳食食品，以及用于人体营养素补充剂。

保持营养的高稳定性和高活性。针对食品营养组分在食品加工过程中的损失与破坏等问题，重点研究以高效、高活性和高稳定性为特征的现代食品加工技术，着力攻克食品组分与功能调控技术、食品分子酶法改性与分子修饰技术、高效分离技术、微胶囊包埋技术、新型物理场杀菌、超微化加工以及绿色智能化食品包装新材料与包装技术等核心技术。

营养健康产品。开发符合"营养、健康、方便"需求和具自主知识产权的规模化、连续化和智能化营养健康产品，围绕靶向性的个性化营养膳食干预与调控策略，开发一系列用于预防易疲劳人群、高血压、高血糖、高血脂以及低免疫等亚健康人群等疾病的营养食品。

3. 以生命科学和生物技术为核心的食品加工新技术

生物加工技术具有清洁、安全、节能的优点，是食品制造可持续发展的重要内容。世界范围内，食品龙头企业和发达国家的食品研究均在着力推动食品生物技术。因此，以生物加工为核心的系统新食品技术体系，将是我国食品技术升级的核心趋势。

食品加工新技术基础理论和应用研究。重点对中国传统食品现代化、营养素与功能因子的保持和增效、新资源新技术利用以及新型食品的制造技术展开研究。重点探讨非热加工技术和新型杀菌技术特别是超高压技术和脉冲电场技术对食品体系中典型组分、微生物及酶的微观结构与宏观性能的影响，从分子水平上阐述重要理化因子对这些典型食品组分及其所构建的食品体系特性影响的内在规律。探讨生物催化修饰增效、微胶囊技术、新型缓释技术等各种新加工技术的特征以及对复杂食品体系中营养素和功能因子的影响。

食品组分变化及品质调控技术。探索加工过程食品材料分子之间在热、冷、剪切、压力等作用下的相互作用机制，特别从分子水平深入研究材料之间的相互作用，揭示影响食品品质与安全性的因素及本质。着重研究食物中的各种组分、功能因子在流动、混合、分离、浓缩、干燥、加热、杀菌、冷却以及冷冻等加工过程化学变化以及相互作用，变化的化学本质和影响因素，组分和组分之间的相互作用以及这些相互作用对于组分结构功能、加工性和食品品质的影响。研究食品加工、贮存、运输过程各个条件和环节、加工过程的添加物等对于制品结构、风味、质构、色泽、营养素的影响，引起上述品质变化的原因以及控制品质变化的方法。

食品生物加工技术。针对食品生物加工过程组分改变复杂、影响因素多、调控难度大等问题，利用基因工程、细胞工程技术对食品资源加以改造和改良，利用发酵工程、酶工程技术等将农副原材料加工制成高附加值产品，研究食品生物制造过程优化控制策略，将生物反应器技术与之结合，对原有食品加工工艺进行改造，甚至实现生物技术产品二次开发，达到降低能耗、提高产率、改善食品品质的目的，从根本上改良食品的原料特性、加工特性和营养价值等。

传统食品工业化技术。我国传统食品及其生产工艺技术是中华民族饮食文化的一个组成部分。一方面有些传统食品在风味、色泽、口感和健康效应等方面有其独特的内涵，另一方面许多传统食品的加工和保藏技术又相对落后，不利于大工业化生产，因而在挖掘我国传统食品的科学合理内涵的同时，对其进行科学化的改造又显得极其重要。重点研究传统食品的加工特色、组分变化及相互作用机制，探索如何利用现代食品加工的工程原理及单元操作对传统食品进行大规模加工，同时不丧失传统食品的特征性风味、质构特征和健康作用。研究食品原材料特点、食品保藏原理、影响食品质量、包装及污染的加工因素、良好生产操作及卫生操作。

4. 以智能集成和核心成套技术为目标的食品装备研发制造

针对我国食品加工装备水平较低、创新能力不足、低水平重复、产品结构不合理等问题，运用现代高新技术，促进食品装备技术升级，开发新型的食品装备产品。

食品加工装备。围绕重点食品加工单元装备、食品装备集成与成套技术、食品检测技术等，开展食品物理场加工工程及工业化装备的研究，针对新型物理场包括声（超声波）、光（脉冲强光）、电（脉冲电场）、磁（脉冲磁场）、压（超高压）、波（微波）等，研究物理场辅助生物、食品加工工程中的传热、传质和反应规律，装备的放大规律和技术，重点突破超高压设备的设计和制造，微波辅助干燥、提取的规模化生产设备，微波等物理场辅助酶催化、辅助化学反应器等。紧密结合实际需求，开展新型杀菌、物性重组、干燥、超细粉碎、高速灌装、气调与无菌包装等食品加工与包装单元技术与装备研发；研究传统食品工业化、食品加工成套装备技术；集成计算机控制、机器视觉、传感检测与智能控制、物联网、机器人等技术与传统食品加工装备及生产过程，实现食品物料分级、快速无损检测、传统食品加工装备的自动化与智能化。

食品包装装备。针对我国食品包装技术原创力弱、包装质量监控难、食品包装存在安全性风险等问题，研究天然资源型、抗菌型、气体吸附型、智能型、选择性渗透包装材料等的加工过程关键技术，重点研究高效广谱的材料配方、功能性分子的结构改造、功能成分的作用与调节机制、食品组分与包装材料间的相互作用、特定功能包装材料的制备加工等技术，揭示食品包装材料中重要有害物质的迁移、食品风味物质吸附等规律，开发功能性、环保安全型食品包装材料；分析不同食品处理方式对包装材料微观结构与宏观性能的影响，提出新型食品加工技术对于复杂食品体系的包装要求及控制方法。

食品检测装备。围绕社会经济发展和食品工业的具体要求，重点开发高精度、便携、快捷、无损的食品原料现场检测装备；推进国产色谱、质谱、光谱仪，以及蛋白质、多糖和脂类生物分子检测的生化仪器的开发和应用；结合视觉识别、光学识别，无线传感器网络等先进技术，进一步加深和拓展现有检测技术的应用范围，提高识别准确性。

5. 以主动保障和全程控制为核心的食品安全体系建设

食品安全问题关乎国计民生、社会稳定和国际声誉。针对食品安全、人体健康和环境效应的综合交叉的前瞻性研究，揭示食品生境和加工过程中危害因子迁移、转化和交互作用本质，开拓基于健康保障为目的的食品安全研究新领域，建立食源性危害因子主动干预体系和控制策略。

食品全产业链危害物产生机理及调控方法。加强食品产业链中营养物质的降解，有害物质产生和代谢机理的基础研究，探索食品危害因子产生、转化及人类健康摄入风险导致的慢性疾病和癌症的关系，研究多学科，多角度审视其控制途径。以敏感测试细胞为对象，结合多种组学技术，研究致病菌及其毒素和宿主细胞之间的相互作用；针对食品加工过程中生物危害物，从微生物胞内代谢网络、微生物与环境相互作用和微生物群落效应等层面，确定控制食品加工过程中有害因子产生的目标加工单元、途径及位点，揭示靶向控制、阻断和降低危害物生成的分子机制和控制模型。

危害物高精度检测的基础研究及新型检测技术。加速食品毒理学的应用研究，加强分子生物学、代谢组学等新兴技术的在毒理学上的应用并且关注构建新型食品毒理学动物模型的研究，攻克食品毒理学技术研究难题；发展新型快速检测技术，着重发展易用型和小型化仪器；突破农产品等加工过程中无损检测核心技术，建立支持我国食品加工无损检测的数字化、智能化的重大技术、重大产品和重大应用系统；加强食品真伪鉴定技术的研究，建立对组分的分析和判别模型，优化实验设计和测量方法；加强危害物的风险评估。

食品风险评估及预警、可追溯系统。开展食品质量安全追溯的基础研究，制定可操纵的质量控制体系和标准体系，实现我国食品产业链全程可预警、可追溯、可控制。在线实时检测技术的理论基础的完善，完备预警体系，加强预检机构的检测能力；加大对追溯标识与标志技术的研究，建立产业链产品危害因子来源追溯，建立多方共同使用的全面可追溯体系；基于科学研究完善我国食品产品标准，提高食品行业以标准为载体体现和推动技术创新的水平；重点开展食品质量与消费者接受性的相关性研究，建立结合感官分析、计算智能、现代仪器分析和信息化技术等多技术融合的配方管理、风味评价专家决策系统和特色质量稳定性控制体系的示范性研究与应用。

6. 以电子平台和通讯技术为支撑的食品物流系统升级

我国食品物流存在食品物流链来路不明、货源不确定、运作难度大、交货期长、送货不及时、配送成本高、运输过程中的职责难以区分等诸多问题。我国食品物流与服务重点从以下方面发展：

食品物流装备。基于现阶段我国物流营养研究与产业现状与存在问题，结合国际研发动态和趋势，建立和完善预冷以及包装等物流工艺，开发冰温、减压、辐照等新型物流技术及相应的装备，研制绿色环保智能的物流装备。集成食品营养物质保持各项核心技术与装备，尤其是全程冷链物流技术体系，制订相关操作规程 / 技术标准，并开展示范应用。

智能食品物流技术及装备。围绕物流期间各类食品中各种营养物质的变化规律探索的基础研究，重点开展食品保鲜技术、包装技术、运输技术、信息化技术、标准化技术等关键技术的攻关和研究，开发最低浪费程度的物流系统，最大程度地减少浪费；将传感技术、包装标识技术、远距离无线电通讯技术、过程跟踪与监控技术、智能决策技术相结合，研发有助于食品营养物质保持的物流环境精准控制技术、预冷、包装及储藏运输等物流工艺及相应的装备；集成食品营养物质保持各项核心技术与装备，尤其是全程冷链物流技术体系，制订相关操作规程／技术标准，并开展示范应用。

食品物流交易平台构建。开展食品和农产品电子商务、拍卖、期货交易理论的研究，完善食品物流交易平台；开展食品物流溯源技术、食品物流动态监测技术、食品物流适时跟踪技术等的研究，为行业加快市场响应速度、降低经营风险和严格成本控制提供基础；发展食品物流远距离无线通信技术，将移动通讯的 3G 技术应用到食品物流服务中的物流货运调度管理、车辆定位、视频监控、物流信息化应用等；建立模型库、知识库、方法库与现代网络技术相结合的现代物流职能决策系统。

参 考 文 献

［1］ Wang LB, Zhu YY, Xu LG, et al. Side-by-Side and End-to-End Gold Nanorod Assemblies for Environmental Toxin Sensing ［J］. Angewandte Chemie International Edition, 2010, 49: 5472-5475.

［2］ Wang Y, Ye Z, Si C, et al. Application of Aptamer Based Biosensors for Detection of Pathogenic Microorganisms［J］. Chinese Journal of Analytical Chemistry, 2012, 40: 634-642.

［3］ Kuang H, Chen W, Xu DH, et al. Fabricated aptamer-based electrochemical "signal-off" sensor of ochratoxin A［J］. Biosensors & Bioelectronics, 2010, 26: 710-716.

［4］ Wang L, Chen W, Ma W, et al. Fluorescent strip sensor for rapid determination of toxins ［J］. Chem Commun., 2011, 47（5）: 1574-1576.

［5］ Chen W, Xu DH, Liu LQ, et al. Ultrasensitive Detection of Trace Protein by Western Blot Based on POLY-Quantum Dot Probes ［J］. Analytical Chemistry, 2009, 81: 9194-9198.

［6］ Wang L, Ma W, Xu l, et al. Nanoparticle-based environmental sensors ［J］. Material Science & Engeering R, 2011, 70: 265-274.

［7］ Zhuang P, McBride M B. Xia HP. Health risk from heavy met als via consumption of food crops in the vicinity of Dabaoshan mine, South China ［J］. Science of the Total Environment, 2009, 407: 1551-1561.

［8］ Feng X, Li P, Qiu G. Human exposure to methylmercury through rice intake in mercury mining areas, guizhou province, china ［J］. Environment Science & Technology, 2008, 42: 326-332.

［9］ Wang D, Alaee M, Byer J, et al. Human health risk assessment of occupational and residential exposures to dechlorane plus in the manufacturing facility area in China and comparison with e-waste recycling site ［J］. Science of the Total Environment, 2013, 445-446: 329-336.

［10］ Huang JK, Hu RF, Rozelle S, et al. Insect-resistant GM rice in farmers' fields: Assessing productivity and health effects in China ［J］. Science, 2005, 308: 688-690.

［11］ Wu X, Ding W, Zhong J, et al. Simultaneous qualitative and quantitative determination of phenolic compounds in Aloe barbadensis Mill by liquid chromatography-mass spectrometry-ion trap-time-of-flight and high performance liquid chromatography-diode array detector ［J］. Journal of Pharmaceutical and Biomedical Analysis, 2013, 80: 94-106.

［12］ Liu H, Qiu N, Ding H, et al. Polyphenols contents and antioxidant capacity of 68 Chinese herbals suitable for medical or food uses ［J］. Food Research International, 2008, 41: 363-370.

［13］ Ji B, Hsu W, Yang J, et al. Gallic Acid Induces Apoptosis via Caspase-3and Mitochondrion-Dependent Pathways in Vitro and Suppresses Lung Xenograft Tumor Growth in Vivo ［J］. Journal of Agricultural and Food Chemistry, 2009, 57: 7596-7604.

［14］ Chen K, Plumb G, Bennett R, et al. Antioxidant activities of extracts from five anti-viral medicinal plants ［J］. Journal of Ethnopharmacology, 2005, 96: 201-205.

［15］ Galano A, Álvarez-Diduk R, Ramírez-Silva M, et al. Role of the reacting free radicals on the antioxidant mechanism of curcumin ［J］. Chemical Physics, 2009, 363: 13-23.

［16］ Goodwin D, Simerska P, Toth I. Peptides as therapeutics with enhanced bioactivity ［J］. Current Medicinal Chemistry, 2012, 19 (26): 4451-4461.

［17］ Rutherfurd-Markwick K. Food proteins as a source of bioactive peptides with diverse functions ［J］. British Journal of Nutrition, 2012, 108 (S2): S149-S157.

［18］ Janet C, Alan Javier H, Cristian J, et al. Use of Proteomics and Peptidomics Methods in Food Bioactive Peptide Science and Engineering ［J］. Food Engineering Reviews, 2012, 4 (4): 224-243.

［19］ Udenigwe C, Aluko R. Food Protein-Derived Bioactive Peptides: Production, Processing, and Potential Health Benefits ［J］. Journal of Food Science, 2012, 71 (1): R11-24.

［20］ Cheng Y, Xiong YL, Chen J. Fractionation, Separation and Identification of Antioxidative Peptides in Potato Protein Hydrolysate That Enhances Oxidative Stability of Soybean Emulsions ［J］. J. Food Sci., 2010, 75 (9): 760-764.

［21］ Chen HM, Muramoto K, Yamauchi F, et al. Antioxidative properties of histidine-containing peptides designed from peptide fragments found in the digests of a soybean protein ［J］. Agric. Food Chem., 1998, 46: 49-53.

［22］ Cheng Y, Chen J, Xiong Y. Chromatographic Separation and LC-MS/MS Identification of Active Peptides in Potato Protein Hydrolysate That Inhibit Lipid Oxidation in Soybean Oil-in-Water Emulsions ［J］. Agric. Food Chem., 2010, 58 (15): 8825-8832.

［23］ Tang X, He Z, Dai Y, et al. Peptide Fractionation and Free Radical Scavenging Activity of Zein Hydrolysate ［J］. J. Agric. Food Chem., 2010, 58 (1): 587-593.

［24］ Zhang J, Liu J, Shi ZP, et al. Manipulation of B-megaterium growth for efficient 2-KLG production by K-vulgare［J］. Process Biochemistry, 2010, 45: 602-606.

［25］ Zhou H, Liao X, Wang T, et al. Enhanced l-phenylalanine biosynthesis by co-expression of pheAfbr and aroFwt ［J］. Bioresource Technology, 2010, 101: 4151-4156.

［26］ Lin J, Liao X, Du G, et al. Enhancement of glutathione production in a coupled system of adenosine deaminase-deficient recombinant Escherichia coli and Saccharomyces cerevisiae ［J］. Enzyme and Microbial Technology, 2009, 44: 269-273.

［27］ Lin J, Liao X, Zhang J, et al. Enhancement of glutathione production with a tripeptidase-deficient recombinant Escherichia coli ［J］. Journal of Industrial Microbiology & Biotechnology, 2009, 36: 1447-1452.

［28］ Hunag W, Shieh G, Wang F. Optimization of fed-batch fermentation using mixture of sugars to produce ethanol ［J］. Journal of the Taiwan Institute of Chemical Engineers, 2012, 43: 1-8.

［29］ Chang D, Wang T, Chien I, et al. Improved operating policy utilizing aerobic operation for fermentation process to produce bio-ethanol ［J］. Biochemical Engineering Journal, 2012, 68: 178-189.

［30］ Sun J, Le GW, Hou LX, et al. Nonopsonic phagocytosis of Lactobacilli by mice Peyer's patches' macrophages ［J］. Asia Pac J Clin Nutr., 2007: 16 (S1): 204-207.

［31］ Sun Z, Chen X, Wang J, et al. Complete Genome Sequence of Probiotic Bifidobacterium animalis subsp. lactis Strain V9 ［J］. Journal of Bacteriology, 2010, 192 (15): 4080-4081.

［32］ Sun J, Zhou TT, Le GW, et al. Association of Lactobacillus acidophilus with mice Peyer's patches. ［J］ Nutrition, 2010, 26: 1008-1013.

［33］ Zhang J, Fu R, Hu J, et al. Glutathione Protects Lactococcus lactis against Acid Stress ［J］. Applied and Environmental Microbiology, 2007, 73 (16): 5268-5275.

［34］ Zhang J, Du G, Zhang Y, et al. Glutathione Protects Lactobacillus sanfranciscensis against Freeze-Thawing, Freeze-Drying, and Cold Treatment ［J］. Applied and Environmental Microbiology, 2010, 76: 2989-2996.

［35］ Li WJ, Nie SP, Chen Y, et al. Ganoderma atrum polysaccharide protects cardiomyocytes against anoxia/reoxygenation-induced oxidative stress by mitochondrial pathway ［J］. Journal of Cellular Biochemistry, 2010, 110 (1): 191-200.

[36] Zhao L, Wang Y, Shen H, et al. Structural characterization and radioprotection of bone marrow hematopoiesis of two novel polysaccharides from the root of Angelica sinensis (Oliv.) Diels [J]. Fitoterapia, 2012, 83: 1712–1720.

[37] Cheng J, Chang C, Chao C, et al. Characterization of fungal sulfated polysaccharides and their synergistic anticancer effects with doxorubicin [J]. Carbohydrate Polymers, 2012, 90: 134–139.

[38] Jin M, Zhao K, Huang Q, et al. Isolation, structure and bioactivities of the polysaccharides from Angelica sinensis (Oliv.) Diels: A review [J]. Carbohydrate Polymers, 2012, 89 (3): 713–722.

[39] Liang B, Jin M, Liu H. Water–soluble polysaccharide from dried Lycium barbarum fruits: Isolation, structural features and antioxidant activity [J]. Carbohydrate Polymers, 2011, 83: 1947–1951.

[40] Lynnette R, Ferguson, Ralf C. Schlothauer. The potential role of nutritional genomics tools in validating high health foods for cancer control: Broccoli as example [J]. Mol. Nutr. Food Res, 2012, 56: 126–146.

[41] Tang L, Zhang Y, Jobson HE, et al. Potent activation of mitochondria–mediated apoptosis and arrest in S and M phases of cancer cells by a broccoli sprout extract [J]. Mol. Cancer Ther., 2006, 5: 935–944.

[42] Herr I, Buchler MW. Dietary constituents of broccoli and other cruciferous vegetables: implications for prevention and therapy of cancer [J]. Cancer Treat. Rev., 2010, 36: 377–383.

[43] Juge N, Mithen RF, Traka M. Molecular basis for chemoprevention by sulforaphane: a comprehensive review [J]. Cell. Mol. Life Sci., 2007, 64: 1105–1127.

[44] He QH, Yin YL, Zhao F, et al. Metabonomics and its role in amino acid nutrition research [J]. Frontiers in Bioscience–Landmark, 2011, 16: 2451–2460.

[45] Xu S, Lin Y, Huang J, et al. Construction of high strength hollow fibers by self–assembly of a stiff polysaccharide with short branches in water [J]. J. Mater. Chem. A, 2013, 1: 4198–4206.

[46] Chang C, Duan B, Zhang L, et al. Superabsorbent hydrogels based on cellulose for smart swelling and controllable delivery [J]. European Polymer Journal, 2010, 46 (1): 92–100.

[47] Xu S, Lin Y, Huang J, et al. Construction of high strength hollow fibers by self–assembly of a stiff polysaccharide with short branches in water [J]. J. Mater. Chem. A, 2013, 1: 4198–4206.

[48] Yoshimura T, Matsuo K, Fujioka R. Novel biodegradable superabsorbent hydrogels derived from cotton cellulose and succinic anhydride: synthesis and characterization [J]. J Appl Polym Sci, 2006, 99: 3251–3256.

[49] Tian H, Wang Y, Zhang L, et al. Improved flexibility and water resistance of soy protein thermoplasticscontaining waterborne polyurethane [J]. Industrial Crops and Products, 2010, 32 (1): 13–20.

[50] Su J, Huang Z, Yuan X, et al. Structure and properties of carboxymethyl cellulose/soy protein isolate blend edible films crosslinked by Maillard reactions [J]. Carbohydrate Polymers, 2010, 79 (1): 145–153.

[51] Manuel ES, Eppinger SD, Rowles CM. The Misalignment of Product Architecture and organizational Structure in Complex Product Development [J]. Management Science, 2004, 50 (12): 1674–1689.

[52] 中国食品科学技术学会. 第九届冷冻与冷藏食品产业大会 [J]. 中国食品学报, 2010 (4).

[53] 丁宏伟. 超声波结合微波辅助提取米糠多糖的研究 [J]. 核农学报, 2013 (3): 26–28.

[54] 黄圣明. 从营养产业谈"十二五"食品工业的发展 [J]. 食品工业科技, 2011 (3): 18–21.

[55] 李存金. 大规模科学技术工程复杂系统管理方法论研究 [J]. 中国管理科学, 2011, 19 (S): 147–151.

[56] 李兴峰, 江波, 潘蓓蕾, 等. 乳酸菌产生的新型抗菌物质—苯乳酸的抑菌性质及作用机理研究 [J]. 乳业科学与技术. 2011 (2): 48–50.

[57] 庞国芳, 范春林, 常巧英. 加强检测技术标准化研究 促进食品安全水平不断提升 [J]. 北京工商大学学报(自然科学版), 2011 (3): 56–59.

[58] 食品科技强势支撑和推动食品产业升级 [N], 中国食品报, 2012, 11 (9): 1.

[59] 魏珣, 朱华平, 孙康泰, 等. 科技创新驱动我国食品产业发展对策研究 [J]. 中国农业科技导报, 2013 (1): 91–95.

[60] 吴麦克, 科技助力食品安全的实例介绍 [J]. 中国农业信息, 2012 (1): 24–25.

[61] 张坤生, 任云霞, 陈学军. 产学研合作促进食品领域高新技术的发展 [J]. 教育教学论坛, 2013, (11): 169–170.

撰稿人：陈　坚　陈　洁　徐玲玲　山丽杰　娄在祥　刘　松　华　霄　曾茂茂

专题报告

食品安全学科的现状与发展

一、引言

食品安全是关系群众切身利益的重要民生问题，也是国家安定、社会发展的根本要求。食品安全科学技术是食品安全的重要保障手段。食品安全学科的发展直接关系食品安全科技水平的提升。食品质量与安全学科是以食品质量与安全的科学理论问题的研究、保障技术及装备开发和相关科研、工程队伍的组织与培养为其基本内涵的学科。食品质量与安全学科和食品领域的其他学科相比虽然是一个年轻的学科，但是近10年中在知识创新、人才培养、社会服务及产业发展中发挥了重要作用，是食品产业持续健康发展的基础保障。经过十多年的建设与发展，食品质量与安全学科的知名度与品牌影响力日益彰显，在学科方向特色、学术团队结构、科学研究水平、人才培养质量等各个方面均快速发展，是食品领域发展最快的学科之一。

食品质量安全学科在"十二五"及今后较长时间内仍然将是食品领域发展的前沿和学科生长点，我国应该在基础研究、高新技术研发、应用技术创新与集成示范等方面，不断加强科技投入，切实提高我国食品安全的总体水平，使我国食品安全的科技支撑实现被动应付型向主动保障型的战略转变，努力保障公众健康与安全。

1. 2012—2013年重大食品安全事件对食品学科发展的启示

2012—2013年以来，白酒"塑化剂"、水饺"金葡菌"污染、奶粉"二聚氰胺"、"顺丁烯二酸"、"镉大米"、"速生鸡"、"假牛肉饼"等国内外的一系列食品安全事件再次昭示我们的食品安全问题是一个持久性问题。

国内外一系列的食品安全事件对食品安全学科的发展也提出了新的挑战。从上述食品安全事件来看，加工过程是食品安全问题发生的关键环节，真正安全保障来自于对生产过程的每一个环节的严格控制。速冻水饺的"金葡菌"污染事件虽然没有引发更大的食品安全问题，但是却给我们提出了一个新的问题：随着我国食品消费习惯的变化和食品产业的发展，微生物安全风险将会逐步成为我国食品安全的主要风险因子，致病微生物的控制和检测技术研究必需得到重视。环境污染导致食品中持久性环境污染物超标已经成为威胁我国食品安全的重要因素，特别是我国 30 多年经济的快速发展，环境污染代价沉重，农田、水源及空气污染本底非常高，农产品种植过程中环境持久污染物的迁移污染基本上无法避免。人口压力造成的食物短缺给农业生产带来巨大的压力，为了解决基本的食物保障问题，同时在利益驱动作用下，我国的农业投入品使用量一直处于持续增加状态，农畜产品中农兽药残留一直困扰我国初级农产品，进而在源头上影响我国的食品安全，如何解决这个问题是未来 30 ~ 50 年间我国食品安全、农业和环境领域必须直面的问题，我们需要用持续不断的科技进步和严之以恒的管理措施来把食品安全这只猛虎锁在笼中。因此未来食品质量安全学科的发展食品风险评估、食品安全标准，食品加工过程安全控制、检测检验技术、食品安全预警与溯源等将是学科今后发展的重点方向，在这些领域的突破性成果将会为我国食品安全问题破题解困。

2. 我国食品安全学科发展概况

食品质量安全学科是一个新兴的年轻学科，2004 年我国设立第一个"食品质量安全"本科专业，至今也仅是 10 年的时间，与食品科学相比，还处在出生的婴幼儿期，但是我国食品质量安全学科发展迅速，已经成为食品科学领域发展最快的分支学科，在食品科学领域甚至整个学科门类中占据越来越高的学术地位和影响力，作为一支重要的学术分支食品安全学科交叉于农学、工学、理学、医学和人文社会科学多个领域。在 10 年的发展过程中一直注重学科的基础理论、技术创新、科技转化以及学科之间的交叉和融合。2012—2013 年期间，食品安全学科继续加强学科建设、科学研究以及学术交流等领域的发展，特别是在新理论、新方法、新成果、新技术方面取得了一系列重大突破，获得了国家科技进步奖二等奖，提升了学科的整体发展水平，推动了食品工业的技术进步和自主创新。

科学研究一直是食品安全学科发展的重点，目前，已经具备了承担国家重大科研任务的能力，特别是 2012 年，科学研究的综合实力得到进一步提升。国家对食品安全科学技术领域的科研投入和支持力度逐年加大，特别是"十一五"以来，国家先后推出的科技支撑计划、高技术研究与产业化发展计划（"863"计划）和国家自然科学基金等项目中，食品安全及其相关学科研究项目增加，经费强度提高（见图 1）。

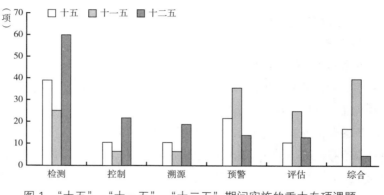

图 1 "十五"、"十一五"、"十二五"期间实施的重大专项课题

2012 年食品生物危害物精准检测与控制技术等一批国家"十二五"、"863"计划和科技支撑计划启动，直接与安全相关的项目资助额度超过 1.5 亿元。同时，科学研究也取得了丰硕的成果，特别是在快速检测技术方面，获得国家科技进步奖二等奖 1 项，各类省部级一等奖 39 项，高水平研究论文发表量快速递增。在科学研究取得重大成果的同时，继续加强与国内外高等院校、科研院所以及行业之间的学术交流，特别是在交流规模和层次方面均取得了突破，一年一度的食品安全高峰论坛有效提高了我国食品安全学科的国际影响力和学术地位。2012 年举办国内学术会议 30 多次、主办和协办国际会议 10 余次，先后与美、加、英、法、日、韩等国家和我国港澳台地区 30 多所院校和科学研究机构建立了联合研究或友好合作关系，开展互派研究生、访问学者、相互进行科学研究等合作项目。

二、食品安全学科近年的最新研究进展

1. 科学研究技术开发应用

（1）食品安全检测与鉴伪

食品安全检测技术研究在 2012 取得了突破性进展，天津科技大学牵头的"食品安全危害因子可视化快速检测技术"研究成果获得国家科技进步奖二等奖。该成果是在国家"863"计划、国家"十一五"科技支撑计划课题以及国家质量监督检验检疫总局和天津市科技攻关重点项目的支持下，天津科技大学联合中国检验检疫科学研究院、天津出入境检验检疫局动植物与食品检测中心、辽宁出入境检验检疫局检验检疫技术中心、天津生物芯片技术有限责任公司、天津九鼎医学生物工程有限公司等科研单位和企业，针对食品安全问题中最为突出的食源性致病菌和农药残留、兽药残留、生物毒素等危害因子，重点对食品安全小分子化学危害物免疫分析理论进行了创新研究，通过对小分子化合物抗体的研究分析，发现抗体功能结构域氨基酸残基与半抗原分子间的静电耦合度是影响抗体特异性的关键因素，提出半抗原对抗体特异性的决定机理，奠定了小分子化学危害因子高特异性抗体制备的理论基础；开发了具有自主知识产权的化学危害物可视化快速检测核心技术 4 项：高质量半抗原定向合成和小分子抗体规模化制备技术、多抗体共包被多残留检测技术、试纸条定区域循迹扫描涂布技术、化学危害物稳定色差梯度显色技术，研制了 60 余种化学危害因子可视化快速检测产品，检测效率平均提高 200%，检测成本仅为常规仪器方法的 20%，其中多抗体共包被免疫多残留等 10 余种检测试剂盒属于原始创新产品；突破了食源性致病菌可视化快速检测瓶颈技术 3 项：可视芯片表面修饰改性技术、种属靶标特异性基因扩增技术、核酸标准样品分子荧光定量定值技术，首次开发了食源性致病菌可视化基因检测芯片、环介导等温扩增（LAMP）检测技术和试剂盒 16 种及核酸国家标准物质 20 种，实现了食源性致病菌快速高通量检测，并使检测时间从数天缩短到数小时。

项目成果共发表 SCI 收录论文 44 篇，被 SCI 他引 394 次，获得国家发明专利 13 项，制定国家出入境检验检疫标准 8 项，培训技术人员 3000 余人次，编写专著 6 部，培养研究生 220 人。产品在食品生产、流通、监管等环节得到广泛的日常应用，也用于保障奥运会、世博会等大型活动和应对食品安全突发事件及技术性贸易壁垒，部分产品还出口到澳大利亚和越南等国家，改写了我国食品安全免疫检测产品没有出口的历史。产品的便捷性、时效性和精准度广受好评，近三年产生直接经济效益 2822.35 万元，间接经济效益 68.85 亿元，保障了年均货值 175 亿美元的食品、农产品进出口贸易。

通过一系列具有自主知识产权的基于目视判别颜色变化的可视化快速检测技术和产品的开发与推广应用，实现了精准、多残留、高通量的快捷检测，突破了制约食品安全监管能力的技术瓶颈，降低了检测成本，使监管从事后处理变为现场反应，防患未然和快速反应不仅成为可能而且渐为常态，为提高食品安全水平奠定了坚实的技术基础，为食品产业的可持续发展、国民健康和生命安全提供了有力的技术保障。

食品真伪鉴别是农产品与食品质量安全控制中的新兴研究热点和重要研究内容，迫切需要高技术的引领和支撑。在食品安全问题中，造假可能是最受关注的一项了。随着打假意识和技术的进步，造假者不断推出各种新"招数"。目前，不法分子在食品中的掺假方式越来越多、范围越来越广、内容越来越复杂，主要包括掺兑、混入、抽取、假冒、粉饰等手段。掺假范围涉及粮油、肉类和加工制品、乳制品、果蔬、糖及糖制品、饮料类等各领域。如大米中常见的掺假行为：新米中掺入陈米，廉价米中混入高价米；面粉中混入滑石粉；食用油中掺兑地沟油及其他非食用油（如桐油、蓖麻油等），等等。相比于普通食品，高附加值食品掺假造假尤其严重。围绕鉴伪问题，2012 开展了多方面的研究，建立了年份白酒、天然果汁、产地葡萄酒等配套检测方法标准，采用溶剂压制核磁共振技术和高分辨质谱 Marker 标记物筛选方法，建立年份白酒基酒识别方法，突破中国年份白酒难以检测标识年份真实性的技术瓶颈，为制定中国年份白酒技术规范提供技术支撑；采用同位素质谱技术，构建了复原果汁识别技术和起泡葡萄酒真实性识别的同位素分析技术平台。课题在食品真实性前沿技术方面取得重要进展，突破食品质量标准领域如产地葡萄酒、年份白酒和天然果汁等识别技术难题，为下一步制定相关食品真实性技术标准提供重要的技术支撑。

在鉴伪技术研究方面论文成果也有了新的突破。在 20 世纪 90 年代初期，前 12 位机构中，只有中国农业大学一家中国机构，位列第十二，但在近 5 年发展迅速，中国农业大学、浙江大学等国内机构发文量均已经进入该研究领域的第三研究梯队。

（2）加工过程安全与控制

近年来，我国对加工过程中的危害因子如热加工中的苯并［α］芘、杂环胺、丙烯酰胺，发酵过程中的亚硝酸盐、生物胺，以及其他途径可能产生的有毒有害物质如反式脂肪酸、氯丙醇形成机理、检测方法、风险评估以及有效的抑制措施等展开了大量研究，并获得可喜的研究成果。

食品加工过程中，熏烤、烘烤过程是形成苯并芘的主要途径。熏烤制品有熏鱼片、熏红肠、熏鸡及火腿等动物性食品。烘烤制品有月饼、面包、糕点、烤肉、烤鸡、烤鸭及烤羊肉串等食品。熏烤、烘烤常用的燃料有煤、木炭、焦炭、煤气和电热等，由于燃烧产物与食品直接接触，烟尘中的苯并芘直接接触食品而污染。有人对木材燃烧时所产生的高温裂解产物进行了分析，发现在所有的燃烧温度下均可产生苯并芘。另外由于烘烤温度高，食品中的脂肪、胆固醇等成分，可在烹调加工时经高温热解或热聚，形成苯并芘。据研究报道，在烤制过程中动物食品所滴下的油滴中苯并芘含量是动物食品本身的 10 ~ 70 倍。当食品在烟熏和烘烤过程发生焦烤或炭化时，苯并芘生成量将显著增加，特别是烟熏温度在 400 ~ 1000℃时，苯并芘的生成量可随着温度的上升而急剧增加，如当淀粉在加热至 390℃时可产生 0.7μg /kg 的苯并芘，加热至 650℃时可产生 7mg /kg 的苯并芘。在国家的大力扶持下，苯并〔α〕芘检测方法不断完善，有多项科研成果和专利问世，达到国际先进水平；加工控制研究不断深化，为降低食品中苯并〔α〕芘残留提供关键控制点，通过控制加工温度可以明显降低苯并〔α〕芘残留；病理学研究从细胞层面深入到从分子层面，选取适当添加剂对抗苯并芘的毒性作用提供依据。肉制品中杂环胺的含量被细化到不同种类原料肉、不同加工方式、不同加工时间等各个方面。

亚硝胺是重要食品污染物之一，迄今为止，已发现的亚硝胺有 300 多种，其中 90% 左右可以诱发动物不同器官产生肿瘤。

亚硝胺类在食品中主要分布在烟熏或盐腌的鱼及肉和霉变的食品。香港曾报道咸鱼内含有较多的二甲基亚硝胺（DMN）。山东淄博市调查熟肉制品 289 份，亚硝酸盐检出率 98.96%，超标率达 44.98%，最高达 478.0mg/kg；河南省新乡市调查卤肉制品 58 份，亚硝酸盐检出率为 98.3%，超标率达 39.7%，最高达 370.7mg/kg。日本东京 27 个市售啤酒样中有 25 份（占 93%）检出 DMN，平均含量约 2μg/kg。法国与国际癌症研究机构（IARC）合作分析的 268 个酒样的结果，苹果白兰地酒和苹果酒含有 DMN、二乙基亚硝胺（DENA）和二丙基亚硝胺。在麦芽中也发现有 DMN 和 N- 亚硝基吡咯烷。咸肉经油煎后，约 90% 的试样中可测出亚硝基吡咯烷。未加热的咸肉中含有非致癌物脯氨酸亚硝胺，油煎时可转变为致癌的亚硝基吡咯烷。李国玉等在广东顺德和南澳等地各种食物中均检测到多种亚硝胺，提出体内长期摄入和形成亚硝胺可能是广东各地食管癌、肝癌和鼻咽癌等癌症高发的重要因素。林县居民主要的食物中发现不挥发性肌氨酸亚硝胺（NSAR），用林县酸菜提取液（含亚硝胺类）喂大鼠，两年后证明可诱发胃癌，而对照组为阴性。Takakashi 等实验证明林县酸菜的致突变作用比日本类似的酸菜强 6 倍，程书均等实验表明林县酸菜提取物对细胞有致突变、转化与促癌变的作用，林县食物中发现的 NSAR 能诱发实验动物的食管肿瘤。有人研究结果表明摄入含有 DMA 较多的食物，上消化道癌症发生危险性增加 79%（P=0.037），常吃熏鱼的人更易发癌症（比值比 OR=3.30），每天喝啤酒、吃含亚硝酸盐的肉制品的人将增加患食管癌的危险性，他们的 OR 值分别为 2.48 和 1.82。每天饮啤酒者口腔癌发生危险性为不饮酒者的 1.79 倍。

在研究抑制杂环胺形成的措施上，研究开发了葡萄籽提取物等抗氧化剂对杂环胺的抑制作用的报道。对丙烯酰胺的抑制途径研究不断深入，通过原料改良与加工工艺优化和添加外源性添加剂均有利于减少 AA 的形成。尤其是首创了抑制热加工食品中 AA 的食品添加剂新品种——竹叶抗氧化物，获得了两项中国发明专利的授权，国际 PCT 专利申请已进入美国国家局（美国专利申请号为 20090304879），使我国在食品丙烯酰胺抑制领域走在了国际前列。

反式脂肪酸的来源目前普遍认为有三种途径：一是氢化植物油。植物油进行氢化处理，一部分不饱和脂肪酸会发生结构转变，从天然的顺式结构异化为反式结构；二是牛、羊等反刍动物的肉和奶。反刍动物体脂中反式脂肪酸的含量占总脂肪酸的 4% ~ 11%，牛奶、羊奶中的含量占总脂肪酸的 3% ~ 5%；三是油温过高产生反式脂肪酸。精炼油及烹调油温过高时，部分顺式脂肪酸会转变为反式脂肪酸，虽增加不明显，但烹调时应尽量避免油温过高。

控制技术中非热加工是一个研究的热点，中国农业大学在食品的非热加工方面做了大量研究，探索适合采用脉冲电场和高压等新技术的加工原料，并确定其加工工艺条件，以获得高质量的食品和安全可靠的工艺。

（3）食品安全风险评估

风险评估为科学评估食品中污染物危害水平，制定切实有效的保障食品安全的管理措施，降低食源性疾病发生，更好地保护人类健康方面有着极其重要的作用，是制定标准的科学依据，也是食品质量安全管理的有效手段。通过十年的发展，我国在风险评估方面已取得一定的成绩，逐步建立了风险分析制度，并初步开展预警和召回制度研究，初步建立可追溯体系，但由于起步较晚，仍与国外发达国家存在一定的差距。近年来，我国针对食品方面的危害因子分析做了大量工作，危害因子的风险评估技术研究取得初步成果，如对酱油中三氯丙醇；苹果汁中甲胺磷乙酰甲胺磷残留；禽肉水产品中氯霉素残留；冷冻加工水产品中金黄色葡萄球菌及其肠毒素；油炸马铃薯食品中丙烯酰胺；水产品中金属异物；牡蛎食品中感染副溶血弧菌等；入境冻大马哈鱼携带溶藻弧菌等可能影响人体安全和健康的因素进行了的风险评估。目前，我国对食品的风险分析主要集中在食源性致病微生物、重金属、药物残留、双酚 A、反式脂肪酸等方面。研究刚刚起步，还需参考国际标准和范例。对不断涌现的新型食品、食品原料的安全性，以及新涌现的生物、物理、化学因素、食品加工技术对食品安全的影响和危害，尚没有开展系统的风险评估。

（4）食品安全溯源与预警

近年来，我国加强了对食品安全预警监控体系的建设力度，初步建立了食品污染物监测和食源性疾病监测网络以及进出口食品安全预警监控体系，并着手开展食品污染物源头控制的溯源技术研究，但监测的范围和对象都十分有限。我国虽已着手食品安全监测系统的建立，但目前食品污染和食源性疾病的监测数据资料还很有限，只有静态的数据而缺少动态数据，终端产品监测数据多而产品生命周期的前期危害物监测缺失，食品安全信息渠道不畅通，各方面的数据不能共享共用，还没有建立起人群食源性疾病症状监测网络，远远不能达到科学预警的要求。由于实验室能力参差不齐，监测网络只建立在有能力开展工作的省份，缺乏覆盖全国统一协调的监测网络。在致病微生物造成的食源性危害方面，我国目前尚缺乏对引起食物中毒的常见重要致病菌进行风险评估的背景资料。在食物污染方面，尚缺乏长期、系统的有关食品中一些对健康危害大而在贸易中又十分敏感的生物性污染物、化学污染物、物理性污染物的污染状况的监测资料。这些基础数据的缺乏使食品安全预警更多地停留在经验阶段。

2. 学科建设与人才培养情况

（1）食品安全学科发展人才培养

进一步加强学科建设、教学改革以及人才培养的实施力度，实现了学科发展的外延扩展与内涵提升的统一。目前，我国食品质量安全学科建设已经具备了一定的规模，形成了大专、本科、硕士、博士等多层次的人才培养体系。到 2012 年，全国 117 余所学校设有食品质量与安全专业，分布在 29 个省、市、自治区的综合、工科、农业、工商、医学、师范、民族等院校中，特别是京、津、沪、苏、粤等省市，形成了以本科和研究生教育为主体的全方位的食品质量安全才培养体系。全国高校中有 13 所院校可以招收食品安全方面的博士，26 所院校自主设置了食品质量安全或食品营养安全的硕士点。通过引进和培养一大批高层次的学术骨干，学术梯队的结构不断优化，逐渐形成了一支以中青年教师为主体、年龄结构合理、学历层次高、不同专业相互配套、富有开拓和知识创新能力的学术骨干队伍。

（2）食品安全领域的交流与合作

中国积极推进国家间食品安全合作机制建立，先后同 30 个国家和地区签署了 33 个涉及食品安全领域的合作协议或备忘录，以及 48 个进出口食品检验检疫卫生议定书。其中，与美国签署《中美食品和饲料安全协议》、《中美食品安全信息通报谅解备忘录》；与欧盟建立"中欧食品和消费品安全联合工作委员会"，成立食品安全工作组，建立"中国—欧盟食品和饲料快速预警系统"；此外，还建立了中加、中韩、中国—东盟食品安全工作会议机制，确立了中国与有关进出口食品贸易伙伴国家或地区的长效合作机制，并建立了年会制度，以公开透明、互利互信的原则开展食品安全国际合作。

三、食品安全学科国内外研究进展比较

1. 食品安全检测技术体系

食品快速检测技术通常包括化学和生物两方面的分析技术。化学方面主要指化学检测试剂盒（试纸、卡、简易的光度计）、电化学传感器和化学发光技术等。生物方面则包括

免疫学方法、生物传感器技术和蛋白质芯片等。表1、表2和表3主要结合常见的农药、兽药、微生物、毒素、重金属为研究对象，通过对比分析研究国内外在快速检测方面的现状分析。

表 1 国内外农药快速检测技术

方法	检测对象	国内外对比	
化学检测技术	有机磷	灵敏度低	
酶抑制检测技术	有机磷和氨基甲酸酯	国内	假阳性、假阴性率高，二十余家生产厂商，多种速测卡、速测仪，GB/T 5009.199—2003 NY/T 448—2001
		国外	测定样品和农药种类有限，欧美作为普查农药残留和田间实地检测的基本手段；AOAC 官方方法 964.17
免疫分析法	有机磷类、氨基甲酸酯类、硫代氨基甲酸酯类、有机氯类、三嗪类、拟除虫菊酯类和酰胺类等几十种农药	国内	研究活跃，但未有真正推广使用的商品化产品
		国外	技术成熟，灵敏度高，FAO 推荐方法，美国 USDA、EPA、AOAC 制定了评定标准，但经认证的有限，经 EPA 认证的免疫试剂盒约有 4 个厂家的 26 种试剂盒：EPA 方法 4010、EPA 方法 4015EPA 方法 4040 等
生物传感器	有机磷、氨基甲酸酯	国内	处于研究阶段
		国外	电导型生物传感器、光寻址电位型传感器、安培型传感器，处于研究和应用阶段，并未广泛推广使用

表 2 国内外兽药快速检测技术

方法		检测对象	国内外对比	
免疫分析法	ELISA 方法	兽药的单残留检测	国内	盐酸克仑特罗、磺胺二甲嘧啶试剂盒、试纸等 20 余种产品，假阳性率高，市场占有率大约 50% 左右
		兽药的单残留检测、多残留检测	国外	广泛应用，意大利 Tecna 公司、美国 Idexx 公司、英国 Randox 公司、Laboratories 公司和德国 R-Biophanm 公司等均有产品，2001 年国家质检总局推荐 Randox 公司的 ELISA 试剂盒作为动物激素和抗生素残留的首选筛查方法，AOAC 的官方网站上登记有 15 个厂家的 100 多种商品试剂盒，经 FDA 认证或 AOAC 确证的试剂盒占 50 多种
	放射免疫方法	检测同一类抗生素	国内	DB33/T 473—2004：放射免疫快速检测 β- 内酰胺类、磺胺类和氨基糖苷类链霉素型药物残留量
		检测同一类抗生素	国外	美国 CHARM Science 公司 Charm6600/7600 抗生素快速检测系统，可测 β- 内酰胺类、氯霉素类、四环素类、磺氨类、邻氯青霉素等，FDA 认可
	胶体金试纸条	少数兽药	国内	研究活跃，但未有真正推广使用的商品化产品
			国外	灵敏度比 ELISA 试剂盒低 5 ~ 10 倍，特异性差，仅适合残留限量要求不高的少数兽药的粗筛
	蛋白芯片	多残留兽药的检测	国内	有微阵列芯片产品，但因价格相对较高，未推广使用
			国外	有多种商品化芯片，但灵敏度需进一步提高

表 3　国内外微生物快速检测技术

方法	检测对象	国内外对比	
生物化学快速检测	大肠菌群	国内	鲜乳中菌落总数快速测定（SN/T 1749—2006）；畜禽产品大肠菌群快速测定技术规范（NY/T 824—2004）；大肠菌群的快速检测（GB/T 4789.32—2002）
	肠杆菌科，李斯特菌，葡萄状球菌	国外	基于生物化学原理开发的商品化的试剂盒和自动化系统，《FDA 细菌分析手册》列出了 17 个厂家的分析系统，基于生物化学、脂肪酸、核酸等进行检测
免疫分析法（ELISA、侧流式技术）	单一微生物、多种微生物	国内	大肠菌群 ELTSE 快速检验方法（WS/T 116—1999）
		国外	自动 ELISA 系统官方认可，但交叉反应导致的假阳性率高，美国 Biocontrol 系统、瑞士 Diffchamb 系统和美国 Detex 系统是 ELISA 主流产品，美国的 Real 系统、VIP 系统是侧流式技术的典型代表，在官方网站上查到 70 多个厂家生产的 8 种微生物的 84 个检测产品，其中包括 12 个 AOAC 方法
DNA分析法	单一微生物	国内	大多是模仿国外先进技术，且在试制阶段，各质检监督部门所用快速检测方法大多为国外技术和设备，已开发出食源性致病菌实时荧光 PCR 检测试剂、猪链球菌 2 型多重 PCR 检测试剂等
		国外	《FDA 细菌分析手册》列出的基于 DNA 技术（PCR、探针）的商品化检测法有 4 个厂家建立的 7 种微生物的 16 种方法，8～48h 可得准确结果、比培养方法快速，比免疫分析方法灵敏；但操作较繁琐，检测费用较高，且未经验证认可

2. 食品安全风险评估

国内外召回制度相比较。以美国为例，食品召回信息主要由两个机构管理：美国农业部食品安全检验局（FSIS）主要负责监督肉、禽和部分蛋类产品的召回，美国食品和药品管理局（FDA）主要负责 FSIS 管辖以外食品的召回。登陆 FDA 和 FSIS 主页网址即可查询得到所有食品从 2004 年开始至今的召回信息。其他的发达国家如加拿大、英国、澳大利亚、新加坡等国家也都有着完善的食品召回运行机制和信息公示平台。相较之下，我国虽然在 2011 年由国家质检总局修订了《食品召回管理规定》对食品召回措施、不安全食品内容以及召回食品的处理要求等做了明确规定，但是仍未建立专门的食品召回信息公布窗口。

食品毒理学是进行食品风险分析的关键技术手段，但是毒理学特别是食品毒理学的发展，在国际上是在 1950 年之后才正式起步，我国则在 1975 年起步，近年来才出版了多本《食品毒理学》专著，若输入关键词"Food Toxicology"通过 EI 数据库上检索，可以发现我国在食品毒理学上的研究一直较少，并且主要集中在基础研究，在应用研究上较少。其主要原因在于食品毒理学研究本身复杂，研究机制较难。

3. 安全加工技术

由于食品加工中动态机理复杂、变量多、自相关和互相关性严重、非线性强、生产过程不稳定以及难以预测、抑制危害物产生等特点。Jeroen 等和 Wendie 等分别对葡萄糖—天冬酰胺体系中丙烯酰胺的产生过程进行动力学模拟。Wedzicha 等研究了实际食品体系中如马铃薯、小麦和黑麦在油炸、烘焙及烧烤状态下丙烯酰胺产生的动力学分析和数学模拟。但现有模型的局限性很大，无法描述危害物形成的真实情况。

目前，将生化分析、数模构建与过程自动化技术集成，研究分析仪器与自动控制系统结合后所带来的共性技术，成为食品加工过程控制领域的一个新方向（Bázár G，Szabóa A，Romvária R，2010）。近两年，国外一些学者开始尝试利用光谱数据实现对食品生产过程的监测及控制，提出了多向建模中数据遗失的处理方法。

4. 食品安全预警与溯源体系

国外在食品追溯体系建设和研究方面，欧盟一直走在世界的前列；北美和欧洲国家较早在食品身份代码、信息范围的确定、信息采集和管理、数据处理等食品可追溯技术领域的多方面展开研究并将取得的成果应用于实践。输入关键词"Food Traceability"进行 EI 检索得出，我国 2001—2012 年的文献发表量为 70 篇，位居第一，说明我国食品追溯基础研究工作进行的较好。

目前，我国食品质量溯源系统多是以单个企业为基础开发的内部系统，如全球追溯标准（GTS）仅仅是应用于食品青刀豆罐头。由于开发目标和原则不同，信息内容不规范、信息流程不一致、系统软件不兼容，造成溯源信息不能资源共享和交换，信息在传递和流通过程中被篡改等问题。

5. 食品安全标准建设

国际食品安全标准主要在 WTO 卫生与植物卫生协定（SPS）框架下承认的 FAO/WHO 联合组建的国际食品法典委员会（CAC）对成员国进行协调一致。另外，国际标准化组织（ISO）、国际乳品联合会（IDF）、国际葡萄与葡萄酒局（IVO）、国际兽医局（OIE）、国际植物保护公约（IPPC）等也参与相关领域的标准工作。原则上，食品安全标准是在风险评估基础上按照适宜健康保护水平建立的限量标准和控制措施，并且食品安全标准有从单个品种和指标向基础标准进行整合过度的趋势。各成员国均在利用其技术优势提供污染水平、食物消费参数和相关健康评估等基础数据与评估模型及其软件，来影响食品安全标准制定的科学基础。美国和欧盟利用科技优势主导国际食品安全标准制定的强力地位仍然存在，但有关发展中国家的能力建设也在提高，中国数据的重要性也已经显现。但目前，我国食品标准体系包括食品卫生标准、食品质量标准、农产品质量安全标准和行业标准中强制性指标，相互之间存在交叉矛盾，大多数不是基于风险评估基础上，前期研究薄弱，科学性不强。与国际先进水平存在的差距表现为：一是标准的制定过程中风险分析依据不充分，相当多的标准缺乏暴露评估数据；二是标准体系尚不健全，目前，一些重要的新技术、新工艺、新资源食品标准尚未制定出来，与产品标准相配套的有毒有害物质限量和毒理学检测方法等方面的标准还比较少；三是食品标准中存在质量指标与安全指标相混淆的问题，造成监督困难，消费者也缺乏判断依据。亟待建立食品安全标准科学评估体系，在大量基础数据基础上进行风险评估，清理整合成为《食品安全法》规定的唯一食品安全国家标准。

四、食品安全学科发展趋势及展望

1. 强化食品安全风险评估基础研究

2013 年 1 月 17 日欧盟食品安全局（EFSA）公布了 2013 年度管理计划。计划中对于风险评估研究给出了详细的研究计划，按照计划将开展：食品污染物评估将对霉菌毒素、金属以及加工过程污染物进行风险评估。其中，加工过程污染物将对食品中丙烯酰胺风险进行评估；霉菌毒素将对食品和饲料中的镰刀霉菌毒素进行评估；金属将对食品和饲料中镍含量进行评估。关于植物健康方面，将完成对厚壳明线瓶螺的风险评估、土壤及栽培基质的风险评估。监管产品方面，将重点对食品添加剂、调味品、塑料食品接触材料、食品酶素、活性智能包装材料进行评估，还将包括饲料添加剂安全性评估、食品和饲料中转基因生物的应用及其栽培申请、后续健康声明申请、新型食品的评估、日常饮食产品（婴幼儿食品、极低热饮食与运动食品以及新型活性物质）的一般性建议（关于农药残留风险评估）。特殊类别风险评估将包括非动物源性食品致病菌（沙门氏菌、耶尔森氏鼠疫杆菌、志贺氏杆菌、诺如病毒）所引发的风险建议、新鲜肉类运输过程中的食品安全风险以及食用蛋变质和致病菌滋生造成的公共健康风险。EFSA 的所有科学评估将继续由科学评估和支持小组（Scientific Assessment and Support，SAS）及膳食和化学监测小组（Dietary and Chemical Monitoring，DCM）进行统计分析、暴露评估和评估方法等方面的支持。我国的风险评估研究体系也在逐步建立，随着国家食品安全风险评估中心的成立，食品安全风险评估的基础研究将会得到进一步加强。

2. 食品安全检测技术研究向精、准、快方向不断发展

快速检测方法与国家标准方法相比具有操作简单、快速的优点，但由于大多数快速检测方法在样品前处理、操作规范性方面还有许多待完善之处，目前还只能作为快速筛选的手段而不能作为最终诊断的依据，兼具快速和准确两大优点是快速检测方法追求的目标。随着高新技术的不断应用，目前食品安全快速检测的发展趋势有以下几个方面：①检测时间更短、准确性更高。在保证检测精度的前提下，食品检测所需时间越短越好。目前采用的快速检测方法还有许多需要完善的地方，应不断提高产品质量，使检测更准确；②检测灵敏度更高。随着对食品中有毒有害物质的研究和认识日益深入，从而对这些物质的限制

也越来越低，要求快速检测方法的灵敏度接近或达到分析仪器的水平；③检测仪器微型化、自动化。随着微电子技术、生物传感器、智能制造技术的应用，检测仪器向小型化、便携化方向发展，使实时、现场、动态、快速检测正在成为现实；④检测方法集成化。现有食品安全快速检测技术的检测对象多为单一物质，难以应对众多有害物质的检测要求，迫切要求一些能够通过一次检测可同时测定多种成分的技术；⑤检测产品国产化。目前，市场上的食品安全快速检测技术产品大多是进口产品或国外技术生产的产品，检测成本很高，研究生产具有我国自主知识产权的食品安全快速检测技术产品是大势所趋；⑥检测方法标准化。

2013年6月18日美国食品药品监督管理局（FDA）食品安全与营养应用中心（CFSAN）公布了科学研究战略计划，检测技术是其重要的战略目标，CFSAN将寻求更快的食品中潜在不安全因素的筛选识别手段，加强监管过程中食品添加剂和污染物检测效率。重点加强新鲜农产品中沙门氏菌和大肠杆菌检测方法的特异性及食源性病原体快速检测验证方法；食品中诸如病毒及甲型肝炎病毒快速检测方法；海产品中的弧菌种类检测方法验证；产品中高危化学污染物筛选方法。

3. 过程安全控制技术研究被世界各国高度重视

食品加工过程安全控制已成为世界各国重点研究的战略方向。2011年，欧盟食品安全局财政预算达7730万欧元，用于保护消费者的健康与安全；2012年，美国FDA向政府提交的财政预算申请比2010年多增加33%，总额达到43亿美元，增加的部分将被用于实施部署新的食品安全和营养计划；我国在《食品工业"十二五"发展规划》中将质量安全放在首位，提出2015年食品质量抽检合格率达到97%以上的目标。

有害物产生和代谢机理研究从宏观向分子层面转移。危害物产生及代谢机制是食品安全与控制的科学基础。复杂食品体系中，典型的食品成分（碳水化合物、脂肪酸、蛋白质等物质）在加工过程会产生导致食品安全问题的危害物。这些物质被摄入人体后，会产生潜在的重大食品安全隐患，危害人类健康。

感知监测和组学技术成为加工食品安全性预警预测的驱动力。食品加工过程中组分变化及复杂反应产物信息的快速分析，主要依赖于气相色谱法、高效液相色谱法、红外光谱法、质谱以及毛细管电泳法等检测方法。这些方法均可进行定性和定量，且灵敏度较高，但无法满足当前食品安全向实时、在线检测研究趋势的需求。纳米生物传感器是生物传感器研究的最前沿的发展方向，具有检测灵敏度高、检测速度快、成本低、易于实时检测等优点。危害物形成过程中分子识别机制的阐明，可以有效促进生物传感技术应用于食品加工的感知检测。

早期食品安全评价技术研究多采用整体动物实验研究化学物毒性及毒作用机制。目前，体外细胞试验等生物技术由于其高通量、高精度等特点，已成为生物医学研究领域中的一项先进实用的技术。体液代谢组学研究与细胞生物学和动物模型数据和知识的整合、代谢组学数据与蛋白组学数据的整合、代谢组学与计算生物学的整合以及构建代谢网络和代谢流动态变化的数学模型等，在食品安全评价研究领域内有着广泛的应用前景。

基于数学模拟的全程设计与控制是加工过程食品安全保障的新趋势。由于食品加工中动态机理复杂、变量多、自相关和互相关性严重、非线性强、生产过程不稳定以及难以预测、抑制危害物产生等特点。Jeroen 等和 Wendie 等分别对葡萄糖—天冬酰胺体系中丙烯酰胺的产生过程进行动力学模拟。Wedzicha 等研究了实际食品体系中如马铃薯、小麦和黑麦在油炸、烘焙及烧烤状态下丙烯酰胺产生的动力学分析和数学模拟，但现有模型的局限性很大，无法描述危害物形成的真实情况。

目前，将生化分析、数模构建与过程自动化技术集成，研究分析仪器与自动控制系统结合后所带来的共性技术，成为食品加工过程控制领域的一个新方向。近两年，国外一些学者开始尝试利用光谱数据实现对食品生产过程的监测及控制，提出了多向建模中数据遗失的处理方法。

参 考 文 献

［1］ 美国食品药品监督管理局（FDA）食品安全与营养应用中心（CFSAN）. 科学研究战略计划［R］. 美国，2013.

［2］ 欧盟食品安全局（EFSA）. 2013 年度管理计划［R］. 欧盟，2013.

［3］ 美国食品和药品管理局官方网站［EB/OL］. http://www.fda.gov/Safety/Recalls/default.htm.

［4］ 美国农业部食品安全检疫局官方网站［EB/OL］. http://www.fsis.usda.gov/FSIS_Recalls/Open_Federal_Cases/index.asp.

［5］ 加拿大食品检验署官方网站［EB/OL］. http://www.inspection.gc.ca/english/corpaffr/recarapp/2010e.shtml#a01.

［6］ 国家食品质量安全网［EB/OL］. http://www.nfqs.com.cn/.

［7］ 膳食农残暴露概率法的使用指南［EB/OL］. http://www.efsa.europa.eu/en/efsajournal/doc/2839.pdf.

撰稿人：王　硕　王俊平

食品生物技术学科的现状与发展

一、引言

近年来，我国食品工业的持续、稳定、快速发展，食品工业已经成为国民经济的支柱产业。2010 年中国食品工业总产值达 6.2 万亿元，占中国生产总值的 15.57%，2000—2010 年中国食品工业总产值的年平均增长率达 20%。2011 年实现食品工业总产值 7.8 万亿元，2012 年预计可达 10 万亿元。其中，具有明显生物技术特征的加工食品产业在食品行业中占有非常重要的地位。食品生物技术作为目前食品产业领域最具发展前景的前沿核心技术，其应用已渗透到食品工业的各领域，从食品原料生产到食品加工整个产业链，以及食品贮藏保鲜、食品安全检测、食品生产废弃物处理等方面都有着广泛应用。

食品生物技术（Food Biotechnology）是以生命科学及食品科学研究理论为基础，运用生物技术在食品原料生产、加工和制造中的一个学科。它包括了食品发酵和酿造等最古老的生物技术加工过程，也包括了应用现代生物技术来改良食品原料的加工品质的基因、生产高质量的农产品、制造食品添加剂、植物和动物细胞的培养以及与食品加工和制造相关的其他生物技术，重点研究食品原料品质改善、食品加工技术、食品营养与健康、食品安全检测等方面，以全面提升食品的安全性、质量和营养。

现代生物技术的飞速发展对人类健康产生深刻影响。近二十多年来，我国政府一直把生物技术作为国家科技发展的重点领域给予重点扶持，已相继形成生物医药、生物化工、生物能源和生物农业等多个新兴产业。生物技术在食品行业得到了广泛深入的应用，构成了以发酵工程、酶工程、基因工程和细胞工程为主导的食品生物技术学科。食品生物技术作为现代生物技术的重要分支，在食品原料开发利用、菌株选育、工艺优化、品质功效和产品贮藏等方面全面展开应用研究，并对食品工艺、食品营养、生物食品添加剂和食品安全等学科产生深远影响。在构建现代生物产业可持续发展科技体系中，加强食品生物技术共性关键性技术的集成创新与研发，运用生物技术提升和改造传统食品工业，完善我国食品生物技术产业技术创新体系和保障体系，促进食品产业的新型工业化革命，对于有效转变食品产业经济增长方式和实现食品产业的可持续发展具有重要意义。

二、食品生物技术学科近年的最新研究进展

（一）食品生物技术学科建设情况

1. 学术建制与人才培养

按照国务院学位委员会颁布的《授予博士、硕士学位和培养研究生的学科、专业目录》，食品科学与工程专业为一级学科，下设食品科学、粮食油脂及植物蛋白工程、农产品加工与贮藏工程和水产品加工与贮藏工程4个二级学科，食品生物技术不是一门单独设置的学科，而是交叉分布在食品科学与工程学科的各个二级学科之中，同时在其他学科门类如理学（生物学）、工学（化学工程与技术—生物化工、轻工技术与工程—发酵工程）、农学（作物学、园艺学、水产）及医学（公共卫生与预防医学—营养与食品卫生学）等一、二级学科中逐渐成为一个重要的专业研究方向。可见，食品生物技术在食品科学与工程等相关学科中已普遍受到重视，其研究也逐步转向理论基础及应用技术研究，并开始逐渐与国际接轨。

目前，全国开设有食品科学与工程专业的高效共有235所，分布在综合、工科、农业、工商、医学、师范、民族等院校中，院校所在省、市、自治区达到31个，全国设有食品专业一级学科博士点的高校有13所，设有硕士点的高校达到34所，设有食品专业二级学科博士点的有24所，硕士点的有100多所，形成了以本科和研究生教育为主体的全方位的食品科学与工程人才培养体系。食品生物技术作为食品科学与工程专业的一个分支在各个高校院所虽然名称不一，方向不同，但这些高校院所博士点和硕士点均设有食品生物技术的研究方向，除此之外在其他学科如发酵工程、生物化工以及农学等专业也将食品生物技术作为一个重要研究方向。据不完全统计，仅以食品科学与工程专业学生数量和师资力量为参考，目前我国食品专业本科生招生人数为52724人，专职教师3680人，整体的师生比为14∶1。正如前所述食品生物技术已成为食品专业重要的研究方向，从事该研究的学生和教师，如果按照每个院校10%计算，可大致估计学生人数为3000多人（以4个年级及研究生计）、教师400多人。这意味随着食品工业的快速发展和生物技术的进步，我国从事食品生物技术研究的科技力量正逐步增长，能较好地满足未来食品科技发展对食品生物技术科研力量的需要。

2. 研究机构与平台

经过近几年的不断努力建设，我国食品生物技术学科在全国范围内建成了系列国家、省部级重点实验室、工程中心，配置了现代化的仪器装备，营造了严谨治学氛围，已成为我国作为开展相关基础研究、聚集和培养优秀科技人才、开展科技交流的重要基地（表1列出了部分国家重点实验室、研究中心）。

表 1　部分食品生物技术研究国家重点实验室和研究中心

类　别	名　称	依托单位
国家重点实验室	食品科学与技术国家重点实验室	江南大学和南昌大学
企业国家重点实验室	乳品生物技术国家重点实验室	光明乳业股份有限公司
	啤酒生物发酵工程国家重点实验室	青岛啤酒股份有限公司
国家工程实验室	粮食发酵工艺与技术国家工程实验室	江南大学
国家工程技术研究中心	国家乳业工程技术研究中心	黑龙江省乳品工业技术开发中心
	国家肉品质量安全控制工程技术研究中心	南京农业大学
	国家大豆工程技术研究中心	黑龙江省大豆技术开发研究中心
	国家农产品保鲜工程技术研究中心	天津市农业科学院

3. 学科交流

食品生物技术作为现代生物技术发展的重要方向，基础理论和应用研究受到食品、生物等相关领域专家学者和企业的广泛关注。2011—2012 年国内外以食品生物技术为主体的学术交流日益频繁、深入和多元化，通过学术会议、论坛、展览等多种交流形式，有效促进了学科之间的交叉和产学研合作，推动了我国食品生物技术学科相关领域的发展（见表 2）。

表 2　2011—2012 年主要学术交流情况

会议举办时间地点	会议名称	主要主题
2011 年 4 月大连	第四届工业生物技术大会	食品生物技术
2011 年 4 月北京	第四届中国北京国际食品安全高峰论坛	食品安全检测
2012 年 5 月无锡	第七届乳酸菌与健康国际研讨会暨第三届亚洲乳酸菌研讨会	益生乳酸菌
2012 年 8 月杭州	首届中国食品科学青年论坛	食品生物技术
2012 年 9 月上海	第二届全国益生菌与食品微生物学学术会	益生菌与食品微生物学
2012 年 10 月哈尔滨	中国食品科学技术学会第九届年会暨亚洲食品业论坛	食品生物技术
2012 年 12 月武汉	中国食品安全与公共卫生学术研讨会	食品安全检测

（二）国内食品生物技术的最新研究进展

1. 酶工程

（1）新型酶的挖掘与酶的应用技术

寻求新型酶、拓展酶的生产菌株。食品加工业种类的增多使酶制剂在食品中应用越来越广，同时食品加工过程中涉及高温低温高盐高压酸性及碱性等条件，现有的酶种不能很好地满足加工底物和加工过程的需求，开发适应各种食品加工环境的新型高效能酶是食品酶工程的热门领域。微生物是生产酶的主要载体，利用微生物多样性，特别是极端微生物和不可培养微生物，开发新酶种、提高酶的稳定性和拓展酶的应用范围，已成为近年来酶研究热点。

从极端微生物筛选获得的极端酶，由于其良好的稳定性与高效性，在食品工业上有着巨大应用潜力。目前，多数的常温酶都发现了其对应的嗜热酶和嗜冷酶，如蛋白酶、淀粉酶及纤维素酶等。脂肪酶被广泛地运用于食品工业，但应用过程中有机溶剂会使酶变性或使酶活力下降，因此寻找耐有机溶剂的新型脂肪酶，成为新型酶研究的一个重要方向。迄今，国内外极端酶的研究已取得了一定的进展（见表3）。

表3　几种新型极端酶及其特性

新型酶	微生物来源	活性及应用
木糖异构酶	嗜热菌 *Anoxybacillus flavithermus* WL	最适反应温度达 90℃
碱性果胶酶	氏芽孢杆菌 *Bacillus smithii*	70℃保持高效的酶活
纤维素酶	嗜热厌氧细菌 *Acetivibrio cellulolyticus*	降解纤维素，高的热稳定性
α-碳脱水酶	嗜热菌 *Sulfurihydrogenibium yellowstonense*	耐受高温达 110℃
β-半乳糖苷酶	土生拉乌尔菌 *RRaouhella terrigena*	耐受低温为 21.6℃，制备低乳糖产品
耐有机溶剂脂肪酶	*Pseudomonas aeruginosa*CS-2	在非亲水有机溶剂中具有较好的稳定性
凝乳酶	*Quambalaria cyanescens* QY229	有良好凝乳活性
其他		

新型酶固定化技术已成为酶工程领域研究的重点和热点之一，研究探索新载体、新方法，来提高固定化酶的活性回收率降低成本将成为固定化酶研究领域的主要方向。近年来，磁场等离子体、纳米技术及超声波等新技术被用来得到高性能的固定化酶。碳纳米管（CNTs）是现代纳米材料中性能独特、优越且应用前景广泛的新型材料；硅质材料因其具有良好的生物相容性、较高的稳定性、多样的结构、较大的比表面积等特性，成为酶固定化的新载体。可食性材料也相继成为酶固定化材料的新选择。如江南大学王霞等采用海藻酸钠—壳聚糖为壁材，用乳化—内部凝胶化法对葡萄糖氧化酶（GOD）进行微胶囊化包埋，制备一种新型小麦粉改良剂—微胶囊化葡萄糖氧化酶，提高 GOD 在面团体系内的稳定性。继续深入研发固定化酶的新载体与新方法，从而提高固定化酶的活力保留率、重复使用次数和半衰期，并降低生产成本，这些必将会成为固定化酶领域的研究热点。此外，批量化固定化各种酶，利用固定化酶的优越性，将其应用于食品工业、动物饲料添加剂等方面，仍将是研究热点。

（2）分子酶工程

酶的基因克隆和异源表达/表面展示研究。天然酶在生物体中含量一般较低，难以提取和大量制备，借助于基因工程技术克隆天然的酶基因将其在微生物系统中高效表达，从而在很大程度上摆脱对天然酶源的依赖。浙江大学阮辉等将脂肪酶 ROL 和 CALB 成功展示于酿酒酵母表面，展示酶的耐热性、操作稳定性等均有提高，在耦合酯化反应合成应用中取得阶段性成果，该项目研究获得 2010 年度中国食品科学学会创新技术进步一等奖。将外源蛋白以融合蛋白的形式展示在微生物表面，不仅能够使其保持原有的生物活性，而且在生产中能实现特定产物的高产表达。

酶分子的定向改造和进化。分子酶工程一般采用定点突变和体外分子定向进化两种方式对天然酶分子进行改造。近年采用体外分子定向进化可以在尚不知道蛋白质的空间结构，借鉴实验室手段在体外模拟自然进化的过程，使基因发生大量变异，并定向选择出所需性质或功能，实现对酶蛋白的分子改造。山东农业大学王秀娟等利用定向进化的方法对来源于嗜热毛壳菌 Chaetomium thermophilum CT2 的纤维二糖水解酶进行改造，得到了两株酶活力是出发菌株所产酶活力 3 倍的突变株。其突变酶在最适温度、最适 pH 值和热稳定性方面都有提高。

融合蛋白与融合酶的构建。构建融合酶的最直接的优势是可以将多个蛋白功能集成于一体，实现酶的多功能化。融合蛋白策略在酶的高效表达、分离纯化、跟踪定位、快速定量、目标靶向等方面已经有了广泛的应用。融合酶的另一个优势在于能够将多种酶催化活性整合在一个杂合蛋白上，将多个参与序列催化反应的酶连接，通过调控其空间靠近效应，控制反应效率。随着分子生物学、计算机等技术的发展，多功能化和结构域化成为融合酶今后的发展方向。

2. 发酵工程

微生物菌种选育是发酵工程技术的重要环节，传统菌种改造方法往往具有很大的盲目性和随机性、费时费力、无法获知具体哪个部位发生了改变而导致性状发生变化。近年来，随着基因组学、蛋白质组学、功能基因组学和系统生物学等相关技术的发展，从系统生物学角度来研究菌株的生理特性，并以此为基础对菌种进行代谢途径优化。在理解了细胞代谢功能的基础上，有目的地设计和改造生命体中已有的代谢网络及表达调控体系而实现更高效的生物转化、生物大分子装配过程的技术，能有效克服传统育种手段的突变非定向和设计非理性的缺点，在改造微生物的代谢途径及相关功能方面得到了广泛应用。

发酵工艺控制技术是生产过程中的重要部分。工艺条件的控制以菌株的生理特性为基础，通过调节物理参数、化学参数等环境条件，研究微生物的代谢状态，使其发挥最大生产能力。宏观环境和动力学参数的寻优是常用的优化和控制方法，这种优化方法把发酵过程看作一个总的宏观化学反应，研究这个宏观化学反应的反应速率和各种因素的关系。张嗣良等基于在该领域多年的研究，认为应该根据发酵过程中菌种、小试、中试和大规模生产过程中的物理化学参数及其细胞的生理代谢参数间的差异相关分析，研究发酵过程的代谢动态变化，结合分子水平的基因序列、细胞水平的酶学调控和生物反应器水平的工程特性，多尺度地研究微生物发酵过程代谢特征，指导微生物发酵过程工艺优化，为提高我国发酵工程的技术水平提供一种新思路，对食品生物制品的发酵过程优化和放大具有普遍的适用性。

3. 基因工程与基因组学

基因工程技术是现代生物技术的核心内容，它是分子遗传学和工程技术相结合的产物。基因工程技术在动物、植物、微生物的基因改良，动植物原材料、性能优良的微生物菌种筛选以及高活性、价格低廉的酶制剂，新型功能性食品开发等方面起着重要作用。

基因工程改善食品原材料品质和加工性能。基因工程运用于食品原料的生产上，可进行品种改良、新品种开发与原料增产、选育抗病植物、耐除草剂植物、抗昆虫或抗病毒、耐盐或耐旱植物等。利用反义 RNA 技术将几种不同的基因结构转移至番茄植株上，可以明显延缓番茄的后熟和老化，延长其货架期。利用基因工程可以改变谷类蛋白质中氨基酸的比例，使其具有完全蛋白质的来源，营养价值大大提高。大豆经基因工程改造后可使其植物油中含有较高比例的不饱和脂肪酸，极大提高了食用油的品质。保健食品的开发可采用转基因手段，制造有益于人类健康的保健成分或保健因子。

基因组学从系统整体的观念研究生物体全部遗传物质结构与功能。基因组学在工业生物技术领域有着广泛的应用，近年来宏基因组学在食品科学中应用越来越得到重视。宏基因组学是一种以环境中的微生物群体基因组为研究对象，以功能基因筛选和测序分析为研究手段，以微生物多样性、种群结构、进化关系、功能活性、相互协作关系及与环境之间的关系为研究目的的微生物研究方法。经过十余年发展，宏基因组学在世界范围内引起了广泛的关注。通过 SCI 检索发现，自 2002 年以来关于宏基因组的研究报道已经超过 1200 篇，而且呈现逐年升温的趋势（见图 1）。通过宏基因组技术能够筛选获得大量新型基因和活性物质，在新型酶的研究中取得了令人瞩目进展。近年来，研究者们已利用宏基因组文库技术从不同环境样品中筛选到脂肪酶 / 酯酶、淀粉酶、木聚糖酶、纤维素酶、β- 葡萄糖苷酶等多种具有工业应用潜力的生物催化剂，可以广泛应用于食品加工等领域（见表 4）。

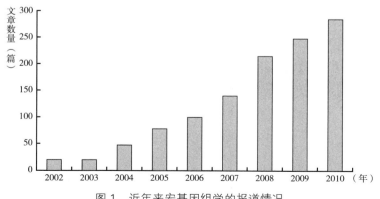

图 1　近年来宏基因组学的报道情况

表 4　近年来构建的宏基因组文库及筛选到的生物催化剂

Sample	Vector/Host	Target	Screening
Coastal sludge	Fosmid/E. coli EPI300	Cellulases	Activity based/Sequence based
Horse excremen	λ–phage/E. coli EPI100	Glycosyl hydrolase	Activity–based
Hot spring sludge	pET（+）/E. coli TOP10	Thermophilic lipases	Activity–based/Sequence–based
Dairy rumen	BAC/E. coli EPI300	Lipase	Activity–based
Acidic leachate	Fosmid/E. coli EPI100	Carboxylesterase	Activity–based
Plant rhizosphere soil	Fosmid/E. coli EPI100	Esterase	Activity–based
Daqing oil field soil	pZErO–2/E. coli TOP 10	β–Galactosidase	Activity–based
Arctic soil	Fosmid/E. coli DH5α	Cold–active esterases	Activity–based
Alkaline–polluted soil	pGEM–3Zf（+）/E. coli DH5α	β–Glucosidase	Activity–based
Groundwater	p18GFP/E. coli JM109	P450 enzyme	SIGEX
其他			

4. 蛋白质工程与蛋白质组学

蛋白质工程是在基因工程技术的基础之上，融合了蛋白质化学和计算机辅助设计等技术而发展起来的新兴研究领域。其内容主要包括两个方面：根据需要合成具有特定氨基酸序列和空间结构的蛋白质；确定蛋白质化学组成、空间结构与生物功能之间的关系。在此基础之上，实现从氨基酸序列预测蛋白质的空间结构和生物功能，设计合成具有特定生物功能的全新的蛋白质或对现有蛋白进行改造。通过研究蛋白质的结构与功能之间的关系，特别是三维结构对于蛋白质特性的调控，采用蛋白质工程对天然蛋白质进行突变改造，以期获得目标特性。通过蛋白质设计方法对突变体进行筛选，获得高表达的突变体，生产适合工业化应用的热稳定性、耐酸性、耐碱性等蛋白质。食品品质是一个复杂的综合问题，食品原料的性质、贮藏条件及加工过程中各种条件等诸多因素都会影响到食品的品质与安全性。近年，蛋白组学已经广泛应用于谷物蛋白食品品质改良，传统发酵食品代谢调控、肉质形成机理、食品鉴伪、食品安全监测等领域科学研究，也将成为未来食品科学研究的有利工具。

5. 分子营养学

分子营养学是从分子水平研究营养学的一门学科，主要研究营养素与基因之间的相互作用，各种营养性疾病和营养治疗的分子水平的原理及作用机制。一方面研究营养素对基因表达的调控作用；另一方面研究遗传因素对营养素消化、吸收、分布、代谢和排泄的决定作用。在此基础上，探讨二者相互作用对生物体表型特征影响的规律，从而针对不同基因型及其变异、营养素对基因表达的特异调节，制订出营养素需要量、供给量标准和膳食指南，或制定特殊膳食平衡计划，为促进健康，预防和控制营养缺乏病、营养相关疾病和先天代谢性缺陷提供真实、可靠的科学依据。

营养科学正由研究营养素对单个基因表达及其作用，转向研究基因组及其表达产物在代谢调节中的作用，即向营养基因组学和营养蛋白质组学方向发展，并迅速成为营养学研究的前沿之一。营养基因组学主要在分子水平上及人群水平上研究膳食营养与基因间的交互作用及其对人类健康的影响；并将致力于建立基于个体基因组结构特征上的膳食干预方法和营养保健手段，提出更具个性化的营养策略，使营养学研究的成果能够更有效的应用于疾病的预防，达到促进人类健康的目的。营养基因组学作为加速功能性食品开发的一个重要工具，适合个人基因型的个性食品将对食品产业的结构及市场产生牵导作用。此外，借助营养蛋白质组学的研究方法，探讨营养素、膳食或食物活性成分对机体蛋白质表达的影响及对蛋白质的翻译修饰作用，已然成为营养学研发的热点领域之一。

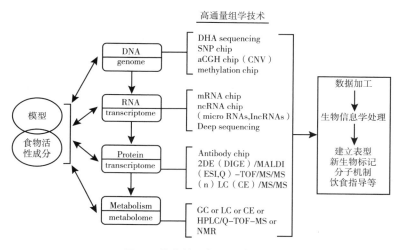

图 2　营养基因组学研究策略

6. 益生菌

益生菌是一种对人体有益的微生物，可直接作为食品添加剂服用，以维持肠道菌群平衡。近年我国在益生菌研究领域取得重要进展，首先建立具有自主知识产权专业化的菌种资源库。日本及欧美发达国家通过广泛深入地研究和多年积累，都已开发出国际知名菌株及其产品，并进行了相应的专利保护。我国在具有自主知识产权的益生菌菌株和发酵领域也取得一定进展。内蒙古农业大学张和平团队从采集自然的传统发酵乳制品中分离、鉴定、保藏了 7 个属、58 个种和亚种的共 3388 株乳酸菌，建成了中国最大的具有自主知识产权的乳酸菌资源库，为我国乳酸菌资源的保护、开发和利用奠定了基础。其次是益生菌的生理功能与益生特性逐渐得到阐明。益生菌通过自身或代谢产物促进宿主健康，其筛选多来自于肠道的正常菌群，通过摄入后易于定植进而维持肠道菌群平衡。浙江大学何国庆等筛选到 1 株耐氧双歧杆菌，鉴定为 *Bifidobacteium animalis* subsp lactis，该菌株能够在抵抗液体培养时氧气的摄入，具有较好耐酸、耐胆汁特性，体外粘附能力及清除胆固

79

醇能力，具备了产业化应用潜力。山东大学孙芝兰等分离筛选到较高粘附活力的菌株 *Lb. crispatus*，经纯化的 *Lb. Crispatus* S 层蛋白能阻碍菌株肠细胞粘附，在体外抑制病原菌 *S. braenderup*2、*E. coli* 对 HT-29 细胞的粘附，具有削弱 *S. braenderup* H9812 感染上皮细胞产生炎症反应的能力。Datta 等从不同发酵奶制品中分离出乳杆菌 *Lactobacillus fermentum*、*Lactobacillus plantarum*、*Lactobacillus casei* 和 *Lactobacillus brevis* 等，这些都具有抗克雷伯氏菌、大肠杆菌、链球菌活性。再次是开展益生菌的筛选及其生理活性研究，依然是现阶段国内外的热点领域之一。目前已经有多达几十株益生菌完成了全基因组序列的测定，益生菌功能性产品的研究和开发迎来了组学新时期。通过益生菌基因组学的研究及应用基因工程技术，改良现有的乳酸菌菌种，从而选育出集多种优势基因的新益生菌菌种。最后是以乳酸菌作为基因工程受体菌，构建食品级表达体系有目的、有选择地表达有价值的酶、抑菌素、次级代谢产物等，以便更好地控制其参与食品加工、医疗保健过程。其中最有前景的应用就是将其作为安全的疫苗载体，分泌表达多种治疗性蛋白和免疫抗原，刺激机体的免疫应答。Hu 等利用两种不同类型细胞壁锚定结构域通过不同方式构建乳酸菌表面展示系统，并利用展示系统成功在乳酸菌细胞表面展示不同功能蛋白。

表 5　欧洲市场常见的益生菌产品及使用菌株

Trade	Name	Probiotic
Actime	*L. casei immunitas*	Danone
Ac tivia	*B. lactis*	Danone
Gefilus	*L. rhamnosus* GG	Valio
Enjoy	*L. acidophilus, Bifidobacterium*	Valio
Yakult	*L. casei Shirota*	Yakult
LC1	*L. johnsonii* LA-1	Nestle
Biopot	*L. acidophilus, B. longum, S. thermophilus*	Onken
Vifit Vitamel	*L. rhamnosus* GG	Campina
Vitallity	*L. acidophilus, Bifidobacterium*	Müller
Vita Fresh	*Lactic cultures, B. bifidus*	Mevgal SA
Ageladitsa plus	*B. bifidus*	Fage AE
YogActive	*L. acidophilus*	Belgo & Bellas
ProViva	*L. plantarum* 299V	Skånemerjerier
Caserio Bio	*L. reuteri Protectis*	Kraft Jacobs, Suchard Iberia
Cultura	*L. casei* F19	Arla Foods
O'soy	*L. acidophilus, L. reuteri, L. casei, Bifidobacterium*	Stonyfield Farm
Life top ™ straw yogurt drink	*L. reuteri*	Orchard Maid

表6　最新完成全基因测序的益生菌

Probiotic microorganism	Number or Character
Enterococcus faecalis Symbioflor 1Clone DSM 16431	EMBL database, no. HF558530
Lactobacillus strains	96.3% 16S rDNA sequence
Lactobacillus acidophilus La–14	GenBank, no. CP005926
Lactobacillus plantarum Strain ZJ316	GenBank, no.CP004082
Bifidobacterium thermophilum Strain RBL67	GenBank, no. CP004346
Lactobacillus casei	an intact spaCBA pilus gene cluster
Lactobacillus rhamnosus	an intact spaCBA pilus gene cluster
其他	

（三）食品生物技术最新进展在产业发展中的重大应用和重大成果

1. 食品安全检测

我国已初步建立了食品安全检测技术体系，为保障我国百姓"从农田到餐桌"的食品安全提供了有力措施。截至目前，我国食品安全检测技术体系建立了219项实验室检测方法，其中农药多残留检测方法可检测15种农药，兽药多残留检测方法可检测122种兽药，并研制出了81个检测技术相关试剂（盒）和现场快速检测技术此外，针对H5、H7、H9等不同亚型禽流感病毒的荧光RT–PCR检测试剂盒的研制成功，在保证我国禽肉进出口贸易安全发挥了重要作用。同时，还建立起了食品安全网络监控和预警系统，构建了全国共享的污染物监测网（含食源性疾病）、进出口食品安全监测与预警网。

色谱分析化学技术在食品安全检测中广泛应用。借助高效液相色谱对食品中生物胺及其产生菌珠检测方法的研究，以及采用高效液相色谱仪—光电二极管阵列检测器作为检测手段，可以对食品中有害的色素苏丹红和4种四环素类抗生素定性定量的分析。以PCR技术、免疫学技术和生物芯片技术为代表的生物检测技术近年来在食品安全检测中蓬勃发展。基因芯片是利用原位合成法或将已合成好的一系列寡核苷酸以预先设定的排列方式固定在固相支持介质表面，形成高密度的寡核苷酸的阵列，样品与探针杂交后，由特殊的装置检出信号，并由计算机进行分析得到结果。生物芯片技术可运用于食源性致病微生物、动物疫病病原菌、兽药残留、抗生素耐药的检测等。

快速检测技术与样品前处理技术的突破，是当前食品安全检测技术的研究热点。由天津科技大学等单位完成的"食品安全危害因子可视化快速检测技术"项目获得2012年国家科技进步奖二等奖。该项目针对食品安全问题中最为突出的食源性病原菌和农药残留、兽药残留、生物毒素等危害因子、开发推广了一系列具有自主知识产权的基于目视判别颜色变化的可视化快速检验技术和产品，突破了制约食品安全监管能力的技术瓶颈。项目所开发的快速检测技术和系列产品陆续在我国进出口口岸检验检疫、农业、工商、质监和卫生等食品安全检测机构和国际著名第三方检测机构 SGS 以及食品生产企业等多家单位得到广泛应用。

2. 新型酶制剂开发及应用

我国食品酶制剂产业发展迅速，2010 年我国食品酶总产值达到 80 亿元，食品酶制剂每年正以 15% 的速度呈递增趋势，目前我国已建立了较为完备的食品酶制剂生产体系。

食品加工过程中涉及高温、低温、高盐、高压、酸性及碱性等条件，现有的酶种不能很好地满足加工底物和加工过程的需求，因此开发适应各种食品加工条件的新型高效能酶具有重要的意义。近年来我国成功地从常温和低温环境筛选到大量的具有优良性质的工业用酶，包括木聚糖酶、α–半乳糖苷酶、β–葡聚糖酶、乳糖酶、β–甘露聚糖酶、纤维素酶等，可为食品工业用酶研究提供所需的起点酶蛋白。中国农业大学、河南工业大学等单位完成的"嗜热真菌耐热木聚糖酶的产业化关键技术及应用"项目获得 2011 年度国家科技进步奖二等奖。这一项目采用定向选育技术得到能直接利用玉米芯高产耐热木聚糖酶的嗜热真菌，所产木聚糖酶酶活力高且具有优异的酶学性质，适于高效生产高质量的低聚木糖和改善馒头（面包）品质。项目已在国内多家企业进行推广应用，取得了显著的经济社会效益，并促进了相关行业的快速发展。

3. 生物源食品添加剂、配料开发及应用

食品添加剂指为改善食品品质和色、香、味以及为防腐、保鲜和加工工艺的需要而加入食品中的人工合成或者天然物质。近年来，食品添加剂的安全和功能性已成为消费者日益关注的热点，生物源天然食品添加剂，特别是一些利用微生物的代谢产物为原料经提取、酶法转化或发酵等技术生产具有功能的食品添加剂研究成为该领域的一大热点。

目前，许多食品添加剂都采用生物技术制备，如木糖醇、甘露糖醇和甜味多肽等都可以采用发酵法生产；利用酶解技术和美拉德反应生产调味料已经获得工业化应用。通过生物高新技术生产的食品添加剂属于天然产物，在很大程度上满足了消费者对天然产品的心理需求。酸味调节剂中的柠檬酸是我国传统出口产品之一，出口量占世界第一。我国柠檬酸生产主要采用薯干料发酵，成本低，在国际市场竞争中具有明显优势。河南金丹乳酸科技有限公司和哈尔滨工业大学联合完成的"L–乳酸的产业化关键技术与应用"获得 2011 年度国家科技进步奖二等奖。项目主要包含 L–乳酸高性能菌株的选育、糖清液制备和高浓度发酵生产关键技术、L–乳酸分离提取新技术、相关国家标准制定及下游系列产品技术开发 4 个方面。该项科技成果已成功应用于 L–乳酸的产业化生产。在生物源食用色素开发方面，除了从天然产物中分离纯化制备色素外，采用酶法、微生物发酵法生产类胡萝卜素、红曲色素、虾青素、番茄红素等。天然食品防腐剂中的溶菌酶、乳酸链球菌素、那他霉素等已得到广泛应用。

4. 益生菌

益生菌有益于肠道健康和人的健康，已成为活跃的功能性食品配料之一。近年来发酵乳产品年增长速度高达 25%。但是，目前国内益生菌发酵乳制品采用的菌种和发酵剂几乎完全被国外企业和产品垄断，我国乳品工业大规模地采用国外的益生菌发酵剂，不仅生产成本高，而且制约我国益生乳酸菌产业和发酵乳制品产业的发展。解决这一问题的根本在于制定长远的战略目标，研究和开发具有自主知识产权的益生乳酸菌菌种和发酵剂的相关技术和产品。内蒙古农业大学"乳品生物技术与工程"教育部重点实验室从自建的中国首个原创性乳酸菌菌种资源库中筛选获得 1 株性能优良的乳酸菌 *Lactobacillus casei Zhang*，解决了其产业化的关键技术问题，包括其直投式发酵剂、发酵乳制品和发酵豆乳益生菌饮料的研发并实现了产业化。江南大学食品学院从西部传统发酵乳制品中分离筛选出近十株具有自主知识产权的具有特定功能的优良菌种，并对其进行全面的功能评价。针对益生菌在发酵乳中应用的产业化关键问题，研究和突破了益生菌高密度培养、高活性保护、生物微胶囊、无菌后添加等关键技术；研发新型益生菌发酵乳品十余种，开发我国第一个国产商品化直投式发酵剂，建立年产 20 万吨益生菌酸奶生产线。

三、食品生物技术国内外研究进展比较

（一）国内外食品生物技术产业化发展现状、趋势及生长点

近年随着生物技术的迅猛发展，生物技术越来越广泛渗透到农业、轻工食品、可再生生物资源等应用领域，对提升传统产业技术水平和可持续发展能力具有重要的影响。近十年，全球生物技术产业的产值以每年 25% ~ 30% 的速度增长，约是世界经济平均增长率的 10 倍，生物技术专利已经占到世界专利总数的 30%。目前，全世界的食品生物技术产业产值约占生物产业总产值 15% ~ 20%，国际市场上以生物工程为基础的食品工业产值已达 2500 亿美元左右。近年来我国食品生物技术产业发展迅猛。我国食品生物技术产业历经数十年的发展，在技术进步、产业成熟度、骨干企业发展、产品国际化、带动关联产业发展以及提高国民生活质量等方面成为中国生物技术应用领域中经济和社会效益贡献最大的产业。

食品生物技术极大促进了传统食品产业的改造和新兴产业的形成。当前全球食品生物技术领域正呈现如下趋势：①各国政府已经越来越认识到食品生物技术在解决未来粮食与食物安全、资源短缺、环境污染等问题中具有巨大的潜力和作用并不断加大在此领域内的投入；②更加重视研究与开发新型食品配料和添加剂以及功能性健康食品的生物制造；③注重运用现代生物技术来改造传统的食品产业，使其生产趋向于规范化和现代化；④更加关注食品生物技术应用领域内的安全检测和保障体系建设。食品生物技术及产业发展的

关键点主要集中在以下方面，包括食品原料和食品微生物的改良；提高食品的营养价值及加工性能；研究开发各种功能食品的有效成分、新型食品和食品添加剂；营养食品或食品功能成分工业化生产技术；食品包装和食品检测方面的应用等。

（二）国内外学科研究的热点比较

在学科发展的水平和研究方向方面，综合比较分析国内外食品生物技术的发展状况和趋势，可以发现我国食品生物技术学科的研究水平已进入发展中国家领先行列，而且一些技术已处于国际领先水平，学科发展与其他国家相比显示出一些共同的特点：国内外食品生物技术与食品产业的发展关系越来越紧密并对产业发展日益显示出其巨大的潜力；逐步形成以基因工程为核心内容包括细胞工程、酶工程、发酵工程和蛋白质工程的生物技术，在此基础上传统食品科学逐步衍生出食品生物技术这一重要分支，同时食品生物技术也利用工程学和信息学等研究手段，被注入高新技术的内涵。因此，各国在研究方向上除包括各自传统食品学科的范围外，现代食品生物技术研究的方向具有一定共性。迄今，世界各大自然科学研究机构都设有酶工程、发酵工程、基因工程、细胞工程、分子营养学研究室，各国都越来越重视食品生物技术与各学科的交叉融合。国外已将蛋白组学应用于食品技术的过程开发、质量监控和产品安全等。国外研究通过热干燥技术制备的新型微胶囊纳米管纤维束应用于乳糖发酵及其产品质量评价，这是将天然原材料和热干燥技术综合应用于高效酶的开发的过程。在分子营养学研究领域，国外特别关注分子营养学与基因缺陷研究这一热点领域，尤其在探寻益生菌生理活性、肠道益生菌与人体健康等领域研究不断发现新的方向。但国内相关研究仍面临巨大挑战。

四、食品生物技术学科发展趋势及展望

（一）食品生物技术在我国未来（五年）的战略需求

随着生命科学与生物技术的飞速发展，生物技术产业为世界各国的医疗、制药、农业、能源、环保和化工行业开辟了广阔的发展前景。无论是发达国家还是发展中国家都纷纷将发展生物技术及其产业提升到国家战略的高度。《国家"十二五"科学和技术发展规划》明确提出将生物产业作为战略性新兴产业大力培育和发展，《国家中长期科学和技术发展规划纲要（2006—2020）》已将生物技术作为科技发展的五个战略重点之一，2010年9月通过的《国务院关于加快培育和发展战略性新兴产业的决定》也将生物产业列入战略性新兴产业。食品学科是国民经济的重要组成部分，其所依托的食品工业不仅是中国的第一大产业，也是目前世界上的第一大产业。《2006—2016年全国食品行业科技发展纲要》在食品行业科技发展方向中指出，进一步拓展各种生物技术在食品工业各环节的深入研究

和广泛采用，促进食品生物技术产业快速发展，把推进高新技术产业化作为调整食品工业经济结构，转变经济增长方式的重点。食品生物技术的发展对加快我国食品产业结构调整，提高人们健康水平，满足人们日益提高的消费需求等具有重要的战略意义和现实意义。

（二）食品生物技术在我国未来（五年）的发展趋势与重点

作为一项极富潜力和发展空间的新兴技术，生物技术在食品工业中的发展将会呈现出以下趋势和发展重点。

1. 酶工程

随着食品加工业种类的增多，酶制剂在食品中应用越来越广泛，部分酶种已不能很好地满足加工底物和加工过程的需求。开发新型高效酶种，建立食品级规模化生产体系，研发并应用集成技术及安全性评价平台，是酶制剂行业在现代食品加工中必须解决的关键问题。

酶制剂在食品加工过程中构效关系的研究将是重点之一。食品的组织结构及风味与酶作用密切相关。不同食品加工条件下，酶与底物作用效果不尽相同，从而造成食品不同的质感和口味。因此，现有酶种在食品加工过程中不同生产条件下的构效关系，是需要研究的关键问题。通过整合关键氨基酸及关键位点与酶特性及催化活性的偶联信息，阐明酶分子空间构象与酶特性及催化活性之间的构效关系，为改造酶分子的理化性质提供理论依据。

积极研发食品加工中新型酶种。目前已知的酶已不能满足人们的需要，研究和开发新酶已成为酶工程发展的前沿课题。新酶的研究与开发，除采用常用技术外，还可借助基因组学和蛋白质组学的最新知识，借助DNA重排和噬菌体表面展示技术。目前，最令人瞩目的新酶有核酸类酶、抗体酶和端粒酶等。充分利用我国丰富微生物资源的优势大力开发新酶种，特别是极端酶的开发和机理研究，同时在现有研究基础上开展其新的用途和应用领域挖掘。

建立适于食品用途的食品酶制剂规模表达体系。食品酶制剂生产中要求生产菌株必须是食品级安全的，不能有非食品级菌种来源的功能性DNA片段。因此，开发新型的整合型载体和营养缺陷型载体以及具有优良性状的细菌和丝状真菌表达宿主菌株，建立安全、高效、稳定的生产食品酶制剂平台体系，是今后研究的重点内容之一。

2. 发酵工程

新技术和新方法在菌种选育中的应用。后基因组时代的到来，为传统发酵菌种选育和传统酿造食品的发酵代谢解析带来革命性的改变，越来越多的微生物基因组被测序，相关的功能基因组研究也相继开展，给菌种选育、菌种改良和传统发酵食品品质控制提供了全新的研究内容和工作思路。宏基因组学、蛋白质组学、代谢组学、转录组学、基因芯片、高通量基因突变等成为菌种选育改良和传统发酵食品的安全控制和质量调控提供重要技术手段。通过组学技术对细胞基因组以及细胞与宏观和微观环境条件关系等特性进行表型表征，更好地揭示复杂代谢网络及调控机理。加强以宏观代谢流为核心的发酵多尺度问题研究，形成系统的理论、方法和装备技术。所以，必须加强生物分离过程的基础研究，优化分离过程；研究和应用快速、大容量和高分辨率分离纯化技术，以提高分离操作效率，提高发酵工业产值。

3. 基因工程

随着后基因组学时代的到来，以基因组、功能基因组和蛋白质组等组学研究为代表的基础研究将会更加深入，根据功能基因组（转录物组、蛋白质组及代谢物组）信息可以进行代谢网络重建、优化及设计，进而通过代谢工程改进细胞菌体性能。基于系统生物学原理，充分利用不断增加的基因组（序列）数据及生物信息学资料，有机结合转录组学、蛋白质组学，特别是代谢组学进行代谢工程研究。结合生物信息学和计算生物学的研究，达到改造和控制细胞性质、提高底物利用及产品收率（见图3）。

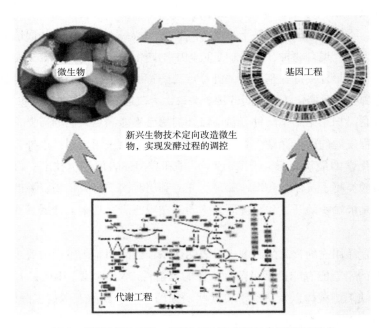

图3　基于基因工程、代谢工程策略实现食品酶制剂或
发酵过程的定向调控策略

运用基因工程技术改良食品原料品质和加工性能，主要包括以下方面：通过把人工合成基因、同源基因或异源基因导入植物细胞的途径，获得高产蛋白质的作物或高产必需氨基酸的作物；通过基因代谢调控技术提高食品中游离必需氨基酸的水平，借助基因代谢调控技术改变碳水化合物代谢途径中关键酶的含量或酶的比例，提高碳水化合物含量或调整其组成；通过改变脂肪合成酶（FAS）的多酶体系的组成改变脂肪酸的链长和饱和度，获得高品质、安全和营养均衡的油脂；改良果蔬采收后品质增加其贮藏保鲜性能包括利用反

义基因技术抑制乙烯生物合成关键酶 ACC 合成酶、ACC 氧化酶和细胞壁代谢有关多聚半乳糖醛酸酶（PG）、纤维素酶和果胶甲酯酶基因的表达生产耐贮藏果蔬；改善发酵食品的品质和风味；开发新型食品添加剂和功能食品（因子）；利用转基因植物生产食品疫苗等。

4. 分子营养学

应用基因组学、蛋白质组学、代谢组学、基因芯片等技术阐明营养素与基因的相互作用，分子营养学从研究营养素对单个基因表达及其作用，转向研究基因组及其表达产物在代谢调节中的作用，并迅速成为营养学的研究前沿。从根本上揭示食品中营养素的作用机制或毒性作用，了解食物如何增加人类慢性疾病的风险，研究与营养相关基因多态性，建立个体基因组结构特征上得膳食干预方法，制定个体化的营养素需要量和供给量；揭示人体的营养状况，研究营养失调的机制和病理生理学，确定用于诊断的生物学标记，个体化疾病预测预防及临床上对患者的饮食指导。

（三）促进我国食品生物技术发展的方针与策略

1）加强食品生物技术基础理论和共性关键技术的协同攻关研究，增加国家财政和企业自身对食品生物技术领域科学研究的投入，为技术创新提供基础和保障。

2）加快人才队伍建设，特别是多学科交叉复合型人才的培养。中国的高等院校在食品科学与工程学科的发展方向，特别是在人才培养的知识结构、培养方向与目标上应进行"结构性"调整，核心目标应是能够培养出一大批具备创新和创业能力、懂技术、会管理、高素质的综合型人才。

3）促进产学研的紧密结合，积极鼓励和支持企业与科研单位或高等院校形成利益共享、风险共担的产学研合作团队，推动企业技术研发能力提高；产学研结合是一项系统工程，涉及到科技、教育、经济及社会发展等各个领域，这就要求政府在促进各领域合作方面给予组织管理上支持。

4）加强食品生物技术产业领域的国际科技合作，借鉴和吸收发达国家的先进技术和成功经验，积极寻求共同发展的有效途径。

参 考 文 献

［1］中国食品科学技术学会. 2010—2011 食品科学技术学科发展报告［M］. 北京：中国科学技术出版社，2011.

［2］路福平，刘逸寒，薄嘉鑫. 食品酶工程关键技术及其安全性评价［J］. 中国食品学报，2011，11（9）：188–193.

［3］陈坚. 食品生物技术及产业发展现状和趋势［J］. 生物产业技术，2009，6：1.

［4］殷燕，张波. 一株产木糖异构酶嗜热菌的分离鉴定及其培养条件优化［J］. 食品与发酵工业，2010，36（3）：112–116.

［5］ 王步江, 姜丹, 涂然. 嗜热碱性果胶酶产生菌的筛选及产酶条件优化［J］. 食品与发酵工业, 2012, 38（5）: 117-121.

［6］ 赵银瓶, 马诗淳, 孙颖杰, 等. 嗜热厌氧纤维素分解菌的分离、鉴定及其酶学特性［J］. 微生物学报, 2012, 52（9）: 1160-1166.

［7］ Daniela V, Viviana DL, Andrea S, et al. The extremo-a-carbonic anhydrase from the thermophilic bacterium Sulfurihydrogenibium azorense is highly inhibited by sulfonamides［J］. Bioorganic & Medicinal Chemistry, 2013, 21, 4521-4525.

［8］ 崔爱萍, 迟乃玉, 张庆芳. 响应面优化低温 β 应半乳糖苷酶菌株发酵条件［J］. 广西大学学报, 2013, 3（3）: 415-421.

［9］ Peng R, Lin JP, Wei DZ. Purification and characterization of an organic solvent-tolerant lipase from Pseudomonas aeruginosa CS-2［J］. Applied Biochemistry and Biotechnology, 2010, 162（3）: 733-743.

［10］ Zhang ZG, Wang CZ, Yao ZY, et al. Isolation and Identification of a Fungal Strain QY229 Producing Milk Clotting Enzyme［J］. European Food Research and Technology, 2011, 232（5）: 861-866.

［11］ 陈坚, 刘龙, 堵国成. 中国酶制剂产业的现状与未来展望［J］. 食品与生物技术学报, 2012, 32（1）: 1-7.

［12］ 李莉莉. 生物多糖功能化碳纳米管载体制备及固定化酶应用的研究［D］. 北京: 北京化工大学, 2012.

［13］ Wang X, Zhu KX, Zhou HM. Immobilization of Glucose Oxidase in Alginate-Chitosan Microcapsules［J］. International Journal of Molecular Sciences, 2011, 12: 3042-3054.

［14］ 韩志萍, 叶剑芝, 罗荣琼. 固定化酶的方法及其在食品中的应用研究进展［J］. 保鲜与加工, 2012, 12（5）: 48-53.

［15］ Wang XJ, Peng YJ, Zhang LQ, et al. Directed evolution and structural prediction of cellobiohydrolase II from the thermophilic fungus Chaetomium thermophilum［J］. Applied Microbiology and Biotechnology, 2012, 95（6）: 1469-1478.

［16］ 黄子亮, 张翀, 吴希, 等. 融合酶的设计和应用研究进展［J］. 生物工程学报, 2012, 28（4）: 393-409.

［17］ 陈坚, 堵国成. 发酵工程原理与技术［M］. 北京: 化学工业出版社, 2012.

［18］ 张嗣良, 储炬. 多尺度微生物过程优化［M］. 北京: 化学工业出版社, 2003.

［19］ 张占军, 王富花. 基因工程技术在食品工业中的研究进展［J］. 生物技术通报, 2012, （2）: 75-79.

［20］ 王魁, 汪思迪, 黄睿, 等. 宏基因组学挖掘新型生物催化剂的研究进展［J］. 生物工程学报, 2012, 28（4）: 420-431.

［21］ 孙金辉, 王微, 张莹. 营养蛋白质组学研究进展［J］. 粮食与饲料工业, 2011, （12）: 30-32.

［22］ 王长文, 张岚, 马洪波. 分子营养学及其在营养科学研究中的应用［J］. 吉林医药学院学报, 2010, 31（2）: 105-108.

［23］ 缪明永, 罗贵娟. 营养基因组学研究［J］. 中华普通外科学文献, 2011, 5（5）: 432-435.

［24］ 吴江, 吴正钧, 郭本恒. 益生菌辅助防治过敏性疾病的研究进展［J］. 微生物学通报, 2013, 40（2）: 279-286.

［25］ 李青青. 耐氧性双歧杆菌的筛选及其生理特性与应用研究［D］. 浙江: 浙江大学. 2009.

［26］ Sun ZL, Kong J, Hu SM, et al. Characterization of a S-layer protein from Lactobacillus crispatus K313 and the domains responsible for binding to cell wall and adherence to collagen［J］. Applied Microbiology and Biotechnology, 2013, 97（5）: 1941-1952.

［27］ Sun ZL, Huang LH, Kong J, et al. In vitro evaluation of Lactobacillus crispatus K313 and K243: High-adhesion activity and anti-inflammatory effect on Salmonella braenderup infected intestinal epithelial cell［J］. Veterinary Microbiology, 2012, 159（1-2）: 212-220.

［28］ Datta S, Nama KS, ParasInt P, et al. Antagonistic Activity of Lactic Acid Bacteria from Dairy Products［J］. Pure App. Biosci, 2013, 1（1）: 28-32.

［29］ Fritzenwanker M, Kuenne C, Billion A, et al. Complete Genome Sequence of the Probiotic Enterococcus faecalis Symbioflor 1Clone DSM 16431［J］. Genome Announc., 2013, 1（1）: e00165-12.

［30］ Diaz MA, Bik EM, Carlin KP, et al. Identification of Lactobacillus strains with probiotic features from the bottlenose dolphin（Tursiops truncatus）［J］. Journal of Applied Microbiology, 2013, doi: 10.1111/jam.12305.

［31］ Stahla B, Barrangou R. Complete Genome Sequence of Probiotic Strain Lactobacillus acidophilus La-14［J］. Genome Announc, doi: 10.1128/genomeA.00376-13.

［32］ Li X, Gu Q, Lou XY, et al. Complete Genome Sequence of the Probiotic Lactobacillus plantarum Strain ZJ316［J］. Genome Announc, doi: 10.1128/genomeA. 00094-13.

［33］ Jans C, Lacroix C, Follador R, et al. Complete Genome Sequence of the Probiotic *Bifidobacterium thermophilum* Strain RBL67［J］. Genome Announc, doi: 10.1128/ genomeA.00191-13.

［34］ Douillard FP, Ribbera A, Järvinen HM, et al. Comparative Genomic and Functional Analysis of Lactobacillus casei and Lactobacillus rhamnosus Strains Marketed as Probiotics［J］. Appl. Environ. Microbiol, 2013, 79（6）: 1923, doi: 10.1128/AEM.03467-12.

［35］ Hu SW, Kong J, Kong WT, et al. Characterization of a Novel LysM Domain from *Lactobacillus fermnentum* Bacteriophage Endolysin and Its Use as an Anchor to Display Heterologous Proteins on the Surface of Lactic Acid Bacteria［J］. Appl Environ Micnobiol, 2010, 76（8）: 1752-1760.

［36］ Hu S, Kong J, Ji M, et al. Heterologous Protein Display on the Cell Surface of Lactic Acid Bacteria Mediated by S-Layer protein［J］. Microbial Cell Factories, 2011, 10: 86.

［37］ Dajana GS, Kovac S, Josic D. Application of Proteomics in Food Technology and Food Biotechnology: Process Development, Quality Control and Product Safety［J］. Food Technol. Biotechnol, 2010, 48（3）: 284-295.

［38］ Harris P, Servetas Y, Bosnea LA, et al. Novel Technology Development through Thermal Drying of Encapsulated in Micro- and Nano-tubular Cellulose in Lactose Fermentation and Its Evaluation for Food Production［J］. Applied Biochemistry and Biotechnology, 2012, 168（8）: 2148-2159.

［39］ Clemente JC, Ursell LK, Parfrey LW, et al. The Impact of the Gut Microbiota on Human Health: An Integrative View［J］. Cell, 2012, 148: 1258-1270.

［40］ Corthier G, Doré J. A new era in gut research concerning interactions between microbiota and human health［J］. Gastroent é rologie Clinique et Biologique, 2010, 34（1）: S1-S6.

［41］ Gourbeyre P, Denery S, Bodinier M. Probiotics, prebiotics, and synbiotics: impact on the gut immune system and allergic reactions［J］. Journal of Leukocyte Biology, 2011, 89（5）: 685-695.

撰稿人：何国庆　陈启和　李　云

功能食品学科的现状与发展

一、引言

（一）功能食品的含义

功能食品（functional food）是具有与生物防御、生物节律调整、恢复健康等有关的食品功能因子，经过设计加工，对人体生理功能有明显调整功能的食品；功能食品是不以治疗疾病为目的，并且对人体不产生急性、亚急性或慢性危害的食品（见图1）。功能食品学科是化学、物理学、生物学及医学等多学科、多领域交叉的学科，研究食品及其成分与人类健康关系，是食品科学体系中研究最活跃、发展最快、成果最多的领域之一。我国现代科学意义上的功能食品兴起于20世纪80年代初，成长发展于20世纪90年代，经历了21世纪初的信任危机后，近十年来，特别是"十一五"后，得到快速发展。在我国功能食品和保健食品同属于一个概念，而在欧美国家则被称之为"健康食品"，在日本被称之为"功能食品"。2005年，国家食品药品监督管理局制定和实施了《保健食品注册管理办法（试行）》（以下简称《办法》），《办法》中第二条规定：保健食品是指声称具有特定保健功能或者以补充维生素、矿物质为目的的食品。功能食品适宜于特定人群食用，具有调节机体功能。

图 1　功能食品的生理功能

（二）功能食品与人类健康的关系

随着生活水平的提高，人们的健康保健意识也越来越强烈，人们的医疗观念已由病后治疗型向预防保健型转变。另外疾病谱也在发生变化，给疾病的治疗也提出来越来越大的挑战。功能食品能否提升人们的健康水平，预防或减少疾病的发生率，值得关注。我国已经步入老龄化社会，正经历规模最大、速度最快的人口老龄化发展过程。截至 2009 年年底，我国 60 岁以上老年人口已达 1.67 亿，占总人口的 12.5%，且正以每年 3% 以上的速度快速增长，是同期人口增速的 5 倍多。老龄人口尤其是城镇老龄人口在医疗保健方面的支出增长迅速。另外，伴随着社会生活方式的转变及生活环境的恶化，慢性疾病也是困扰我们的健康问题。慢性疾病预防已经纳入国家"十二五"目标规划中，成为我国预防医学的首要目标。通过健康的生活方式、借助膳食营养等手段预防糖尿病、高血压、脑卒中等慢性疾病，正越来越被人们重视。

近年来，随着社会科技和经济的发展，亚健康状态的人群也越来越庞大。亚健康是指人体介于健康与疾病之间的状态，又叫慢性疲劳综合征或"第三状态"。据统计，处于亚健康状态的患者年龄多在 20 ~ 45 岁之间。美国每年约有 600 万人处于亚健康状态。澳洲地区处于亚健康状态的人口达 3700 多万；在亚洲地区，人们处于亚健康状态的比例则更高。中国保健科技学会对 16 个百万以上人口城市的调查，显示北京、上海、广东三地居民处于亚健康的比例均在 70% 以上。国家中长发展计划提出了"以膳食干预重大慢性疾病，提供全民健康水平"的目标，但目前还没有针对亚健康人群开发相应的治疗药物。通过科学的功能食品膳食能否缓解亚健康状态，提升亚健康人群的生活质量，预防由亚健康向慢性疾病，甚至严重、重大疾病转变，这是功能食品学科发展、功能食品研究与开发的出发点及归宿，这可能也将成为我国功能食品市场快速发展的原动力。

（三）功能食品产业与国民经济的发展

2005 年至今，经济的持续快速发展也带来了功能食品产业的持续繁荣。然而，从产业规模来看，目前我国营养与保健食品仅占整个食品产业 7 万多亿元产值的 10%，与其他发达国家相比还存在相当大的差距。近年来，随着国家对市场逐步加强监管，功能食品产业迎来了一个黄金发展时期，我国保健食品市场产值呈年 20% ~ 30% 的速度增长。2011 年 12 月，国家发改委、工信部共同发布了《食品工业"十二五"发展规划》，首次将"营养与保健食品制造业"列入国家重点发展行业。"营养与保健食品制造业"5 年发展目标为：到 2015 年产值达 1 万亿元，年均增速为 20%，建成 10 家销售收入 100 亿元以上的企业，百强企业生产集中度超过 50%。

（四）功能食品科学研究与产业的提升

尽管我国的功能性食品产业正处于快速发展的阶段，2011 年发布的《中国保健食品产业发展》指出我国保健食品产业正在开始由"发展中规范"向"规范中发展"转变。但是仍存在一系列问题亟待解决：①产品类别集中。产品主要集中在免疫调节、排毒养颜、健脑益智、减肥、补肾等方面，与目前一些发生率较高的亚健康类疾病相关的保健品很少；②企业规模较小，研发投入不够。上规模公司所占比例较少，企业在资金实力、创新技术和营销模式方面仍然有待改进；③产品质量参差不齐。一些大企业产品质量有保证，但是也有一些企业产品品质有待提高；④国外品牌的挑战。国外品牌保健品强势进入中国市场，本土品牌面临激烈的竞争；⑤功能评价体系有待完善。更加科学、严谨的功能评价体系有待进一步完备。《食品工业"十二五"发展规划》指出，开展食物新资源、生物活性物质及其功能资源和功效成分的构效、量效关系以及生物利用度、代谢效应机理的研究与开发，提高食品与保健食品及其原材料生产质量和工艺水平，发挥和挖掘我国特色食品原料优势。大力发展天然、绿色、环保、安全有效的食品、保健食品和特殊膳食食品。这些问题的解决和目标的实现都离不开功能食品的科学研究。

二、我国功能食品学科的研究进展

（一）功能学声称及研究现状

健康（功能）声称描述的是一种食品、食品组分或膳食补充剂成分与降低一种疾病或肌体健康相关状况的风险之间的关系。功能食品功能声称也是功能食品学科研究的产品化实践应用。我国现行《保健食品注册管理办法》中允许申报 27 项功能声称的保健食品（见表 1）。

表 1　我国功能食品的功能分类

序号	功能声称	序号	功能声称	序号	功能声称
1	增强免疫力功能	6	缓解视疲劳功能	11	促进泌乳功能
2	辅助降血脂功能	7	促进排铅功能	12	缓解体力疲劳功能
3	辅助降血糖功能	8	清咽功能	13	提高缺氧耐受力功能
4	抗氧化功能	9	辅助降血压功能	14	对辐射危害有辅助保护功能
5	辅助改善记忆功能	10	改善睡眠功能	15	减肥功能

序号	功能声称	序号	功能声称	序号	功能声称
16	改善生长发育功能	20	祛痤疮功能	24	调节肠道菌群功能
17	增加骨密度功能	21	祛黄褐斑功能	25	促进消化功能
18	改善营养性贫血功能	22	改善皮肤水分功能	26	通便功能
19	对化学性肝损伤有辅助保护功能	23	改善皮肤油分功能	27	对胃黏膜损伤有辅助保护功能

2013 年我国对功能食品功能申报范围进行调整，根据《保健食品功能范围调整方案（征求意见稿）》，将现有的 27 项功能将大致调整为 18 项（见表 2）。

表 2　我国拟修订功能食品的功能分类

序号	功能声称	序号	功能声称	序号	功能声称
1	有助于增强免疫力	7	有助于减少体内脂肪	13	有助于降低酒精性肝损伤危害
2	有助于降低血脂	8	有助于增加骨密度	14	有助于排铅
3	有助于降低血糖	9	有助于改善缺铁性贫血	15	有助于泌乳
4	有助于改善睡眠	10	有助于改善记忆	16	有助于缓解视疲劳
5	抗氧化功能	11	清咽	17	有助于改善胃肠功能
6	有助于缓解运动疲劳	12	有助于提高缺氧耐受力	18	有助于促进面部皮肤健康

2013 年 5 月，中国保健协会保健咨询服务工作委员会组织开展《保健食品循证医学研究项目》，通过循证医学的方法，采用文献收集、消费者研究、市场调研、科学试验，包括大量的动物及临床试验等手段，验证保健食品的安全性和有效性，验证保健食品对改善消费者健康的价值。这也将积极促进我国功能食品功能学研究的发展。

（二）功能食品学科的研究成果

1. 学术论文

（1）SCI 收录期刊论文

根据 ISI web of knowledge 数据库、设定主题词 functional food 的查询结果（见表 3），我国功能食品科研论文发表后被 SCI 收录的数量呈逐年递增趋势，占世界功能食品科研论文 SCI 收录数量的比重也逐年上升（2013 年的数据统计到当年 8 月份），由 2010 年的 4.6%上升到 2012 年的 7.4%（见图 2）。

表3　世界及中国功能食品学科学术论文 SCI 收录发文量

年份 篇数	世界	中国	年份 篇数	世界	中国
2010	5483	252	2012	7069	430
2011	6023	326	2013（1～8）	4494	332

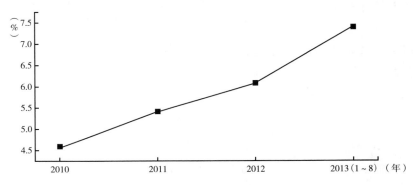

图2　我国功能食品 SCI 收录科研论文占世界论文的比重

（2）中文期刊论文

根据中国期刊网收录的中文期刊、设定主题词"功能食品"的查询结果（见表4），我国功能食品科研论文的中文期刊发文量也呈现小幅的增长趋势，但总体发文量较小且增长量也并不显著（2013 年的数据统计到当年 8 月份）。这可能与研究者优先选择外文发表研究成果有关。

表4　中文期刊论文发表量

年份	篇数	年份	篇数
2010	179	2012	194
2011	190	2013（1～8）	92

2. 专利申请量比例

根据欧洲专利局在线专利申请查询，设定专利名称或专利摘要中包含"functional food"的查询结果（见表5），中国专利的申请量也呈逐年增长的趋势（2013 年的数据统计到当年 8 月份），由 2010 年的 81 件增长到 2012 件的 117 件。中国专利申请数量占世界（含 90 多个国家）专利申请数量的百分比维持在 20%～30%，但近两年来比重稍有下降趋势（见图3）。

表5 功能食品世界及中国专利申请数量

年份 \ 件数	世界	中国	年份 \ 件数	世界	中国
2010	322	81	2012	516	117
2011	302	86	2013（1～8）	260	53

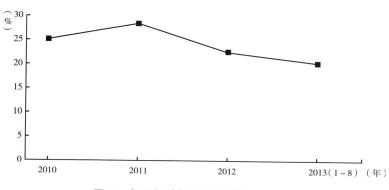

图3 中国专利占世界专利数量的比例

3. 国内批准新产品

根据我国国家食品药品监督管理局（SFDA）提供的数据表明（见表6），我国国内研发新批准的功能食品产品近三年来维持在较高的数量（2013年的数据统计到当年8月份），2011年比2012年有小幅增长，但2012年新批准产品数量低于2011年的水平。新批准的进口功能食品数量成逐年下降趋势，表明企业对功能食品新产品的开发和创新能力呈下降趋势。

表6 国产和批准进口的新功能食品

年份 \ 数量	国产	进口	年份 \ 数量	国产	进口
2010	768	21	2012	703	11
2011	789	13	2013（1～8）	501	7

（三）功能食品功能学扩展研究

扩展功能学研究是功能食品产品创新的重要途径，将传统膳食添加性食品赋予新的营养健康功能，是改造、提升我国功能食品产业的一个途径，我国科研工作者在这方面取得了一些科研进展。传统的食用醋发酵生产工艺经特定条件改造（添加大量的植物乳酸菌、芽孢菌功能微生物）后，酿造的醋中富含川芎嗪保健功能因子，这种功能性食醋具有很好的抗氧化、预防心血管疾病、辅助调节血脂、血压等功效。在传统大豆发酵食品的技术的基础上，开发了安全、高效生产传统大豆发酵食品（豆豉、豆酱）的直投式发酵剂，研制出具有抗氧化、降血脂、降血压、增强免疫力、缓解疲劳等功能性的传统大豆发酵食品。在传统的腐乳生产工艺中，点浆时加入食（药）用菌超细粉水溶液和豆浆的混合液，所制备的功能性腐乳富含功能因子和多种营养具有保健功能。

另外，亚健康研究是功能食品功能学研究的新兴研究领域，也是功能食品区分药品的药理剂量与药理效应的立足点。"十一五"国家科技支撑计划设立"中医'治未病'及亚健康中医干预研究"亚健康的研究重点项目，其中包括6个子项目：亚健康范畴与评价标准及方法的研究、亚健康状态中医辨识与分类研究、亚健康中医干预效果评价及其方法学示范研究、亚健康基础数据库及其数据管理共性技术的研究、亚健康人群监测方法与监测网络的研究、健康保障与健康管理及其实施模式研究。

（四）功能因子发现及生理剂量与生理效应研究

在功能因子的生理剂量与生理效应（保健功能）研究方面，一方面是功能因子单体结构明确、作用机理清楚，对有效量和安全量有剂量范围；另一方面是复杂的功能材料，特别是一些天然功能材料，研究功能因子的构效、量效关系难度较大，现在大体采用天然药物的研究途径。植物来源的功能因子尤其值得关注，我国是传统的中草药使用大国，具有丰富的药食两用植物资源储备来源。云南省药物研究所主持的"低纬高原地区天然药物资源野外调查与研究开发"项目在云南发现新分布药用植物93种、新药用植物资源451种，并编撰了《云南天然药物图鉴》，该项目获得2012年国家科技进步奖一等奖，而这些新发现具有药用价值的植物中作为功能食品用途的功能因子的挖掘值得进一步地探索。

我国保健食品中允许使用的功能材料及功能因子实行"名单"管理。用量一般规定为药典用量的 1/3 ~ 1/2，有些性味偏烈（如熟大黄、番茄叶及含有蒽醌类原料）国家有规定的下限剂量或者采用 1/2；有些性味平和（如干草等）可用上限剂量。当前功能因子生理剂量与生理效应研究的重点是需要确定功能因子的最低有效量、有效剂量范围及安全量。

（五）功能因子的制备分离纯化技术

如何开发多渠道的功能因子的制备技术是我们面临的一个问题，我国科研工作者在这方面作出了一些努力。研究了细胞培养发菜，生产抗氧化发菜多糖；发酵法生产虾青素等的生产工艺技术。"大豆精深加工关键技术创新与应用"获得2011年国家科技进步奖二等奖。该项目开展大豆蛋白生物改性、醇法连续浸提浓缩蛋白、功能肽生物制备、乳清废水动态膜超滤、油脂酶法精炼及功能因子开发等方面的研究与应用，并获得高纯度大豆异黄酮甙元、低聚糖、活性纤维等功能因子。

三、功能食品科学研究国内外分析比较

（一）食品的功能学声称及研究现状比较

在美国，功能食品是指含有补充膳食的成分、旨在补充人体膳食需要且可以口服的产品。美国功能食品主要包括下述 5 大类产品：带有特定声称的常规食品（conventional foods with claims）、膳食补充剂（dietary supplements）、强化食品（fortified，enriched or enhanced foods）、特殊膳食食品（foods for special dietary use）和疗效食品（medical foods）。这些产品一般都在标签上声称食品（或食物成分）与健康的关系。

日本是第一个提出"功能性食品"这一概念的国家，并于 1991 年建立了评价健康声称的"特殊保健用食品"（foods for specific health use，FOSHU）体系，日本功能食品功能声称分为 8 大类（见表 7）。

表 7　日本功能食品功能声称

序号	功能声称	序号	功能声称
1	改善胃肠道功能	5	改善矿物质吸收功能
2	降低血液胆固醇功能	6	增强骨密度功能能
3	改善血液甘油三酯功能	7	促进牙齿健康功能
4	辅助降血压功能	8	辅助降低血糖功能

欧洲功能食品科学研究项目（FUFOSE）于 1999 年提出了功能食品的草案定义：功能食品是指"对机体能够产生有益功能的食品，这种功能应超越食品所具有的普通营养价值，能起到促进健康和 / 或降低疾病风险的作用"。在欧洲，健康声称分为两类：一类为一般性健康声称（generic health claims），又称为普通声称；另一类为特殊产品健康声称（product specific claims），又称为创新型声称。每一类声称又均可分为促进功能（enhanced function）声称和降低疾病风险（reduced riskof disease）声称。欧洲功能食品功能声称分为 7 大类（见表 8）。

表 8　欧洲功能食品功能声称

序号	功能声称	序号	功能声称
1	促进生长发育	5	改善胃肠道功能
2	调节基础代谢	6	维持良好认知和精神状态
3	抗氧化	7	提高运动能力
4	促进心血管健康		

发达国家和地区在功能食品降低疾病风险的基础研究方面都比较深入，不仅用现代生物学、医学、营养学的基本理论来阐述、界定及干预亚健康状态，而且将功能食品作用机理的研究深入到分子营养学的水平，探讨生物活性物质对靶基因表达的影响，还探究功能成分之间或功能成分与各类营养素之间的协同作用及其作用机制，并且研发了一些快速评价抑癌、减肥和抗过敏功能食品的体外检测方法。而我国在上述基础研究方面明显较弱，停留在一些生化指标的检测水平上，在功能食品的营养组学、代谢组学和基因组学研究上亟待深入。

在新功能的研究方面，一些发达国家和地区已经在研究建立针对改善更年期综合征、保护牙齿、降低过敏性反应、改善骨关节、减轻电磁对机体的损害、缓解精神疲劳、抗忧郁、抗老年痴呆等方面的功能指标体系，而我们则基本处于停滞状态。究其原因，一方面与国家对新功能的研究没有实质性的支持有关；另一方面也与企业因研发的新功能得不到应有的保护而不愿进行投入有关。

（二）功能成分来源

人类长期以来药食同源的饮食生活文化中，西方素有"使食物成为药物，使药物来源于食物"的观点，东方则有"药食同源"、"食疗"、"食补"、"药膳"等理论。功能食品中，功能性因子是功能食品的关键性成分。功能性因子的来源与普通食品相类似，包括动物、植物、矿物质等，其中有相当一部分是以植物为原料开发的。无论是发达国家还是发展中国家都在重视植物源性功能食品的研究，如韩国、巴西、泰国、印度等都特别注重开发本国本地区特有的资源优势，从安全性和功效性两方面进行研究。我国目前已经批准87种药食两用植物来源的物品。

我国自2008—2013年1月份止批准了66项新资源食品（见表9）。这些新资源食品也是潜在的功能食品功能成分的重要来源。

表9　新资源食品批准公告目录表（2008—2013年1月）

公告时间	产品名称	数量（个）
2008 年	嗜酸乳杆菌、低聚木糖、透明质酸钠、叶黄素酯、L- 阿拉伯糖、短梗五加、库拉索芦荟凝胶、低聚半乳糖、副干酪乳杆菌（菌株号 GM080、GMNL-33）、嗜酸乳杆菌（菌株号 R0052）、鼠李糖乳杆菌（菌株号 R0011）、水解蛋黄粉、异麦芽酮糖醇、植物乳杆菌（菌株号 299v）、植物乳杆菌（菌株号 CGMCC No.1258）、植物甾烷醇酯、珠肽粉	17
2009 年	蛹虫草、菊粉、多聚果糖、γ- 氨基丁酸、初乳碱性蛋白、共轭亚油酸、共轭亚油酸甘油酯、植物乳杆菌（菌株号 ST- Ⅲ）、杜仲籽油、茶叶籽油、盐藻及提取物、鱼油及提取物、甘油二酯油、地龙蛋白、乳矿物盐、牛奶碱性蛋白	16
2010 年	DHA 藻油、棉籽低聚糖、植物甾醇、植物甾醇酯、花生四烯酸油脂、白子菜、御米油、金花茶、显脉旋覆花（小黑药）、诺丽果浆、酵母 β- 葡聚糖、雪莲培养物、蔗糖聚酯、玉米低聚肽粉、磷脂酰丝氨酸、雨生红球藻、表没食子儿茶素没食子酸酯	17

公告时间	产　品　名　称	数量（个）
2011 年	翅果油、β-羟基-β-甲基丁酸钙、元宝枫籽油、牡丹籽油、玛咖粉	5
2012 年	蚌肉多糖、人参（人工种植）、中长链脂肪酸食用油、小麦低聚肽	4
2013 年 1 月	茶树花、盐地碱蓬籽油、美藤果油、盐肤木果油、广东虫草子实体、阿萨伊果、茶藨子叶状层菌发酵菌丝体	7
合　　计		66

功能性因子是功能食品生理功能实现的基础。由于受传统饮食文化及法律法规的影响，中西方功能食品中功能因子的构成有较大的差异。天然生物活性物质是体现功能食品生理活性的重要重要功能性因子物质，目前天然生物活性物质的研究与开发已成为国内外食品研究和生命科学研究的热点。皂甙或黄酮类生物活性物质是较普遍存在与食品中的功能性成分，我国上市的功能食品中，经分析的 170 种常见保健食品植物原料的功效成分含量中，共有 100 来个原料检出总黄酮，151 个原料分别检出了总皂甙和总生物碱。功能食品含有的功能因子频率见图 4 所示。

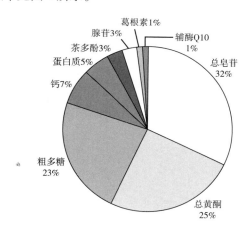

图 4　功能食品中常见功能因子

在安全性方面，国内外的研究主要集中在植物内源性毒性和过敏原问题上，已经发现一些中草药及其制剂能够引起肝脏损伤等毒性，中草药的安全性和潜在的毒性作用正在受到广泛关注。早在 2002 年我国就公布了 59 种禁用于功能食品的资源名单，一些发达国家甚至建立了中草药的研究中心，专门从事中草药的安全性和功效性研究。

（三）专利申请量比较

根据欧洲专利局在线查询（2013 年的数据统计到当年 8 月份）、以专利名称或摘要中含有"health food"或"functional food"为检索词的查询结果（见表 10）表明，韩国在功能食品本国专利申请数量占世界专利数量的比重最大，我国国家专利申请数量所占比重排在第二位（见图 5）。

表 10　主要国家专利申请数量比较

年份＼数量	世界	中国（CN）	欧盟（EU）	美国（USA）	日本（JP）	韩国（KR）
2010	786	252	11	45	77	308
2011	765	226	16	28	51	352
2012	1017	357	12	42	25	437
2013（1～8）	520	167	0	28	8	172

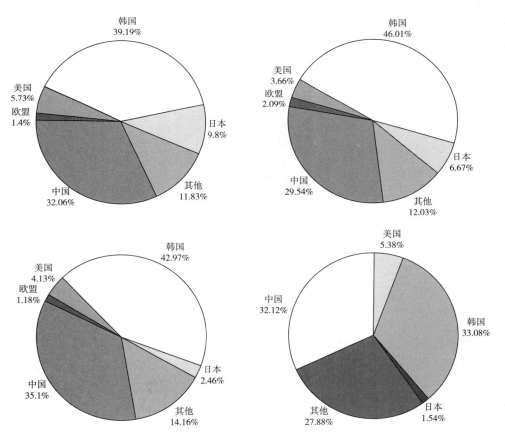

图 5　2010—2013 年 8 月不同主要国家专利申请比较

（四）SCI 收录科研论文比较

根据 ISI web of knowledge 数据库、设定主题词"health food"或"functional food"的查询结果（见表 11，2013 年的数据统计到当年 8 月份）。结果表明，美国依然占据功能食品科技论文数量的统治地位，但比重呈逐年下降趋势，由 2010 年的 14.05% 下降低 2012 年的 12.52%，而中国发表功能食品方面的科技论文尽管与美国还有一定的差距，但是世界论文的比重呈现逐年上升趋势，由 2010 年的 5.09% 上升至 2012 年的 6.42%。日本在功能食品科技论文的发表数量及比重方面呈现比较大的下降趋势，而韩国在数量及比重方面均呈现增长趋势（见图 6）。

表 11　一些主要国家发表 SCI 收录科研论文数量

年份 \ 篇数	世界	中国（CN）	美国（USA）	日本（JP）	韩国（KR）
2010	25170	1282	3537	594	381
2011	27705	1586	3609	607	473
2012	29822	1916	3735	555	464
2013（1～8）	18457	1428	2334	314	341

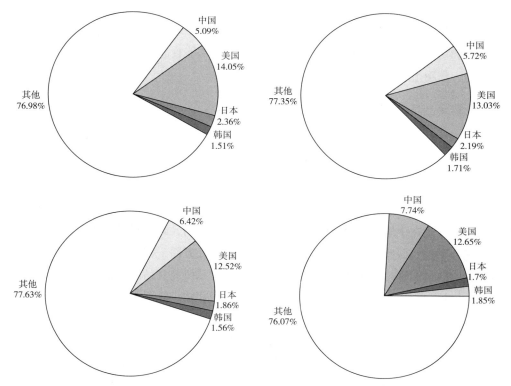

图 6　2010—2013 年 8 月不同主要国家 SCI 收录论文比较

（五）国内外在功能食品信息平台的建立与共享方面的差距

在功能食品资源研究方面，欧洲一些国家已经走在了前面，建立了植物源性生物活性物质与功效作用关系的数据库，用于指导功能食品的研究与开发。另外，由于对功能食品按照原料进行分类管理，日本也有相应的功能食品资源库和功能因子数据库，并在应用这两个数据库的基础上设立了"规格基准型FOSHU"，产品的审批制度。

经过国家科技部"十一五"科技支撑计划项目资助，我国疾病控制中心主持开发了保健（功能）食品原料及功能成分数据库和查询系统，但目前仍然处于探索阶段，尚未正式公益性开放数据库。总体上而言，我国缺乏功能食品资源及其分布情况的详细数据，更缺少功能食品资源、功能因子、功效作用三者之间关系的数据，而这些数据库的建立将有助于指导功能食品的研发与管理，也有益于了解我国功能食品生产的资源可靠性和可持续发展状况。

四、功能食品学科的发展趋势及展望

（一）学科研究发展方向

功能食品学科应以研究食品与人类健康关系为目标，基于我国食品科学产业发展中存在的问题和功能食品长期发展的要求，我们应该拓展功能食品学科发展方向，以开发功效成分明确、作用生理剂量清晰的功能食品。

1. 功能食品功能学研究

功能食品既不同于食品又有区别于药品，是为亚健康人群所设计的，使亚健康人群不要转变为患者，而向健康态回归。但如何界定亚健康呢？目前国家还没有利用现代化科学手段界定"亚健康"的标准。亚健康的界定是一个系统工程，涉及社会行为学、人体生理学及生物化学及现代生化分析检测手段。目前列入"十一五"科技支撑计划的"亚健康中医干预研究"是在中医的理论及临床研究的基础上进行的，缺乏现代生物学、医学、营养科学的综合支撑。因此，在功能食品第三态功能学研究方面，首先是要用现代生物学、医学、营养学的基本理论来阐述、界定亚健康；其次才是研究食品的健康功能，来干预亚健康，也可以认为利用功能食品辅助药物以预防或减轻症状，降低患病风险是今后功能食品产品开发的一个主要渠道。

综上所述，食品的功能学研究可以包括：对亚健康的界定；用体内体外相结合的方法，特别是在细胞水平上进一步深入研究降低心血管病、癌症、肥胖、糖尿病、骨质疏松等疾病的风险的功能食品及其作用机制；从分子营养学的角度解析功能食品的作用机制；

从相互作用的视角探究各类功能成分之间的关系等。另外也有一些新功能值得研究开发，如改善妇女更年期综合征、预防蛀牙、改善老年关节病、抗过敏功能等方面。

2. 功能因子生理作用基础研究

功能因子是功能食品发挥生理功效的主要成分，功能因子在体内的生理生化过程直接决定了功能食品的保健功效，另外功能因子在体内的代谢过程及靶向目标的生理作用也是功能食品安全性评估的基础。因此，功能因子生理作用基础研究有必要作为功能食品学科的一个研究方向。功能因子生理作用基础研究可以在以下三个水平上开展：①在个体水平上，以动物实验的为前期基础，弄清楚功能因子在生物体内的器官水平上生理作用基础，在体内器官的代谢方式及途径，代谢产物对人体的安全性等；②在细胞水平上，弄清楚功能因子实现功效的靶向细胞，弄清楚其在细胞内及或细胞间的功效作用方式及途径；③在分子水平上，弄清楚功能因子对生命活动功能分子的调节作用机制，为安全的、可控的功能食品功效提供保证。

3. 功能食品安全性研究

功能食品首先要有安全性，其次才是有效性。安全研究是功能食品原料及产品的一个重要研究方向，涉及有害物质（包括违禁成分）的检测、食用安全毒理学评价评估方向，功能食品原料的安全性，特别是食用安全量的不确定性等。功能食品有效成分的检测和鉴伪是其市场监管的重要手段。然而到目前为止，在市场监管中仍然没有能够快速鉴别有效成分、标志性成分和违禁成分含量的检测手段。由于技术手段的缺乏，功能食品的监管工作很难展开，导致市场上产品质量鱼龙混杂，假冒伪劣产品时有发生，严重影响了消费者的身体健康和对功能食品的消费信心，阻碍了功能性食品产业的发展。我国功能食品中半数以上是以中药材为原料的产品，因此急需建立中草药原料的成分及剂量关系安全评价体系，评价中草药成分的急性和慢性的毒理作用。目前国内外仍然未有对功能食品长期食用的安全性评价方法及反映指标，因此，建立功能食品长期食用安全性评估体系是功能食品学科发展及功能食品产业所要解决的重大科研及安全问题，要将此问题作为功能食品学科的一个重要研究方向。

（二）扩展新的研究方法及技术

功能食品制备技术研究包括功能因子分离、制备集成技术与设备的研究等，特别是功能食品制造专用设备的研究。在功能因子的分离和制备成型方面，现有技术手段大多停留于小规模的实验室阶段，难以放大到工业生产规模，连续式高效分离的技术和设备落后且单一、产品质量差，严重制约了功能食品产业的健康和快速发展；而在功能食品的制造技术方面，生产加工领域中大都采用了中药现代化生产的一些新技术，功能食品专用的技术较少，设备更是如此。所以未来几年应发展生产功能食品制造的专用技术和专用设备。

另一方面，营养食品中营养素的稳定问题是一个重要技术问题。同样，功能因子在食品体系中的稳定性关系到其是否能达到预期的促进健康效果，因为功能因子的效果取决于它的有效剂量。功能食品中的其他成分、功能食品的加工和储藏都会影响功能因子的活性。在功能因子稳定化的研究方面，国内外的研究主要集中在食品组分相互作用及功能因子活性保持技术的研究、功能食品包埋保护技术的研究、功能食品稳定化储存技术的研究等方面。目前我国对功能因子在食品体系中的稳定性研究和技术开发尚不足，今后不仅要从功能因子活性的稳定与保持角度，还要从功能因子在人体吸收率的视角出发，进行功能因子稳定化的研究，可以包括功能食品包埋保护技术研究、包埋壁材缓释载体研究、靶向控释载体研究、纳米乳化技术研究等方面。

（三）产学研开放研究平台建设

国内大部分企业急功近利、重销售轻研发，而大部分高校又注重 SCI 论文的发表和人才培养，不注重科研成果的产业化问题，因此，如何调整、转变长久以来形成的这种观念，将是建立产学研一体化开放性研究平台的关键因素。建立产学研一体化的开放性研发体系是未来发展的必然要求，需要生产企业、科研院所多方面的共同努力，应该采取多种方式来建立和完善。企业可以自建研究开发中心（或博士后流动站）与科研院所共同建立联合实验室或共同承担国家重大科研项目等方式。

一方面，从国际发展趋势来看，企业是研发主体。国内一些有实力的功能食品企业应增强自身的科研意识，尽快建立研发中心，建立本土化的研发中心对企业的可持续发展具有重要意义。另一方面，从资金、技术、设备、人才等方面综合考虑，为鼓励企业参与研发创新，必须以企业为基地，将企业和科研单位结合起来，充分利用科研机构的科研优势以及企业的生产、销售优势，实行强强联合、优势互补。另外，研究平台实体应该有各自研究特长，不搞小而全，避免各平台之间的同质化，造成恶性竞争；同时，应建立各种研究平台的共享性，平台之间"开放"、"联合"的合作模式。产、学、研一体化合作平台的建立可以促进技术交流和信息反馈，有效降低自主创新的成本，缩短创新时间。

（四）功能食品发展趋势展望

以功能食品为主要内容的健康产业已成为促进我国经济发展的朝阳产业、促进社会和谐的民生产业。2012 年，我国人均 GDP 已经突破 5000 美元，城乡居民恩格尔系数将分别为 36% 和 40% 左右，标志着我国已进入小康社会，预示着我国的功能食品产业将要进入迅速扩张的发展机遇期。据预测，在未来的十年内，我国功能食品产业将以年20% ~ 30% 以上的增速向前发展。我国功能食品产业的迅速发展向高校提出了加快"功能食品"学科建设的需求。制约我国功能食品产业发展的主要"瓶颈"归根到底是创新不足和人才缺乏，而知识创新和人才培养是学科建设的核心。因此，除了在食品学科内设置

"功能食品学科"外，还要加快功能食品学科的建设，以适应功能食品产业迅速发展和人们生活水平提高的迫切需求。

功能食品应以研究食品与人类健康关系为主要目标，可以设置食品功能学研究、功能食品安全性研究、功能食品制备技术研究等研究方向，以加快在这些领域的知识创新，建立产学研一体化的开放性研究平台是推动和发展我国功能食品产业创新与发展的一项重要措施。

参 考 文 献

［1］Doyon M，Labrecque JA. Functional foods：a conceptual definition［J］. British Food Journal，2008，110（11）：1133–1149.

［2］中投顾问. 2010—2015年中国医药行业投资分析及前景预测报告［R］. 深圳：中投顾问产业研究中心，2010.

［3］陈文，魏涛，秦菲，等. 我国与国外发达国家在功能食品管理上的差距［J］. 食品工业科技，2010，1：350–353.

［4］金宗濂. 中国保健（功能）食品的发展［J］. 食品工业科技，2011，10：16–20.

［5］宛超，杨飞. 我国保健食品保健功能发展及现状浅析［J］. 中国食品卫生杂志，2012，24（4）：348–352.

［6］Menrad K. Market and marketing of functional food in Europe［J］. Journal of Food Engineering，2003，56:181–188.

［7］Bigliardi B，Galati F. Innovation trends in the food industry：the case of functional foods［J］. Trends in Food Science & Technology，2013，31：118–129.

［8］Betoret E，Betoret N，Vidal D，et al. Functional foods development：Trends and technologies［J］. Trends in Food Science & Technology，2011（22），498–508.

［9］Ozen AE，Pons A，Tur JA，ea al. Worldwide consumption of functional foods：A systematic review［J］. Nutrition review，2012，70（8）：472–481.

［10］Signoretto C，Canepari P，Stauder M，et al. Functional foods and strategies contrasting bacterial adhesion［J］. Current Opinion in Biotechnology，2012，23（2）：160–167.

［11］黄爱萍，胡文舜，郑少泉. 天然生物活性物质及其功能食品的研究进展［J］. 南方农业学报，2013，44（3）：497–500.

［12］唐璎，孟宪刚. 新型天然生物功能食品添加剂的研究与发展［J］. 食品工业科技，2011，32（3）：432–437.

［13］杰富礼. 美国保健食品原料及食品原料审批法规介绍［J］. 中国卫生监督杂志，2011，18（1）：25–27.

［14］刘海英，仇农学，姚瑞祺，等. 我国86种药食两用植物的抗氧化活性及其与总酚的相关性分析［J］. 西北农林科技大学学报（自然科学版），2009，37（2）:173–180.

［15］金宗濂，我国保健食品研发趋势及其产业发展走向［J］. 农产品加工，2012，12：1–5.

撰稿人：黄汉昌　姜招峰

水产品贮藏与加工学科的现状与发展

一、引言

（一）水产品加工及贮藏工程学科概述

水产品加工及贮藏工程学科是食品科学与工程一级学科下的二级学科之一，水产品加工及贮藏工程学科是以水生生物资源利用、水产品加工、水产品贮藏工程以及制冷与低温技术为主要研究方向的学科。主要研究课题包括水产品原料加工适性、生理活性成分的提取、活性鉴定、分离技术；水产保健品的研制；低值鱼、贝类、藻类的增值深加工与综合利用；水产调味料的研制；水产品加工废弃物的综合利用；水产品保鲜技术研究；水产品安全检测、品质控制技术；为消费者提供丰富、高值、优质水产食品，为保障人类营养需求与健康体质等提供技术支撑。以创新的思维、创新的精神和创新的教学方式培养大批水产品加工与贮藏工程方面的高级研究、技术与管理人才。

（二）水产品加工及贮藏工程学科发展研究报告的定位及目标

进入 21 世纪，我国食品工业在日益复杂的国际竞争环境下，持续保持强劲的发展势头，每年以 20% 以上的速度高速增长，已成为国民经济中增长最快、最具活力的支柱产业，在生产、加工、销售过程中带动了三大产业中其他相关行业的发展。进入"十二五"水产品加工及贮藏业被放到更为重要的位置上，水产品加工及贮藏工程学科为水产品相关行业发展提供人才、知识、技术等创新动力支持，同样被赋予了重要的使命。本专题报告以 2012—2013 年为侧重点总结近年来我国水产品加工及贮藏的发展成果及现阶段遇到的问题，理清学科发展思路，找出学科发展重点，提出学科发展策略，保证学科发展更健康，促进学科发展与产业升级结合，为产业发展提供更好的服务。

二、水产品加工及贮藏工程学科近年的最新研究进展

（一）回顾、总结和科学评价近两年来本学科发展的新观点、新理论以及新方法、新技术、新成果等发展状况

进入第十二个五年规划，水产品加工及贮藏工程学科面临着新的形势和要求。当前，我国已进入完善以工促农、以城带乡长效机制的发展阶段，处于加快改造传统农业、走中国特色农业现代化道路的关键时期，农业基础地位更加突出，国内消费需求拉动作用更加明显，空间拓展条件更加有利，产业发展基础更扎实，水产品加工及贮藏工程学科也迎来了新的发展契机；但快速的发展也伴随着很多挑战，目前我国资源环境的刚性约束更加突出，支撑保障不足的局面更加凸显，产业升级拓展的要求更加紧迫，渔民权益维护的任务更加艰巨，国际和周边的渔业形势更加复杂。

《国家中长期科学和技术发展规划纲要（2006—2020年）》要求重点研究开发主要农产品和农林特产资源精深及清洁生态型加工技术与设备，粮油产后减损及绿色储运技术与设施，鲜活农产品保鲜与物流配送及相应的冷链运输系统技术。国家科技部、农业部和各级地方政府对水产品加工与利用科技的重视程度和科技投入不断增加，如科技部的"十二五"国家科技支撑计划重大项目"动物源食品安全加工科技工程"，通过项目实施，形成一批具有自主知识产权和国际先进水平的重大突破性成果，培养一批杰出人才，形成一批重大科研平台和产业化示范基地，推动产业健康良性发展；"淡水水产品保活冷鲜冷链物流关键技术研发"对提高我国冷链物流技术和服务水平，保障我国食品安全，促进冷链物流发展具有深远意义。"十二五"、"863"计划海洋技术领域针对海洋动植物资源，开展海洋水产品高效加工与新型高值化产品开发、海洋食品质量与安全控制研究，开发新型海洋食品（保健食品除外）和高附加值产品的"远洋渔业捕捞与加工关键技术研究"项目，旨在突破影响我国大洋性渔业发展的技术瓶颈，为公司远洋渔业产业链的发展奠定坚实基础；"南极磷虾快速分离与深加工关键技术"项目，旨在突破南极磷虾船上快速高效分离、快速加工以及高值化利用等技术瓶颈与设备空白，进行系统集成和应用示范，建立具有国际先进水平的南极磷虾快速分离和深加工技术体系；农业部"948"项目"水产品温和加工关键技术引进"率先在我国开展了水产品有害微生物生态与动态学的量化栅栏技术研究，在国内外首次建立了基于产品的栅栏因子协同作用下的微生物生长/非生长界面模型，应用模型优化了技术路线和工艺参数，突破了温和加工与产品高品质和安全性控制关键技术；"鲟鱼肉熏制精加工技术及设备引进"主要通过引进并在国外先进的鲟鱼肉熏制精加工技术和设备的基础上建立适合我国国情的鲟鱼肉工厂化熏制生产加工工艺，解决我国鲟鱼肉产品附加值不高的瓶颈问题；国家农业科技成果转化资金项目"鳗鱼高值化利用的技术集成中试及产业化示范"可真正实现鳗鱼新技术加工与综合利用示范生产，提高

资源的利用率，为我国水产行业的技术提升及资源的节约利用具有综合示范作用。这些项目的实施进一步提升我国水产品加工与利用的技术水平，扶植一些加工骨干企业并起到示范与引领作用，为水产品加工业的快速发展注入新的活力。

"十二五"开局两年，水产品加工及贮藏工程学科继续快速发展，新观点、新理论不断交汇，新方法、新技术不断突破，新成果不断涌现。

水产品精深加工技术及研究方面取得了更大进展，如大宗低值淡水鱼新产品开发与产业化；海洋水产食品加工技术研发与产业化示范；淡水鱼加工技术研发与产业化示范；坛紫菜深加工技术；从海洋生物和水产加工废弃物中提取天然产物，尤其是生物活性物质；以水产原料加工的保健品和药用制品；海藻资源高值化精深加工和综合利用；利用红藻中特殊的蛋白藻红素，开发出天然的藻红素食品添加剂等。生物酶的开发也丰富了水产品的加工，骨架蛋白水解酶提高水产品的风味，脂酶水解鱼油提高 DHA、EPA 等提取效率，利用鱼皮等下脚料制备胶原蛋白等进一步提高了水产品及其加工废弃物综合利用水平。我国水产品加工及加工品呈现出综合性、高值化、多品种的态势，延长了产业链，提高了渔业生产的综合效益。水产品加工新产品也不断涌现，如方便水产食品、风味水产品、模拟水产品食品、保健水产食品、美容水产食品等。

水产品冷藏链保鲜加工技术快速发展，尤其是海水鱼的保鲜保活、淡水鱼糜加工技术已达到或接近世界水平，开发了连续式真空冷冻干燥机、大型远洋船载超低温急冻冷藏机。目前广泛应用的有以冻藏保鲜、冷海水冷却保鲜、冰温保鲜、微冻保鲜等为主的低温保鲜；以食品添加剂进行保鲜、盐藏保鲜、烟熏保鲜等为主的化学保鲜；高压保鲜；辐照保鲜；以惰性气体代替空气的气调保鲜；以添加溶菌酶、壳聚糖、益生菌等为主的生物保鲜等。保鲜方法不断改进，出现了急速微冻保鲜、电解水冰保鲜、乳酸菌及其代谢物保鲜、复合保鲜剂保鲜、模拟保活、无水保活等新的保鲜保活技术。

此外，我国水产品贮藏与加工领域的高水平论文近年来不断增加，从"Web of Science"数据库检索主题"seafood"，可以看出近年来水产品领域发表文章的基本现状（见表 1），从表 1 中可以看出，水产品领域的论文呈逐年递增趋势。在全世界所发的水产品类研究论文里，中国发表的论文比例从 2009 年的 7.21% 提高到 2013 年的 10.14%（见表 1）。

表 1　国际水产食品领域 SCI 论文发表情况

年份	论文总数	中国发表论文数	中国所占比例（%）	国际排名
2009	424	31	7.21	4
2010	495	46	9.29	3
2011	517	37	7.16	4
2012	588	60	10.20	2
2013	414	42	10.14	2
合计	2483	216		

注：2013 年数据统计截至 2013 年 9 月 28 日。

水产品加工与贮藏领域一般侧重于应用性研究，基础性研究较少，所以目前高影响因子的 SCI 论文数量不多。近五年来，该领域我国的 SCI 论文发表刊物如表 2 所示，其中在 *Food Control* 上发表的论文最多（共 17 篇），占总数的 5.26%，其次分别为 *Journal of Agriculture and Food Chemistry*（13/216，4.02%），*International Journal of Food Microbiology*（12/216，3.72%），*Chinese Journal of Analytical Chemistry*（10/216，3.10%），*Journal of the Science of Food and Agriculture*（8/216，2.48%）。

表 2　我国水产食品领域 SCI 论文常见来源出版物

来源出版物	中国发表论文数	中国所占比例
Food Control	17	5.26%
Journal of Agriculture and Food Chemistry	13	4.03%
International Journal of Food Microbiology	12	3.72%
Chinese Journal of Analytical Chemistry	10	3.10%
Journal of the Science of Food and Agriculture	8	2.48%

注：2013 年数据统计截止到 2013 年 9 月 28 日。

（二）本学科在基础研究平台建设方面的进展

在《国家中长期科学和技术发展规划纲要（2006—2020 年）》、"全国渔业发展第十二个五年规划"的指导下，我国渔业尤其是水产品加工业的不断发展，科技投入、学术积累不断增加，专业人才培养、科研团队形成凸现，相关学科支撑条件逐步完善，我国的水产品加工及贮藏工程学科建设加速、发展显著。

目前，我国从事水产品加工及贮藏工程研究的高等院校、科研单位已达数百家，有 200余所高校设立了食品类专业，近 100 所高等院校和科研院所能够培养研究生。2012 年，全国渔业科研机构 110 个，水产技术推广机构 14711 个。目前，江南大学具有食品科学与工程一级国家重点学科覆盖的水产品加工及贮藏工程国家重点学科，中国海洋大学具有水产品加工及贮藏工程二级国家重点学科；上海海洋大学、中国农业大学、华南理工大学、南京农业大学、东北农业大学、合肥工业大学、华中农业大学、浙江大学、江苏大学、南昌大学、西北农林科技大学、西南大学等具有食品科学与工程一级学科覆盖的水产品加工及贮藏工程学科博士学位授予权。目前已形成多个覆盖水产品加工及贮藏工程的研究平台（见表 1）。

（三）本学科的最新进展在产业发展中的重大应用、重大成果

水产品是人类食品中蛋白的重要来源，因其蛋白含量高、脂肪含量低，对促进人体健康起着重要作用。随着人们生活水平的提高，水产食品以其富含蛋白质及多种高度不饱和脂肪酸等特点，越来越受人们青睐。据美国国际食品政策研究会和世界渔业中心发表的

《2020 年世界渔业展望》，到 2020 年，世界水产品消费量（主要指鱼虾类）将达到 12780万吨。发达国家对水产品的需求仍在增加，一些国家爆发禽流感疫情后，水产品的消费量将会有所增长；我国名特优水产品养殖已形成规模，质量安全问题得到高度重视，水产品出口货源充足，质量不断提高，中国水产品正以其独有的物美价廉特性越来越受国外消费者喜爱。

表 3　覆盖水产品加工及贮藏工程的研究平台

平　　　台	依托单位
食品科学与技术国家重点实验室	江南大学—南昌大学
国家远洋渔业工程技术研究中心（筹）	上海海洋大学
海洋捕捞协同创新中心（筹）	上海海洋大学
海洋运输绿色与安全技术协同创新中心	大连海事大学
食品安全与营养协同创新中心	江南大学
水产养殖科学与技术协同创新中心（筹）	中国海洋大学
农业部水产品加工重点实验室	中国水产科学研究院南海水产研究所
农业部水产品质量安全风险评估实验室（哈尔滨）	中国水产科学研究院黑龙江水产研究所
农业部水产品质量安全风险评估实验室（武汉）	中国水产科学研究院长江水产研究所
农业部水产品质量安全风险评估实验室（广州）	中国水产科学研究院珠江水产研究所
农业部水产品质量安全风险评估实验室（青岛）	中国水产科学研究院黄海水产研究所
农业部水产品质量安全风险评估实验室（上海）	中国水产科学研究院东海水产研究所
农业部水产品质量安全风险评估实验室（西安）	中国水产科学研究院黄河水产研究所
农业部水产品贮藏保鲜质量安全风险评估实验室（上海）	上海海洋大学
农业部水产品贮藏保鲜质量安全风险评估实验室（广州）	中国水产科学研究院南海水产研究所

　　注："十二五"开局两年，在"全国渔业发展第十二个五年规划"及食品产业科技发展"十二五"重点专项规划的指导下，我国水产品加工及贮藏工程学科在学术建制、人才培养、基础研究方面不断突破，成果显著，发展平稳，前景广阔，未来几年会继续快速发展。

　　2012 年全国水产品总产量 5907.68 万吨，比上年增长 5.43%；全社会渔业经济总产值17321.88 亿元，实现增加值 7915.22 亿元，分别同比增长 15.44% 和 15.02%。其中渔业产值 9048.75 亿元，实现增加值 5077.95 亿元，分别同比增长 14.77% 和 14.87%。2012 年渔业产值占农业总产值的 9.73%，渔业增加值占农业增加值的 10.06%，均比上年提高 0.4 个百分点；水产品加工业产值 3147.68 亿元，同比增长 17.10%。

　　我国水产品加工行业已形成冷冻冷藏、腌制、烟熏、干制、罐藏、调味休闲食品、鱼糜制品、鱼粉、鱼油、海藻食品、海藻化工、海洋保健食品、海洋药物、废弃资源的再生利用等几十个产业门类，随着科学技术的进步以及先进生产设备和加工技术的引进，我国的水产品加工技术、方法和手段已经发生了根本性的改变，水产加工品的技术含量和经济附加值有了很大的提高。

近年来，我国在水产品质量安全监控、低值资源高值化利用、先进加工技术的应用、产品多元化的研发、优质名牌产品的创立、产品结构的优化整合、新型产业体系的建立、国际贸易市场的拓展等方面取得巨大进步和发展，逐步实现了规模化、集团化和自动化生产，有效保障了我国人口大国的优质食物供应，形成一批在国内外有着较高声誉的知名企业和名牌产品，取得较好的社会效益和经济效益，成为食品工业发展中增长最快、最具活力的产业之一，对丰富食品市场种类，推动相关产业发展，带动城乡居民就业，促进农民增收、增效等方面做出了重要贡献，成为推动渔业生产可持续发展的重要动力，已成为国民经济的重要产业，在经济社会发展中具有举足轻重的地位和作用。

水产品加工业的进步体现在：一是水产品冷藏链保鲜技术快速发展，贝类、虾蟹类保鲜加工技术有所突破，淡水鱼保鲜、加工方法不断改进；二是我国水产品加工呈现出综合性、高值化、多品种的态势，形成以小包装、便利化、冷冻冷藏为主，调味休闲食品、鱼糜制品、生物材料、功能保健食品、海洋药物等十多个种类为辅的水产品加工生产体系；三是随着生物技术、超临界流体萃取技术、微胶囊技术、膜分离技术、高压技术、辐照加工技术、微波技术、超低温技术等现代新技术的不断应用，低值水产品的精深加工和加工废弃物的综合利用水平进一步提高，生产出许多新颖水产食品、海鲜调味品、海洋酶、壳聚糖、海藻化工制品等系列产品。

本学科相关的标志性成果有上海海洋大学等单位完成的"坛紫菜新品种选育、推广及深加工技术"荣获2011年度国家科学技术进步奖二等奖。该项目在坛紫菜深加工技术方面取得突破，产品附加值大幅度提高，大大提升了该产业的核心竞争力，为该产业的可持续发展提供了可靠的技术支撑；天津科技大学等单位完成的"食品安全危害因子可视化快速检测技术"荣获2012年度国家科学技术进步奖二等奖。该项目对食源性致病菌和小分子化学危害物可视化分析理论进行了创新研究，对包括水产品安全在内的食品安全研究领域的发展起到了重大推动作用，奠定了我国在食品安全检测的国际领先地位，推动了我国食品安全研究的整体发展。

三、水产品加工及贮藏工程学科国内外研究进展比较

（一）国际上本学科最新研究热点、前沿和趋势分析

目前国际上关于水产品加工及贮藏工程的研究热点主要包括4个方面：水产品的质量安全、水产品高新加工技术开发、方便化和功能化水产品研究、高附加值水产品加工研究。在 Web of Science 数据库以"seafood"为"主题"进行检索，可以看出近五年来国际水产品领域发表论文呈逐年递增趋势，被引总频次高达11804（见图1）。

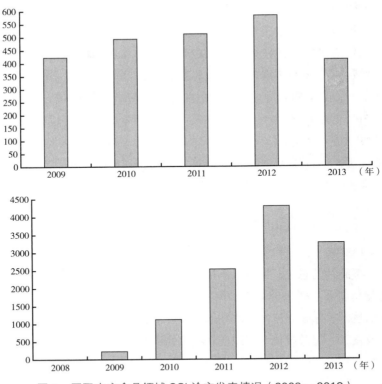

图1　国际水产食品领域 SCI 论文发表情况（2009—2013）

注：2013 年数据统计截止到 2013 年 9 月 28 日。

近五年来，针对水产品的 4 大热点问题，国际上进行了相关的研究并发表 SCI 论文共计 2438 篇，发表论文的刊物有针对水产品的质量安全的 *Food Control*、*International Journal of Food Microbiology*、*Journal of Food Protection*、*Food Microbiology* 等，针对水产品加工技术及方便化和功能化水产品研究的 *Food Chemistry*、*Food Microbiology*、*Journal of Agriculture and Food Chemistry* 等。其中在 *Food Control* 上发表的论文最多（共 72 篇），占总数的 2.95%；其次分别为 *Food Chemistry*（49/2438，2.01%），*International Journal of Food Microbiology*（49/2438，2.01%），*Journal of Agriculture and Food Chemistry*（42/2438，1.72%），*Journal of Food Protection*（40/2438，1.64%），*Marine Policy*（35/2438，1.44%），*Food Microbiology*（30/2438，1.23%），*Journal of Food Science*（29/2438，1.19%），*Toxicon*（29/2438，1.19%）。

表4　国际水产食品领域 SCI 论文常见来源出版物

来源出版物	中国发表论文数（篇）	中国所占比例（%）
Food Control	72	2.95
Food Chemistry	49	2.01
International Journal of Food Microbiology	49	2.01

续表

来源出版物	中国发表论文数（篇）	中国所占比例（%）
Journal of Agriculture and Food Chemistry	42	1.72
Journal of Food Protection	40	1.64
Marine Policy	35	1.44
Food Microbiology	30	1.23
Journal of Food Science	29	1.19
Toxicon	29	1.19

注：2013 年数据统计截至 2013 年 9 月 28 日。

　　水产品的质量安全越来越受到重视，质量控制技术和法规也不断完善。水产动植物生产的水域环境容易受到来自工业废水、生活污水和养殖水体自身污染的影响，而污染物往往通过食物链被水产动植物富集，直接影响水产品的食用安全；同时养殖密度不断增大，化学药物使用量不断增加，也增加了水产品的安全风险。世界渔业发达国家极为重视渔业环境的保护和监测，并陆续开发出了有毒物质的检测技术，对有害物质残留量限量标准等进行了研究，制定了有关的法规和标准。多年来，我国政府加强了水产品质量安全管理，加大监督检查力度；加工企业自觉改善生产卫生条件，按照 HACCP 的基本原理建立健全内部质量安全管理体系。

　　高新技术在水产加工上的应用进一步扩大，通过对水产品深加工技术的研发为产业提供技术开发及成果转化的基础条件。生物技术、膜分离技术、微胶囊技术、新型保鲜技术、微波能及微波技术、超微粉碎、真空技术、电解水杀菌技术、超高压杀菌技术和天然活性物质保鲜等高新技术已在水产品加工业中得到广泛的应用，提高了水产品加工的效率和水产品的利用率及品质安全，实现了海洋水产品利用的经济效益与社会效益的最大化，保障了海洋水产品资源综合利用产业的可持续发展。

　　方便化、功能化、多样化的水产食品研究开发越来越受到关注，人们对水产品除要求食用简便、营养丰富、味美可口外，同时逐步追求对人体具有某些独特的功效。现在国内消费人群和市场需求在发生显著变化，随着年轻一代成为消费主体，传统的以鲜活产品为主的消费模式正在向产品方便化、功能化、多样化方向转变，这种变化为水产品加工行业提供了很大的市场和发展机遇。为适应消费习惯的变化，水产方便食品和即食产品开发力度也不断加大，市场上即食性水产品种类也越来越多，同时也保证水产品的原有风味，如即食罗非鱼、鱼香肠等。以鱼糜和海藻胶等为原料，生产合成色、香、味俱佳的人造蟹肉、贝肉、鱼翅、鱼子等产品，越来越受消费者的青睐。

　　高附加值水产品发展迅速。从水产品及其加工废弃物中提取天然产物，尤其是生物活性物质，是国外广泛关注的课题。水产品中的生物种类非常多，很多是陆地上所没有的，海洋的特殊环境使得海洋生物含有许多结构特殊、功能特异的生物活性物质，包括特异蛋白质、氨基酸、活性肽、具有高度活性的脂类和类脂物、多糖、生物碱、毒素、氨基多糖等。现在世界上在海洋生物中已经发现了超过 3000 种生物活性物质。近年来，国内一些企业采用生物技术对水产品加工的下脚料进行处理，使之变成鱼类水解蛋白粉、鱼浸膏、鱿鱼肝粉、鱼溶浆、胶原蛋白、甲壳质等高附加值产品。日本企业利用水产品加工中废弃物所开发制成降压肽、鱼皮胶原蛋白、鱼精蛋白等已作为产品进入市场。

（二）本学科与国外同类型学科的比较分析

国外高校的水产品加工及贮藏工程学科大多是设在食品科学下的相关专业方向。国外高校的食品学科与相关基础学科农学、工学、理学、医学和人文学科等多个学科有着交叉和融合，国外高校中的各食品学科有着各自明显的特色，但是在食品科学专业下设立水产品加工及贮藏工程学科相关的研究并不是很多。

日本东京海洋大学的海洋科学技术研究院设有应用生命科学和应用环境系统学两个博士专业，还设有海洋生命科学、食品机能保全科学、海洋环境保全学、海洋管理政策学、海洋系统工学、海运物流学、食品流通安全管理 7 个硕士专业。其中与本学科联系最为紧密的是食品机能保全科学专业，食品保全功能学方向主要研究水产品的制造、贮藏、流通和消费等相关基础理论和先进技术，其下又设有食品物性学、食品微生物学、食品保全化学、资源利用化学、食品营养化学、生物物质化学 7 个子方向。食品品质设计学以安全和高附加值水产食品为中心，以建立食品制造加工过程中的食品设计技术和安全评价体系系统为目的，利用食品原料的加工特性主要研究从原料到消费过程中与安全性控制关联密切的先进加工设备和系统的开发与设计及其操作性能的提升、水产食品的低温利用理论及其技术等内容，下设有热操作工学、食品加工学、食品冷冻学和食品加工学 4 个子方向。

我国台湾海洋大学生命科学学院下设有食品科学系、水产养殖系、生命科学系 3 个系，其中食品科学和水产养殖系可招收博士和硕士，食品科学系以教授生物资源有效利用技术与理论，培育食品产业各领域的技术、研究和管理人员为中心。食品科学下设食品科学组、生物技术组、食品工程学组（研究方向），食品科学组下设食品风味学、食品物性学和干燥学等，食品工程组下设食品加工热传导、食品单元操作等。

我国现代水产品捕捞业发展较晚、相对薄弱，水产养殖业占主导地位，水产品加工主要以粗加工为主，水产品加工及贮藏工程学科既传统又年轻，其发展水平与发达国家相比依然存在很大差距；与国内的粮、油、畜、禽、乳等农副产品加工业密切关联的粮油、畜产品加工学科比也存在较大差距，当然其发展潜力巨大。水产品加工技术在引进、消化、吸收的基础上，我国渔业科技综合实力在国际上总体处于中上水平，但原创性技术明显不足。

（三）本学科建设与发展过程中存在的问题

我国水产品加工尽管历史悠久和自成体系，但基础研究起步较晚，应用研究和高技术研究较为薄弱，学科间的相互渗透不够，缺乏自主技术创新，缺少适应于支撑水产品加工业快速发展的技术支撑和科技储备。我国水产品科技成果转化率低，转化率不足30%，而发达国家科研成果转化率一般为70%。由于在水产品加工技术研究方面投入较少，无法从事系统深入的研究，产学研结合不够紧密，无法发挥高校及科研院所优势。与国外发达国家相关学科师资队伍相比，我国本学科的师资队伍的人数、学历层次和专业水平还有待提高，本学科迫切需要在这方面加大人力、物力的投入，建立完善的教育资源平台，促进学科的发展。

四、本学科发展趋势及展望

（一）本学科未来五年发展的战略需求与趋势分析

2012年全国水产品总产量已达到5907.68万吨。"十二五"末我国水产品总产量预计达到6000万吨，全国人口将达到13.9亿人，城镇人口将超过农村人口，人民富裕程度普遍提高，生活质量明显改善，食品消费结构更趋优化。作为优质动物蛋白重要来源的水产品，国内消费需求将显著增加，可见广阔的水产品消费市场正在快速发展。由于世界范围内海洋渔业资源呈衰退趋势，未来国际水产品消费市场的缺口将主要依赖养殖水产品补充。我国渔业具有养殖生产规模大、技术先进、劳动力资源丰富、粗加工能力较强等优势。国内外水产品市场需求增长将有利于发挥我国竞争优势，并为我国渔业发展跻身于世界渔业强国提供广阔的空间。

根据全面建设小康社会和"十二五"规划要求，"十二五"时期，渔业发展将努力实现生产发展、产品安全、渔民增收、生态文明、平安和谐的现代渔业发展新格局。主要指标有：养殖产品比重达到75%以上，产地抽检合格率保持在98%以上；水产养殖面积稳定在1亿亩（1亩=667平方米，下同）以上；渔业二、三产业的产值比重达到53%；水产品加工率达到40%；渔业科技贡献率达到58%。

水产品加工业的发展，不仅能对渔业生产起到调节作用，而且能对整个渔业经济发挥拉动效应，可以推动传统渔业向现代渔业、粗放经营向集约经营、单一生产向多元化生产的转变；可以解除加工业滞后对渔业的瓶颈束缚，显著地拉动经济增长。一个地方的水产品加工，既能带动多环节产业群的形成，实现规模化、产业化、系列化生产，繁荣地方经济，又能安置转产渔民就业，保持社会稳定；还能推动一、二、三产业协调发展。

水产食品加工业的发展方向是装备先进、管理一流、带动力强，重视水产食品精深加工的技术创新，提高低值水产品和加工副产物的高值化开发，加强海洋药物、功能食品和海洋化工的开发。根据国际、国内市场的需求，调整产品结构，推进淡水鱼、贝类、中上层鱼类、藻类加工体系的建立，积极发展高营养、低脂肪、环保型水产食品。加快水产品批发市场和冷链系统建设，实现产地和销地的市场、冷链物流有效对接，加强水产品市场建设和管理，发展水产品精深加工，尤其是开发与利用冷冻鱼糜，开发高档新产品、复合制品和水生生物保健品等高附加值产品。强化水产品市场信息服务，积极培育大型水产网络交易平台，引导开展水产品电子商务，推动单一的传统营销方式向多元化现代营销方式转变。重点抓好淡水鱼类、海水中上层鱼类加工综合利用、贝类净化加工等的基地和配套冷链设施建设。不断提高精深加工产品出口的比重，进一步开拓国际市场。全面提升水产品质量安全水平，应对水产品质量安全问题必须实现从池塘到餐桌全程监控，逐级分段管理，加强水产品标准体系建设，全面推行 HACCP 管理系统，制定、修订一批水产品质量、品种、生产技术、生态环境等标准，不断开发新的检测和预防技术。

（二）本学科未来五年发展的重点领域与优先方向

依据国内的实际现状、国外的发展水平和科技产业的发展需要，水产品加工与贮藏工程建议开展以下专题方向研发：水产品质量安全控制及风险评估，水产品从池塘到餐桌整个流程的控制，水产品食用安全风险评估，新型农残及有害微生物高效检测技术开发，新型有害微生物预防控制技术；长时间、长路径条件下水产品保活保鲜，我国水产品主要集中在东部沿海，消费市场扩展到全国必然要提高水产品保鲜技术；另外我国远洋捕捞业迅速发展，优质高档的远洋性鱼类保鲜价值巨大，但大型鱼类急速冻结处理难度巨大，小型高效船用保鲜加工设备研制困难，这是需要继续解决的问题，例如，大洋性金枪鱼围网捕捞与超低温保鲜关键技术研究等；中上层小型高产多脂性鱼类的有效开发利用技术，小型多脂性鱼类传统上归为低值鱼类，事实上其营养保健价值反而更高，控制其氧化酸败的品质变化是技术关键，例如，竹筴鱼资源高效利用关键技术研究，鱿鱼资源捕捞与加工技术开发等；鱼糜加工与利用技术，鱼糜制品约占水产加工总量的 5.6%，市场巨大，可提高方面有鱼糜原料适性、鱼糜加工新工艺、鱼糜新产品、鱼糜品质提高技术、鱼糜中间素材的产品化、鱼糜制品的市场经营与开拓；贝类保活和净化技术与装备，主要养殖贝类的保活流通、确保安全减少污染的高效净化处理是技术关键；虾类精深加工技术，方便冷冻调理食品，改变国内冷冻虾仁单一品种的现状；海产品废弃物综合利用技术，水产品加工过程中产生大量不可食用的废弃物，可从中提取胶原蛋白、活性多肽、多糖、动物钙源等功能性物质，其充分而高效的开发与利用不仅可转废为宝、减少污染，而且可洁净生产、增加产品附加值；藻类的新功效开发与利用技术，功能性食品、新型能源、藻类化工等；海洋功能活性物质的有效开发，特异蛋白质、氨基酸、活性肽、具有高度活性的脂类和类脂物、多糖、生物碱、毒素、氨基多糖等；高新技术在海产品保鲜加工与综合利用上的应用，生物技术、膜分离技术、微胶囊技术、新型保鲜技术、微波能及微波技术、超微粉碎、真空技术、电解水杀菌和天然活性物质保鲜等。

（三）本学科未来五年发展的战略思路与对策分析

联合国营养组织在 2001 年初将鱼肉确定为人类 21 世纪最佳动物蛋白质来源，全世界有 10 亿多人将鱼类作为主要的动物蛋白质来源，世界 56% 的人口摄入的动物蛋白质中至少有 20% 取自鱼类，水产品在改善人们膳食和营养结构中的作用越发明显。随着我国经济的快速发展及渔业产业化的迅速发展，中国渔业已经进入了一个高速增长、战略调整、品牌提升和国际化的新时代；同时，世界渔业资源不断萎缩，各国渔业资源争夺激烈，矛盾不断升级。

2012 年我国城镇化比率达 52.57%，工业化已进入后期，人口已趋近最高峰，耕地保护形势日趋严峻，粮食安全保障任务十分艰巨。由于水产动物具有饲料转换率高、水产养殖占地少、而海洋生物资源具有可再生的优势，同时在改善人们膳食和营养结构中的作用明显，所以渔业在我国未来大粮食安全体系的构建中将发挥更加重要的作用。作为渔业捕捞、水产养殖的延续，水产品加工业是连结水产养殖与高附加值水产品市场的桥梁。随着经济的快速发展，我国人民的生活质量不断提到，膳食结构不断完善，对水产品的需求不断提高，对水产品的品质要求也不断提到，这对水产加工业提出了新的要求。

水产食品加工是实现渔业增值、产业升级的重要措施，是我国渔业经济持续发展的需求和唯一的出路，也是我国走向渔业强国的潜力所在和必要前提。我国水产加工业的发展趋势是向高附加值、高质量安全品质、高市场占有率、高出口创汇的"四高"方向发展。水产品加工业的主要任务是促进加工业优化升级，以大宗水产品、低值水产品精深加工和废弃物的综合利用为重点，采用先进加工技术和加工方式，提高水产品加工产业化水平，增加产品科技含量，改变产品形态，开发创立优质名牌产品，提高水产品附加值；推进现代物流体系建立，创新水产品运输方式，开发水产品保鲜运输新技术；拓展国内外市场空间，培植和引导一批具有活力的水产品加工龙头企业，通过加快企业技术改造，促进适销对路的加工新品开发，对外增加出口、对内满足各消费层次的需要；建立健全水产加工企业的产品质量保证体系。

水产品加工及贮藏工程学科在国家"十二五"新的战略机遇期，具有前所未有的发展潜力，也将面临新的更多挑战。我们必须加大水产品加工及贮藏工程学科的建设力度，推进由渔业大国向渔业强国的转变，加强我国水产品加工业基础科学与新技术研究，提高水产品加工业源头创新能力。着力开发和利用丰富的水产资源，推广和应用新型水产品加工技术，研制与开发新型功能性水产食品，完善和提高水产品质量安全控制和风险评估，大力开展食品产业重大共性技术与核心关键技术及装备开发研究，提升我国食品产业核心竞争力，支撑食品产业可持续发展。

参 考 文 献

［1］农业部渔业局. 2012 中国渔业统计年鉴［M］. 北京：中国农业出版社，2012.

［2］中华人民共和国农业部. 全国渔业发展第十二个五年规划（2011—2015年）［S］. 北京：中华人民共和国农业部，2011.

［3］中华人民共和国科技部. 2010年中国科学技术发展报告［M］. 北京：科学技术文献出版社，2010.

［4］中华人民共和国科技部. 国家中长期科学和技术发展规划纲要（2006—2020）［S］. 北京：科技部，2006.

［5］中华人民共和国科技部. 食品产业科技发展"十二五"重点专项规划［R］. 北京：科技部，2012.

［6］Gutierrez Nicolas L.，Hilborn Ray，Defeo Omar. Leadership，social capital and incentives promote successful fisheries［J］. Nature，2011，470（7334）：386–389.

［7］励建荣. 生鲜食品保鲜技术研究进展［J］. 中国食品学报，2010（4）：869–877.

［8］潘迎捷. 食品安全监管要"三链合一"［N］. 解放日报，2011，6（16）.

［9］潘迎捷，增井好男. 日本水产业概论（中文）［M］. 陕西：西北农林科技大学出版社，2010.

［10］潘迎捷. 水产品的安全面临挑战（2012年国际食品安全论坛）［R］. 北京：中国食品科学技术学会，2012.

［11］Christian N，Geisser RW，Carreira EM Total synthesis of a chlorosulpholipid cytotoxin associated with seafood poisoning［J］. Nature，2009，457（7229）：573–576.

［12］马丽萍，姚琳，周德庆. 食源性致病微生物风险评估的研究进展［C］// 农产品质量安全与现代农业发展专家论坛论文集，北京：中国科学技术协会，2011.

［13］朱兰兰，赵晓君，周德庆，等. 南极磷虾中氟的研究进展［J］. 农产品加工，2012（3）：24–25.

［14］Smith MD，Roheim CA，Crowder LB Sustainability and Global Seafood［J］. Science，2010，327（5967）：784–786.

［15］张晓燕，刘楠，周德庆. 螺旋藻食品质量安全现状与分析［J］. 包装与食品机械，2012（4）：50–53.

［16］张岩，吴燕燕，李来好. 酶法制备海洋活性肽及其功能活性研究进展［J］. 生物技术通报，2012（3）：42–48.

［17］李来好，王国超，郝淑贤，等. 电子鼻检测冷冻罗非鱼肉的研究［J］. 南方水产科学，2012（4）：1–6.

［18］胡晓，孙恢礼，李来好，等. 我国酶解法制备水产功能性肽的研究进展［J］. 食品工业科技，2012（24）：410–413.

［19］程琳丽，李来好，马海霞. 罗非鱼的保鲜研究进展［J］. 食品工业科技，2013（11）：372–375.

［20］Woon RS，Kim KH，Nam YD. Investigation of archaeal and bacterial diversity in fermented seafood using barcoded pyrosequencing［J］. Isme Journal，2010，4（1）：1–16.

［21］姜启兴，夏书芹，夏文水. 我国食品专业现状比较分析初探［J］. 中国轻工教育，2010（2）：10–12.

［22］夏文水，许艳顺. 淡水鱼糜生物发酵加工技术研究进展［J］. 科学养鱼，2010（12）：45.

［23］李鹏亮，姜晓东，汪秋宽，等. 海带岩藻聚糖硫酸酯超滤分离工艺研究［J］. 食品科技，2013（8）：236–239.

［24］刘舒，汪秋宽，何云海，等. 厚叶海带生物活性成分的研究现状［J］. 水产科学，2013（6）：361–367.

［25］Ghanbari M，Jami M，Domig K J. Seafood biopreservation by lactic acid bacteria–A review［J］. LWT–Food Science and Technology，2013，54（2）：315–324.

［26］励建荣，王丽，张晓敏，等. 近红外光谱结合偏最小二乘法快速检测大黄鱼新鲜度［J］. 中国食品学报，2013，（6）：209–214.

［27］王晓东，周大勇，朱蓓薇，等. 黄海胆棘壳色素理化性质和稳定性的研究［J］. 食品科学，2012，（1）：44–48.

［28］王小利，朱蓓薇，董秀萍，等. 虾夷扇贝贝糜冻藏过程中部分理化性质的变化［J］. 食品科学，2012，（4）：267–280.

［29］金文刚，吴海涛，朱蓓薇，等. 响应面优化虾夷扇贝生殖腺多肽 –Ca^{2+} 螯合物制备工艺［J］. 食品科学，2013，（16）：11–16.

撰稿：潘迎捷　王锡昌　赵　勇

畜产品贮藏与加工学科的
现状与发展

一、引言

    畜产品贮藏与加工以现代动物科学、化学、物理学、工程学为基础，结合现代高新技术，以畜产食品加工与制造为主，同时涵盖副产物综合利用、皮革、毛纺织等方面。现今的畜产品贮藏与加工业已不再是单纯的产品（主要是食品）加工，而是涉及畜产品原料的生产（农业）、烹饪调理、物流、销售、消费等产业链各环节，通过对畜产品原料实行严格的源头质量安全控制，再加工重组以确保畜产食品的安全、健康、方便、美味，并能进行机械化、自动化的大规模生产的畜产品加工制造业。畜产品贮藏与加工学科是一门理、工、农相结合的应用型学科，随着科技的迅猛发展传统的畜产品贮藏与加工学科的技术基础正向着生物、工程、信息等现代高新技术方向发展。

    我国畜产品贮藏与加工学科是新中国成立后从农业院校逐步发展起来的新兴学科，相对于粮油和果蔬等植物性农产品贮藏与加工学科起步较晚。随着 20 世纪 80 年代中期开始我国畜牧养殖业和食品工业的快速发展，畜产品贮藏与加工学科才较快完善起来，水平不断提高。世界上该学科最早源于美国，如肉品科学和乳品科学，也是美国食品科学学科的摇篮和基础，美国威斯康星大学 1893 年开设乳品课程，明尼苏达大学 1894 年开设肉品课程，许多欧洲国家大学食品学科设置也效仿美国。由于欧美发达国家畜牧业尤其发达，产值占农业总产值的比重远超过 50%，畜牧业成为农业战略主导产业是发达国家的普遍规律，因此，畜产品贮藏与加工学科在这些国家的整个食品学科中具有举足轻重的地位。最近 10 年，我国畜牧业总产值年均增速远高于农业总产值的年均增速。预计到 2015 年，畜牧业总产值比重将达到 36%，相对于世界平均水平和发达国家水平，我国畜牧业在农业中的比重还比较低，有较大提升空间。未来 20 年，我国畜牧业将实现重大战略转型，在农业中率先实现现代化，成为保障食物安全和促进农民增收的支柱产业，成为促进国民经济协调发展的基础性产业。为此，国家应明确畜牧业在现代农业中的战略主导地位，以畜牧业和畜产品加工业为重要核心，加快农业经济结构调整。未来 10 年内，国家应进一步加大投入，加快现代畜产品贮藏与加工科技创新和学科发展，壮大畜产品加工龙头企业，这对促进畜产品生产、发展农村经济、繁荣稳定城乡市场、满足人民生活需要、保证经济建设与改革的顺利进行，发挥着重要作用。做大做强我国畜产品贮藏与加工业，对于满足中国居民对畜产品日益升级的需求，提高畜牧业资源的利用效率，提升中国畜产品的国际竞争力具有十分重要的意义。

二、畜产品贮藏与加工学科近年的最新研究进展

（一）学科建设

1. 产业背景

畜产品贮藏与加工业是畜牧业产业化不可或缺的重要环节，它的发达程度成为现代畜牧业与传统畜牧业的重要区别。截至2011年年底，我国规模以上（年主营业务收入2000万元以上）屠宰及肉类加工企业3277家，从业人员90.5万人（规模以上食品工业企业总从业人员682.8万人），新增就业9.7万人；实现工业总产值9233.56亿元，同比增长33.2%（食品工业总产值同比增长31.6%），占全国食品工业总产值的11.8%。猪肉价格仍是影响居民消费价格指数（CPI）涨跌的主要因素；规模以上乳制品加工企业643家，完成工业总产值2361.34亿元，同比增长22.0%，占全国食品工业总产值的3.0%。蛋品和畜产副产物加工业也在以较高速度发展壮大。

2. 平台建设

截止2012年，我国畜产品贮藏与加工学科平台建设包括国家、部省级工程技术研究中心和实验室，国家或省级重点学科以及博士、硕士学位授予点、教育部目录外新本科专业或方向等。这些平台及分布如下：国家肉品质量安全控制工程技术研究中心（南京农业大学）、国家乳品工程技术研究中心（东北农业大学）、国家蛋品工程技术研究中心（德青源农业科技股份有限公司）、国家肉类加工工程技术研究中心（中国肉类食品综合研究中心）、肉品加工与质量控制企业国家重点实验室（江苏雨润食品产业集团有限公司）、食品科学与技术国家重点实验室（江南大学和南昌大学）、农业部农产品加工综合性重点实验室（中国农业科学院农产品加工研究所）、农业部畜产品加工重点实验室（南京农业大学）、教育部肉品加工与质量控制重点实验室（南京农业大学）、教育部乳品科学重点实验室（东北农业大学）、教育部—北京市共建功能乳品重点实验室（中国农业大学）、教育部乳品生物技术与工程重点实验室（内蒙古农业大学）、中美食品安全与质量联合研究中心（南京农业大学和上海交通大学）、在申报的教育部国家食品安全与营养协同创新中心（江南大学、南京农业大学、东北农业大学）以及农业部国家农产品加工技术研发专业分中心（畜产品加工领域）。

3. 资金投入

2011—2012 年，在畜产品贮藏与加工学科方面，国家和省部级层面通过多层次、多渠道继续加大科技研发投入。基础研究包括国家"973"计划、国家自然科学基金、教育部新世纪优秀人才支持计划、博士点基金、协同创新基金、国家和省部级重点实验室基金、各省级自然科学基金等项目，共计投入约 900 万元。工程技术和装备研发研究包括来自国家科技部的"863"计划、国家科技支撑计划、农业科技成果转化基金、中小企业创新基金、星火计划、工程技术研究开发中心项目等，共计投入约 3900 万元。来自农业部的公益性行业科研专项、"948"计划、现代农业产业技术体系以及各省级科技计划项目，共计投入约 7500 万元。

4. 学术交流

2011—2012 年，本学科继续不断加强各种学术交流，交流规模和层次不断提高。期间参加的主要国际会议如下：2012 年 8 月 12 ~ 17 日，加拿大举办的第 58 届世界肉类科技大会；2011 年 8 月 7 ~ 12 日，比利时举办的第 57 届世界肉类科技大会；2011 年 6 月 11 日 ~ 13 日，联合国欧洲经济委员会（UNECE）第 20 届肉品专业委员会会议（日内瓦）；2012 年 8 月 5 ~ 9 日，巴西第十六届世界食品科技大会；2011 年 8 月 28 日 ~ 9 月 1 日，荷兰第 10 届国际乳酸菌会议；2012 年 7 月 21 ~ 22 日，第十届中国肉类科技大会（郑州）；2012 年 10 月 15 ~ 16 日，中国食品科学技术学会第九届年会暨亚洲食品业论坛（哈尔滨）；2011 年 5 月 27 ~ 29 日，第九届国际食品科学与技术交流会（杭州，ICFST）；2011 年 7 月 23 ~ 24 日，第九届中国肉类科技大会（大庆）；2011 年 11 月 2 ~ 4 日，中国食品科学技术学会第八届年会暨第六届东西方食品业高层论坛；2011 年 10 月 14 ~ 16 日，第十届中国蛋品科技大会（邯郸）；2011 年 6 月 11 ~ 13 日，第九届中国国际奶业展览会暨第二届中国奶业大会（合肥）。

从近两年来本学科领域举办的国内外会议的主题和内容来看，会议主要围绕畜产品加工、质量安全控制、消费健康及高新技术研究开发等领域展开，同时涉及环境、资源综合利用、消费心理及经济等多学科的交叉融合，使本学科领域研究范围呈现多元化发展趋势。

此外，国际相关行业权威、专家和学者也频繁互访，就畜产品贮藏与加工及产业领域的相关问题进行沟通和磋商，很大程度上推动了该学科领域的国际交流与合作。

（二）研究进展

1. 基础理论研究

从 2011—2012 年国家自然科学基金资助情况看，与畜产品贮藏与加工学科相关共有 32 个项目获得支持，其中肉品 19 项、乳品 10 项、蛋品 3 项。肉品基础理论研究集中在宰后成熟（如钙激活酶、蛋白质氧化、AMPK 活性、肌动球蛋白解离等）与肉品质的关系、凝胶变化规律及肉色、风味形成机理等方面；乳品基础理论研究集中在乳酸菌发酵对产细菌素、致敏因子、风味、蛋白特性及干酪加工的影响机制，特种奶如马奶、水牛奶、牦牛奶的加工特性等方面；蛋品基础理论研究集中在蛋清抗菌功能性蛋白质作用特性、鸡蛋劣化分子机制及物性学研究等方面。

从已发表的研究论文看，肉品方面重点研究包括：①细胞凋亡和肌动球蛋白对肌原纤维降解和肉质嫩度的影响。通过运用典型的凋亡诱导剂处理宰后肌肉，结果显示 caspase-3 活性的升高可以增加肌原纤维蛋白的降解。该研究首次用凋亡诱导剂诱使 caspase-3 升高，直接证明了 caspase-3 与宰后肌肉肌原纤维降解的关系，并且初步阐明了 calpain 和 caspase-3 在宰后肌肉成熟中的协同作用；②超高压处理对肌球蛋白凝胶性质影响及其机理，证明超高压改变肌球蛋白的高级结构，有利于蛋白质和蛋白质之间的相互作用进而形成凝胶；氧化对肌原纤维蛋白质凝胶特性的影响，证明低浓度氧化可使凝胶特性得到改善，剧烈的氧化会使凝胶保水性显著下降；酪蛋白酸钠和肌原纤维蛋白的竞争性吸附乳化作用及其对低饱和脂肪 - 蛋白质乳化体系的影响；③夏季高温热应激与肉品质的关系，结果表明热应激对肉品质产生了负面影响，易于产生 PSE 或类 PSE 肉，使得肉肌浆蛋白，肌原纤维蛋白及总蛋白溶解性显著降低，其肌球蛋白和肌浆蛋白稳定性降低；④采用顶空固微萃取（或蒸馏萃取法）—气相色谱—质谱法对酱卤肉制品的挥发性风味物质进行测定，确定主体特征风味物质；⑤肉食源性致病菌的污染分布及其安全特性评价，主要集中在致病菌的污染调查、分子分型、菌体耐药、交叉转移、杀菌控制技术和定量风险评估等方面，以及肉品中腐败菌和致病菌预测模型，确定了相应的生长动态函数和方程等。

乳品方面重点研究包括：①采用 16S rRNA 序列和 DGGE 分析对乳酸菌新菌种的分离与鉴定；②益生菌（L. casei Zhang、L. delbrueckii subsp. bulgaricus）的低酸应激及适应机制及基因组学和蛋白质组学；③乳中蛋白质的加工或各种高新技术处理的流变学和微观影像学；④乳蛋白质降解所得活性肽的分离、结构和功能特性包括抗氧化性、抑菌性、免疫活性；⑤乳中腐败微生物的致腐机理和致病微生物的致病机理；⑥不同动物乳的成分、理化特性及加工性能比较研究等。

蛋品方面重点研究包括：①蛋中各种蛋白质降解所得活性肽的分离、结构和功能特性；②蛋孵化过程中蛋清蛋白质变化的蛋白质组学；③蛋中蛋白质与其他来源蛋白质或成分的相互作用及纳米结构；④禽蛋胆固醇营养调控机制及其禽蛋脂质组分研究；⑤鸡蛋液流变学特性等。

2. 技术研究领域

2011—2012 年启动的国家"863"计划现代农业技术领域共有 5 个主题项目立项，与畜产品贮藏与加工学科相关共有 12 个课题获得支持。非热加工技术，又称"冷加工"技术，由于具有杀菌温度低、保持食品原有品质好、对环境污染小、加工能耗与排放少等优点，契合了当今社会绿色、环保、低碳、健康的品质需求，主要包括超高压、高密度 CO_2、高压脉冲光、辐照、生物防腐等技术及相应的装备开发，用于畜产品贮藏与加工中的改性、嫩化、杀菌等，部分已进入产业化前期的中试阶段，以保证其品质和安全，延长货架期。发酵肉制品现代化加工关键技术研究与开发课题重点对现有乳酸菌发酵剂菌种性状通过基因重组进行了分子改良或选育了新的霉菌发酵剂，并进行了产品应用开发。通过采用可视芯片、基因条码、电子鼻、生物质谱等现代分析技术，对畜产品表征属性与品质进行了识别，涉及真实表征属性生物识别新技术、感官品质仿生识别技术、安全品质属性生物与仿生识别技术三个方面的技术研发与应用，改变了目前畜产品加工中的真伪鉴别、品种鉴定、产地鉴别、品质评价标准缺乏和指标混乱的局面，为促进我国畜产品加工产业又好又快发展发挥技术支撑作用。农业物联网和畜产食品质量安全控制体系可实现从畜产品从生产到销售和消费的全程监控的农业物联网体系架构，通过开发多终端自适应的信息展示和人机交互技术，构建低成本、高性能、开放和可扩展的农业物联网应用公共支撑平台，为畜产品质量安全控制提供技术支撑。基于代谢组学的物流畜产品保质减损技术，通过对猪肉、牛肉等大宗鲜活农产品的物料生物学特性和代谢组学特征、农产品物流环境的多参数优化与调控、保质减损综合技术等研究，明确其品质劣变和腐烂损耗规律，研制了畜产品物流微环境参数的精准调控技术，集成形成减少农产品物流品质劣变与损耗的综合控制技术体系。低温冷鲜动物源性食品生物危害物消减与控制技术课题主要研究了二氧化氯结合预冷、蒸汽烫毛、有机酸喷淋等在畜禽胴体肉上的减菌效果和冷链不间断技术，研究了畜禽屠宰加工生产链中致病菌的污染调查、ERIC-PCR（基因间重复序列—聚合酶链式反应）溯源和耐药性分析，以及屠宰工艺对致病菌造成热激损伤的修复—增菌条件；同时建立了致病微生物及毒素的检测方法，并在此基础上对加工工艺提出了具体的改进方案。

2012年启动的与畜产品贮藏与加工学科相关的国家"十二五"科技支撑计划项目是动物源食品安全加工科技工程，涉及课题有畜产品加工过程中质量安全控制技术研究、畜产品加工（生鲜调理肉品、蛋制品、新型乳制品）技术研发和产业化示范及共性关键技术研究等。质量安全控制技术方面的研究进展包括完成了肉及制品中部分致病菌高通量快速检测技术、建立了主要腐败菌、病原菌和产品货架期的预测模型、改善了快速冷却技术对出品率的不利影响。畜产品加工技术方面的研究进展包括超声波加快了调理肉品腌制速度、肉原料与植物蛋白和多糖辅料复配技术、气流冲击式冷冻技术具有高效节能的效果、开发了益生菌发酵乳和新型干酪产品、攻克了低温冷冻干燥和喷雾干燥加工专用蛋粉的关键技术、明确了传统蛋制品加工过程中内源酶的变化与风味特性的关系及品质控制技术、优化了宰后生鲜肉食用品质和传统畜禽肉制品风味品质调控技术。

通过2011—2012年农业部支持的"948"项目和公益性行业（农业）科研专项，引进和消化吸收了一批畜产品贮藏与加工技术，研制、集成并正在推广一些先进或轻简化技术。其具体包括肉类影像分级技术和高光谱胴体污染检测技术、水油混合式油炸技术、近红外光谱畜产品品质快速鉴别技术、微生物预报技术等。另外，在中式腌腊肉制品、传统乳制品现代化技术改造、畜禽宰前动物福利技术、宰后减损技术、禽蛋高效清洁分级及加工贮运关键技术、鸡蛋胚珠结构和孵化信息早期无损检测与应用开发、冷杀菌及终端产品开发等方面都取得了较大的进展。如采用安全的表面活性剂结合生物酶等研制出鲜蛋高效清洁消毒剂，采用纯天然的植物提取物为主研制出乳化性、油溶性等洁蛋涂膜保鲜剂，配套研发的洁蛋生产机械，洁蛋加工实现工厂化生产与市场销售，市场反响良好。与畜产品加工有关的现代农业产业技术体系重点解决产业急需的技术问题，如以鸡蛋清为原料，采用膜技术、色谱技术对溶菌酶进行有效提取，确定其技术参数，溶菌酶活力保持在 20000 单位以上。以生物酶法水解蛋清蛋白质，优化水解参数，对产品进行精制，并进行生产，可使鸡蛋蛋清蛋白质水解成分子量 70% 以上为 300 ~ 1000Da 的寡肽，且水解产物氮回收率大于 60%，提高其生物活性和利用率。

从 2011—2012 年我国学者发表的畜产品贮藏与加工方面的 SCI 和 EI 研究论文看，主要侧重于：高新技术如超高压、脉冲光、超声波、高压电场、等离子体、活性包装、可食性膜等处理对畜产品中蛋白质结构、脂肪氧化、致病或腐败微生物致死效果、酶活性的影响以及改善食用品质、加快加工效率的作用；新型高效检测技术如酶联免疫（ELISA）、高压液相色谱—串联质谱（HPLC–MS–MS）、聚合酶链反应（PCR）、近红外光谱等对畜产品及食品中农药、兽药、激素、微生物及毒素的多重测定用于风险评估和控制、溯源和鉴伪等（见表 1）。

表 1　畜产品贮藏与加工领域 SCI 源期刊上发表论文情况

	2011 年			2012 年		
	论文总数（篇）	中国论文数（篇）	中国占比（%）	论文总数（篇）	中国论文数（篇）	中国占比（%）
肉品贮藏与加工	3559	242	6.80	4319	323	7.48
乳品贮藏与加工	6925	492	7.10	8139	687	8.44
蛋品贮藏与加工	6308	499	7.91	7352	709	9.64
畜禽副产物贮藏与加工	6489	568	8.75	7543	715	9.48

注：数据来源于 ISI Web of Science 数据库。

3. 科技成果

与畜产品贮藏与加工科技有关的成果奖励主要有：国家科技进步奖、教育部科技进步奖、中国商业联合会科学技术奖、中国食品科学技术学会科技创新奖、神农中华农业科技奖以及各省（直辖市、自治区）科学技术奖（或科技进步奖、技术发明奖）等奖励。有代表性的获奖项目见表 2 所示。

表2 2011—2012年与畜产品贮藏与加工相关的项目获奖情况

奖 项 名 称	成 果 名 称
2012 年国家科技进步奖	食品安全危害因子可视化快速检测技术
2011 年国家科技进步奖	工业产品中危害因子高通量表征与特征识别关键技术与应用
2012 年教育部科技进步奖	高效直投式乳酸菌发酵剂工业化制备关键技术及在发酵食品中的应用
2011 年教育部科技进步奖	奶及奶制品中重要化合物残留检测技术及应用
2011 年教育部科技进步奖	动物源性食品质量检测方法和可追溯技术研究与集成示范
2011 年教育部科技进步奖	益生菌 Lactobacillus casei Zhang—从基础研究到产业化开发
2012 年中国商业联合会科学技术奖	硫酸软骨素
2011 年中国商业联合会科学技术奖	台湾烤肠加工关键工艺研究与产业化
2011 年中国商业联合会科学技术奖	优质出口肠衣综合利用关键技术研究与产业化开发
2012 年中国食品科学技术学会科技创新奖	冷却肉质量安全保障关键技术及装备研究与应用
2012 年中国食品科学技术学会科技创新奖	主要农产品溯源技术研究与应用
2011 年中国食品科学技术学会科技创新奖	特色乳品加工关键技术研究与产业化集成创新
2011 年中国食品科学技术学会科技创新奖	高效食品发酵剂制造技术创新及产业化应用
2012 年河南省科技进步奖	动物及动物产品药物残留监测关键技术研究与应用
2012 年河南省科技进步奖	冷藏陈列柜食品传热机理及节能技术
2011 年河南省科技进步奖	禽肉质量安全分析评价关键技术
2011 年河南省科技进步奖	动物性食品中糖皮质激素类药物残留危害控制关键技术
2011 年河南省科技进步奖	农产品冷藏物流过程品质动态监测与跟踪系统
2012 年江苏省科技进步奖	冷却肉质量安全保障关键技术及装备研究与应用
2012 年江苏省科技进步奖	动物源性食品产业链中重要致病微生物检测及溯源技术研究与应用
2012 年江苏省科技进步奖	食品安全快速检测关键技术及其应用
2011 年江苏省科技进步奖	益生菌及其发酵乳加工关键技术及产业化
2012 年山东省科技进步奖	纳米多孔材料在食品污染物传感技术中的研究与应用
2011 年山东省科技进步奖	基于生物技术的阿胶质量标准研究
2012 年北京市科学技术奖	纳米磁珠多肽指纹图谱检测与生物信息系统的研究
2011 年北京市科学技术奖	食品化学污染物限量标准和检测技术
2011 年北京市科学技术奖	新型乳制品加工关键技术研究与产业化应用
2012 年上海市科学技术奖	高品质特色奶酪及酸乳的产业化开发与关键技术
2011 年上海市科学技术奖	重要食源性致病病原体及危害因子快速检测关键技术及在突发疫情处置中的应用

奖 项 名 称	成 果 名 称
2011 年上海市科学技术奖	饲料和畜产品安全关键检测技术标准的研制和推广应用
2012 年重庆市科技进步奖	动物源性食品中磺胺增效剂等兽药残留系列检测技术标准研制及其在食品安全中的应用
2012 年广东省科学技术奖	供港食品安全预警与产地全程溯源的质量控制
2012 年广东省科学技术奖	粤式传统腊味肉制品现代化加工与安全控制关键技术及产业化
2012 年度湖北省技术发明奖	兽药残留快速检测技术及产品发明与应用
2012 年度湖北省科技进步奖	传统蛋制品现代加工技术与装备研发及产业提升示范
2012 年度湖北省科技进步奖	干酪乳杆菌发酵乳制品研究与开发
2012 年内蒙古自治区科技进步奖	乳铁蛋白型舒化奶技术开发项目

2011—2012 年间开始实施的与畜产品有关的新标准近百项，内容包括国际标准、国家标准、行业标准及推荐标准等，涉及技术规范、产品分类、加工技术、检测方法、卫生安全、包装、添加剂等。本学科领域专家主导或参与起草并已发布实施的国家或行业标准20 多项；主持完成了《GB 14963—2011 食品安全国家标准 蜂蜜》《GB 2760—2011 食品安全国家标准 食品添加剂使用标准》《GB 7718—2011 食品安全国家标准 预包装食品标签通则》《GB/T 26604—2011 肉制品分类》；2011 年牵头制定了《UN/ECE 鹅肉标准》。《畜产品加工学》（中国农业出版社）被评为 2011 年国家精品教材;《食品包装学》获得 2011年度中华农业科教基金会优秀教材奖。

（三）在产业发展中的重大应用与效益

从乳品获奖情况看，成果主要集中在益生菌发酵剂及其发酵产品开发方面。如内蒙古农业大学张和平团队，完成了益生乳酸菌 *L. casei* Zhang 的高密度发酵，可获得 2×10^{11} cfu/g 以上活菌数的高活力发酵剂，达到了国际同类产品水平。利用 *L. casei* Zhang开发了益生菌酸奶、益生菌活性乳饮料、益生菌干酪等，与内蒙古普泽生物制品有限责任公司进行技术合作，完成了 *L. casei* Zhang 发酵剂的产业化生产，填补了我国自主知识产权乳酸菌发酵剂生产的空白；与青岛君益食品有限公司合作，开发 *L. casei* Zhang 植物性益生菌饮料——"百益多"，其产品中活菌数可达 580 亿 /100mL 以上，是我国市场上益生菌饮料中最高活菌数的 5 倍，且在货架期内活菌数一直保持不变；与内蒙古伊利集团合作，成功地将益生菌 *L. casei* Zhang 应用于"QQ 星"儿童益生菌乳饮料、"U 益"、"轻果激扬"活性乳酸菌饮料的生产，一举打破了多年国外乳酸菌菌种在我国乳品企业的垄断局面。

肉品方面，周光宏团队完成的冷却肉质量安全保障关键技术及装备研究与应用成果，集成国家农业科技成果转化资金项目、"九五"、"十五"科技攻关项目、自然科学基金等

10 多项科研课题成果，揭示了冷却肉品质形成和变化规律，确定了品质控制关键点，研发出冷却肉品质控制关键工艺和技术以及屠宰加工关键装备，有效解决了异质肉发生率高、冷却干耗大、货架期短等重大技术难题，使 PSE 肉发生率降低近 50%，预冷损耗下降近 50%，牛肉剪切力值下降 53%，胴体表面初始菌数控制在 104 cfu/g 以下，有效提高了冷却肉食用品质和卫生安全性。本项目成果在雨润集团、苏食集团等全国范围内 30 余家肉类企业得到应用，显著提高了相关企业的生产技术水平、工艺现代化程度以及产业化规模。项目的实施为我国生鲜肉生产消费由热鲜肉向冷却肉的转变升级提供了重要技术支撑，为推动我国肉类产业发展做出了重要贡献。

从畜产品加工安全检测获奖情况看，成果主要集中化学药物、致病微生物的快速检测和溯源方面。如中国农业大学和中国疾病预防控制中心沈建忠和吴永宁团队针对我国动物性食品中药物残留和化学污染物的普遍性及危害程度，选择氯霉素和二噁英等 40 余种重要化合物为研究对象，研究建立检测方法标准和快速检测试剂盒产品。经中国兽医药品监察所等 7 个单位复核验证，试剂盒检测性能达到国外同类产品水平。研制出的试剂盒产品均具有我国自主知识产权。试剂盒产品已应用于国家兽药残留监控计划、卫生部食品安全行动计划、农业部无公害食品行动计划和 10 余个省市的残留检测工作。项目成果不仅为动物性食品中药物残留和化学污染物的监控和进出口检测提供了技术手段和方法标准，也打破了国外技术垄断，促进了我国残留检测产品行业的发展，提升了我国在残留检测领域的国际地位，同时为其他药物残留快速检测产品的研制奠定了基础。东北农大迟玉杰教授团队以新鲜鸡蛋清液为原料，通过发酵除糖、超滤浓缩、喷粉、包装等生产工艺，满足蛋清粉产品特性要求，凝胶强度在 1100g/cm^2 以上，产品能耗降低 20% ~ 30%，产品成本降低 5% ~ 10%。本技术解决了生产中鸡蛋蛋白粉产品凝胶性低、生产周期长、能耗大、成本高的问题。

三、畜产品贮藏与加工学科国内外研究进展比较

（一）国外研究进展、动态与趋势

1.国外产业发展状态

发达国家大多畜牧业所占农业产值比重大，一般超过 50%。通过制定畜产品加工产业政策，鼓励建立以加工业为核心的畜牧业产业化市场机制，重视物流体系建设，积极创造产品发展和竞争条件，改变以农业生产为核心的传统体制，90% 以上的畜产品经过工业加工后进入消费市场。

目前，发达国家进一步强化以畜产品贮藏与加工业为中心带动全产业链运作，形成产业集中度高、产品深加工率高、机械自动化程度高的发展特征。通过"企业主导型"研发机制支撑产业可持续发展，科技成果转化率普遍超过 50%。畜产品贮藏与加工企业重视全

球市场需求和科技发展趋势，不断加大人力资源和研究平台投入，围绕动物福利、畜产品安全与健康、环境友好、能源节约、资源利用与增值、信息与自动化等热点开展研究，超前开发相应高新技术和装备，并及时应用于产业，或作为下一代的技术储备。国外大学和研究机构特别重视企业技术需求和现实问题，而企业则积极与大学结合，加大研发投入，有针对性地进行新产品开发、技术装备开发与市场推广。科学最终通过技术和工程装备等而转化为生产力，实现其价值。大学和研究机构研究经费的 70% 来自协会和企业，持续而充足，这种合作共赢的模式加快了技术创新和成果转化的速度和效率，是发达国家加工产业保持持续核心竞争力的源泉。国外加工企业均拥有强大的研发机构或研发团队，他们开展信息搜集和交流、技术研发、工程设计、项目合作、教育培训、市场预测等工作，形成了高效的研发组织和机制。

2. 国外研究进展

国外该学科应用基础研究集中于畜产品贮藏与加工品质与安全控制方面，主要涉及天然添加物、理化或微生物污染源、加工或包装条件、新技术等对品质与安全的影响；技术研究进展则主要集中在开发无损检测、溯源鉴真、风险控制等方面。

应用基础研究包括：动物福利因素对畜产品后处理过程中品质变化的影响；不同加工或包装方式（高效传热传质、非热加工、包装条件或材料、天然添加物）对畜产加工品微生物、理化指标、感官特性、抗氧化活性、货架期等品质和安全指标的影响；畜产品中蛋白质在贮藏与加工过程中的功能特性或肽活性；畜产品加工过程中多组分互作的流变学；危害物的残留状态及风险评估；各种常见致病微生物在畜产品及其制品中的感染源、发生率、患病率、污染途径、流行病学等。

技术研究包括：无损检测技术如近红外光谱、高光谱成像、计算机视觉在品质和安全方面的应用；追溯和鉴真技术如物联网、生物芯片、应用代谢组学的研究；风险控制技术主要集中在开发新的或快速的检测方法及应用新型的贮藏与加工技术如全自动酶联免疫分析法、聚合酶链反应（PCR）技术、多位点可变数量串联重复序列分析（MLVA）技术、高压或高密度 CO_2 处理等。

3. 国外研究趋势

加强生物科学与技术与该学科的交叉研究：包括肉品摄食在人类进化过程中的作用；乳品和蛋品喂养在人类婴幼儿发育过程中的作用；畜产食品消化和营养生理及组学研究；营养过剩和肥胖问题研究；畜产食品及酶降解产物对益生菌的作用；畜产食品及降解产物活性物质分离提取及结构、功能研究；分子生物学、免疫学手段等在畜产食品溯源、鉴真及安全方面的应用研究等。

（1）注重与环境、资源相关的研究

基于对环境问题的关注，国外学者已开展了包括畜产食品在内的食品供应链碳足迹研究，并提出加强低碳食品技术研发，构建低碳食品体系；畜产品及加工制品供应链中造成

的环境污染、动物疫病和食品安全风险评估和控制也成为研究的热点；有机食品相关研究也愈加重视；畜产副产物以及餐厨垃圾等资源化利用技术方兴未艾。

（2）强化新兴技术研究和新研究方法的应用

继续深入研究新兴贮藏与加工技术如可食性膜、非热加工、真空冷却等对畜产食品质量与安全的影响；研究高压微射流均质、微胶囊包埋对微观粒子的作用；深入开展纳米技术的应用；通过先进研究手段如原子力显微镜加强畜产品及加工制品微观世界的研究；积极开发特殊工程（如航天、远洋、深海）或特殊营养人群（如运动员、病人）所需的畜产食品加工技术。

（二）我国与国际水平的比较

1. 问题分析

我国畜产品贮藏与加工学科研究水平与国外比较仍存在很大差距，除了该学科在我国研究历史短、科技投入不足等影响因素外，下列问题也不容忽视。

（1）未形成职业科学家或工程师队伍

一方面，我国从事畜产品贮藏与加工学科研究的科学家和工程师数量与快速发展的产业比较相对不足；另一方面，现有的诸多科学家和工程师往往身兼数职，心思和精力用于科研的比例较低，课题研究大多依赖学生完成，自己对所从事的研究领域愈加不熟悉。因此，这种未形成职业的科学家或工程师队伍的学科研究水平与国际同行相比将受到较大影响。

（2）创新团队结构不合理、实验室效率低下

相比国外，我国该学科创新团队结构不合理，学科组内成员凝聚力较差。实验室资源得不到共享或不能充分发挥应有的作用，设备利用率较低；实验室效率低下，成果产出不尽理想。

（3）研究方向宽泛、深度不足

由于受科研经费资助机制的影响，我国该学科研究人员往往将自己的研究方向定位在较大而宽泛的范围，这样造成的后果是研究持续性不够、深度不足，难以在国际上形成比较有权威的学术影响。

（4）跨学科交叉研究偏少

由于现实和未来的诸多挑战异常复杂，国际上的许多新发现或发明愈来愈来自于跨学科交叉研究的成果。我国该学科研究人员大多还局限于学科内部的微观性选题，宏观性或跨学科交叉性命题与国际学者、专家相比偏少。

（5）工程化技术和装备研究薄弱

与德国、日本、荷兰等国家相比，该学科在我国无论是教育还是科研方面，避重就轻现象严重，工程化技术和装备基础和产业开发都较薄弱。首先与我国科研评价机制不尽合理相关，其次与思想观念误区有关。长期以来，杰出科学家在国人心目中与卓越工程师还是有分别的。

2. 经验借鉴

（1）科技引领

发达国家各社会角色普遍重视科技在国民经济和社会发展中的引领作用，纷纷推出大型科技研究推动计划。美国农业部下属的国家食品和农业研究所（NIFA）负责推动农业和食品研究计划（AFRI），涉及食品安全、食品营养等领域项目。美国总统科技顾问委员会建议在2014财年，AFRI基金规模由2.56亿美元增加到5亿美元（60%用于基础研究，40%用于应用研究）。

2012年年底，欧盟委员会公布了"地平线2020"科研规划，实施时间自2014—2020年，预计耗资800多亿欧元，设立了3个战略目标：卓越的科学（基础研究）、工业的领袖（应用技术研究）以及社会的挑战（影响欧洲人生活的民生、环境、能源等科技）。该规划特点是重视创新链的支持以及强调基础研究对创新能力提升的关键基础作用。对我国的启示主要是提高科研与创新投入的效益、扩大基础研究的投入、加强对中小企业的支持、加强产学研合作。

（2）企业主导

发达国家产业部门的研发方向则以技术和工程装备为主，以"企业主导型"为特征，即企业在应用研究、技术开发、技术改造、技术引进、成果转让及研发经费配置使用和负担中居于主导地位，研发的主力军主要分布在企业，政府承担的研发成本应成为对企业的有效补充，并为企业研发创造良好的外部环境。丹麦企业（SFK-Danfotech）和研究机构（DMRI）合作研发智能化生猪屠宰加工设备和生产线；荷兰梅恩食品加工技术公司（Meyn）则致力于肉鸡屠宰加工自动化机械制造；美国卓缤技术公司（JBT）和德国基伊埃集团食品公司（GEA）分别以供应肉品和乳品深加工工程装备而著名。

（3）形成优势和特色

总体上说，国外大多数国家，尤其欧美发达国家畜产品贮藏与加工学科在本国食品科学与技术学科（一级学科）中占有极其重要的地位，这与它们发达的现代畜牧业和动物源食品饮食结构密切相关。各国的不同大学、科研机构根据自身的资源禀赋条件、历史文化积淀、研发经费来源，定位该学科的应用基础或技术研究方向。美国各州立大学（如德克萨斯农机大学、北卡莱罗纳州立大学等）农学院的相关系和农业部的相关研究所重视牛肉或鸡肉的质量分级、安全控制技术研究；英国一些大学（如诺丁汉大学、瑞丁大学、布里斯托大学等）则相对加强牛奶加工的应用基础研究、动物福利研究、生物技术在该学科中的应用研究等；荷兰组建的大学和科研联合机构（如瓦赫宁根大学和研究中心）由9个研究所和两所大学合并，侧重于生物工程研究与开发。通过以上分工协作，形成各自竞争力强的优势和鲜明的特色。

四、本学科发展趋势及展望

（一）学科发展战略需求

为适应我国农业结构未来 10 年由植物农业向动物农业的战略转型，畜牧业将在我国现代农业中占有主导地位。正如发达国家的发展道路一样，通过畜产品贮藏与加工业，我国再造一个产值相当的畜牧业（2011 年年底畜产品贮藏与加工业产值已达畜牧业的 50%）将指日可待，因此，其产业经济地位日益重要。其次，大力发展畜产品贮藏与加工业，建设重要畜产品及其制品的战略性储备库，将可使国家或地方宏观上有效调剂供需平衡，稳定物价，很好地发挥战略性"蓄水池"作用，防止畜牧业大起大落。

根据国家"十二五"科学和技术发展规划、农业科技发展"十二五"规划（2011—2015 年），要紧紧围绕我国产业转型升级和改善民生的重大需求，以突破重点领域核心关键技术和掌握自主知识产权为重点，引导产业链向高端延伸，为形成现代产业体系提供有力科技支撑，大力发展惠及民生的科学技术。

在畜产品贮藏与加工科技创新方面，要注重畜产品精深、绿色、安全、高效贮藏与加工，发展畜产品制造产业、功能畜产品产业、畜产品物流产业、现代畜产品加工装备制造产业，开展以营养安全、绿色制造、高效利用、节能减排为目标和以生物技术、工程化技术和信息技术为代表的现代畜产品加工制造与质量安全控制关键技术与装备研发，攻克畜产品贮藏与加工业发展急需解决的重大关键技术和节能减排新工艺，促进产业升级，增强畜产制品产业国际竞争能力，培育具有国际竞争实力的大型工业集团。

（二）学科发展目标

集聚优势的资源平台，培育创新性思维，打造合理的研究团队，加强协作交流，形成浓厚的学术氛围。以学科研究为中心，通过科研带动和促进教学，培养高层次的创新性人才。

以建设创新型国家为契机，围绕提高自主创新能力，充分发挥学科带头人和学科重要研究团队的骨干作用。经过 3 ~ 5 年的努力，力争使本学科各重要研究团队或瞄准国际前沿、或服务国家或区域经济发展需要，从而形成稳定的研究方向，部分研究方向（肉品、蛋品）达到国际一流；再经过 5 ~ 10 年的建设，实现本学科整体水平进入国际一流行列的目标。各研究团队要注重协同创新和产学研结合，加大科技成果的转化和产业化应用，特别在中式传统畜产制品品质形成机理和现代化加工改造、畜产品及加工制品质量控制等方面形成我国自己的特色，并在国际上具有较大的影响。

（三）发展趋势预测

1. 学科交叉融合成为畜产品贮藏与加工学科发展的必然趋势

其具体体现在学科内部的科学、技术和工程之间、学科与其他自然学科之间、学科与人文社会学科之间的渗透与集成。不管方式如何，基于理论和实践复杂问题的探究和解决才是该学科渐趋交叉融合的根本目的，进而产生新的生长点，萌生新学科，学科之间再交叉再融合，进一步促进原始创新和集成创新。通过这样的循环，学科将获得更多的科学发现和重大的技术发明，形成更具竞争力的产品和产业，由此不断提高自主创新能力。

2. 以国家战略和社会经济发展需求为导向是畜产品贮藏与加工学科发展的不竭动力

要强化科学研究、技术开发、产业进步三者的结合，从实践和工程中找寻和凝练重大科技课题，提高该学科对国家经济和社会可持续发展的支撑能力，由此进一步促进学科又好又快的发展。

3. 加强应用性基础研究是畜产品贮藏与加工学科发展的战略关键

应用性基础研究对于增强该学科的原始创新和长远发展能力具有重要意义。近几年我国畜产品贮藏与加工学科应用性基础研究的突破性进展对该学科创新起到了明显的促进作用。

4. 注重人才队伍建设是畜产品贮藏与加工学科发展的智力支撑

如果说科技是第一生产力，那么人才则是生产力的第一要素。畜产品贮藏与加工创新型人才队伍建设应作为该学科重点建设的内容，不断优化创新人才的培养体制和机制，构筑良好的人才成长环境和氛围，造就高水平、高质量的创新型人才团队，为学科发展提供强大的支撑。

（四）研究方向建议

1. 肉品贮藏与加工研究方向建议

（1）应用性基础研究

重点研究中式传统肉制品包括腌腊、酱卤、烧烤等肉制品加工与贮藏过程中品质和风味变化规律和形成机理；研究肉品贮藏与加工过程中与安全有关的有毒有害因子产生、存在、变化、控制的理论基础；研究肉品贮藏与加工过程中不同配方组分的相互作用机理及流变学；运用组学（蛋白、基因、代谢）研究畜禽红肉和白肉、不同种类畜禽肉之间的比较分子营养学和保健功能。

（2）关键技术研究

重点研究肉类生产与加工质量安全控制技术、畜禽宰后减损和分级技术、传统肉制品现代化改造关键技术、调理肉制品加工与质量安全控制关键技术、肉类屠宰与肉制品加工装备制造与自动化控制技术、不同肉类鉴别技术、动物福利技术以及畜禽检疫与肉类有毒有害物质残留检测技术等。

2. 乳品贮藏与加工研究方向建议

（1）应用性基础研究

重点研究乳品加工过程中的蛋白质和微生物变化规律及调控，包括热处理对原料乳成分的影响规律及与品质的关系、原料乳中嗜冷菌对产品质量的影响、直投式发酵剂加工中活性保护机理及研究；研究传统发酵乳制品微生态系统的生物多样性，特殊益生功能乳酸菌的选育及其摄食对人体肠道菌群的影响以及乳制品和特殊益生功能乳酸菌对人类的生理调节作用。

（2）关键技术研究

重点研究原料乳质量安全控制关键技术，包括采用奶牛生产性能测定（DHI）技术、全程追溯技术等；研究婴幼儿配方乳粉母乳化和速溶加工及贮藏技术；研究传统乳制品现代化生产技术；研究高性能直投式发酵剂加工与贮藏及应用技术；继续深入开发研究各种功能性乳制品加工技术如低乳糖牛乳技术、高共轭亚油酸牛乳技术、低脂牛乳技术等。

3. 蛋品贮藏与加工研究方向建议

（1）应用性基础研究

包括传统蛋制品加工与贮藏过程中品质和风味变化规律和形成机理研究；蛋中不同大分子组分的生物化学特性研究；蛋中不同组分的协同营养和保健功能研究；不同禽蛋之间的组学（蛋白、基因、代谢）比较研究；禽蛋安全的致病微生物学研究；益生菌发酵蛋液生物学互作变化及其规律与机理研究。

（2）关键技术研究

包括经蛋传播禽流感等人禽传染病途径跟踪与控制技术研究；禽蛋高效清洁、分级（智能）及加工贮运技术研究；传统蛋制品危险性评估与现代化加工技术研究；蛋品加工业主要危害物阈值及在线无损检测技术研究；腌制咸蛋中蛋白脱盐技术研究；功能性和多样化蛋制品深加工与贮藏技术；不同蛋品（散养蛋、有机蛋、笼养蛋）真实性识别和追溯技术等。

4. 蜂产品贮藏与加工研究方向建议

（1）应用性基础研究

包括不同蜂产品中保健因子的分离纯化、功能及机理研究；不同蜂产品贮藏与加工中活性成分变化规律研究；不同蜂产品质量安全的特征性指纹图谱研究。

（2）关键技术研究

包括不同蜂产品的真实性鉴别和产地溯源技术研究；不同蜂产品中有毒有害物质高通量快速检测技术等。

5. 副产品贮藏与加工研究方向建议

（1）应用性基础研究

包括血液、骨、皮及内脏中活性成分及其降解物的分离纯化、结构和保健功能性研究；各类副产品作为食用或药用的风险性评估研究。

（2）关键技术研究

包括畜禽血液贮藏与深加工和综合利用关键技术研究，涉及血粉加工、组分分离、活性物质提取技术等；畜禽骨贮藏与深加工和综合利用关键技术研究，涉及超细骨粉加工、骨类调味料加工、硫酸软骨素提取及骨粉溯源技术等；畜禽内脏深加工和综合利用关键技术研究，涉及肠衣加工和肝素、酶类、肽类提纯技术及标准制定等；畜禽副产品全程安全控制技术研究；干酪加工过程中乳清蛋白回收技术研究；畜禽油脂提取与精炼技术研究；禽蛋产业加工副产物高效环保利用技术研究；禽蛋中功能性成分无损与联产提取技术研究。

参 考 文 献

［1］ 周光宏，宋华明. 食品科学学科：亦工亦农与独立学科门类［J］. 学位与研究生教育，2012（9）：58-63.

［2］ 旭日干. 养殖业即将成为我国农业第一大产业［N］. 光明日报，2012，6（13）.

［3］ 科技部. 欧盟第七框架计划 Dragon Star 项目在京启动［EB/OL］. http://www.most.gov.cn/kjbgz/201211/t20121127_98117.htm，2012-11-28.

［4］ United States Department of Agriculture. USDA Releases Requests for Applications for the AFRI Food Safety Challenge Area［EB/OL］. http://www.nifa.usda.gov/newsroom/news/2012news/06271_afri_food_safety.html，2012-6-27.

［5］ 技术部. 农业科技发展"十二五"规划（2011—2015 年）［EB/OL］. http://www.moa.gov.cn/ztzl/shierwu/hyfz/201112/t20111227_2444181.htm，2011-12-27.

［6］ 中国食品工业协会. 2012 年食品工业经济运行综述和 2013 年展望［EB/OL］. http://wenku.baidu.com/view/29388ae1c8d376eeaeaa312c.html，2013-5-16.

［7］ 王心见. 21 世纪美国农业面对七大挑战［EB/OL］. http://www.stdaily.com/stdaily/content/ 2012-12/11/content_550460.htm，2012-12-11.

［8］ 中国养殖业可持续发展战略研究项目组. 中国养殖业可持续发展战略研究（综合卷）［M］. 北京：中国农业出版社，2013.

［9］ 中国养殖业可持续发展战略研究项目组. 中国养殖业可持续发展战略研究（养殖产品加工与食品安全卷）［M］. 北京：中国农业出版社，2013.

［10］ Fan SG, Rajul PL. Reshaping agriculture for nutrition and health［M］. Washington, DC：International Food Policy Research Institute，2012.

撰稿人：周光宏　徐幸莲　孙京新

淀粉科学与工程学科的现状与发展

一、引言

1. 淀粉科学与工程学科的总体介绍

淀粉科学与工程学科是以学科的前瞻性及人才的复合型为主要目标，立足食品科学、化学工程理论与技术，融入营养学、生理学、生物学、材料学、医学等多学科知识体系而不断充实和发展起来的。淀粉科学与工程学科研究对象已由原有的淀粉、变性淀粉、淀粉糖等淀粉衍生物扩展到功能食品、生物化工及生物材料、医药和生物质能源范畴。目前，淀粉科学与工程学科不断为产业提供较强的科技支撑作用，已经成为我国学科群体建设的重要组成部分。

2. 主要科学与技术内容

淀粉科学与工程学科主要是系统探索淀粉分子结构与性能间的关系及加工过程中结构与品质性能变化规律及机制，获得新型修饰设计途径及技术方法等，从而使淀粉制品适应各种应用要求，扩大应用范围的一门基础应用学科。其知识体系以食品科学、化学工程等基础知识为基础，以淀粉化学、碳水化合物化学为专业知识，以淀粉分子结构与性能、应用设计、化学工程理论与技术、食品生物技术及融入生物学、材料学、医学等相关技术为研究手段，以研究淀粉深加工技术及产品，增加产品附加值为目标，充分发挥该学科在淀粉产业中的作用。

在新的科学技术发展形势下，淀粉科学与工程学科结合我国经济建设的特点和原有的学术基础，不断培育新的学科增长点。近年来不断与现代营养学、生理学、病理学、生物科学、材料科学等多学科知识和生物技术、医疗技术、纳米技术、新材料等前沿高新技术交叉融合，不断转化为淀粉资源制品生产新技术。营养与健康技术、酶工程、发酵工程、食品材料设计技术等高新技术的突破使得淀粉科学与工程学科逐步焕发出适应新形势下发展的具有强劲学术活力的新型学科。

3. 科技人才培养的重要作用

随着淀粉科学与工程学科研究领域不断拓展和多学科的交叉融合，淀粉产业也逐步向产业集群化方向发展。无论从学科发展还是产业的融合聚集来讲，对高素质淀粉科学与工程学科科技人才的培养需求越来越迫切。淀粉科学与工程学科人才的培养不仅对学科的发展有着非常重要的作用，也对促进食品加工、食品营养与功能、化工、材料等的发展起着举足轻重的作用。此外，当前淀粉产业中企业自主创新技术少，真正拥有自身研发队伍的单位不多，新产品和新技术开发能力较弱，这些都不同程度地阻碍了我国淀粉产业的发展。因此，淀粉科学与工程学科科技人才的培养对我国淀粉产业的发展，乃至国家经济的发展都至关重要。

4. 淀粉科学与工程在国家经济建设中的重要作用地位

淀粉科学与工程学科支撑的淀粉及变性淀粉工业、淀粉糖工业、发酵工业、食品添加剂和配料工业、粮食加工业以及生物化工、能源工业等淀粉产业是国民经济的基础工业，生产包括淀粉、淀粉糖、变性淀粉、生物化工及生物质能源等淀粉资源制品。淀粉资源制品是人民生活和工业发展的必需品，一直是各国宏观控制的消费品和工业品之一。淀粉科学与工程学科产业不仅与农业产业息息相关，而且为食品、医药、化工、造纸、纺织、饲料等产业提供重要的原辅料、添加剂等。同时，淀粉产业也是我国主要农业大省以及中、西部经济欠发达地区的支柱产业，其中淀粉资源制品是制糖工业、食品工业、粮食加工业、食品添加剂和配料工业等"十二五"食品工业重点行业发展方向和重点内容之一。而且，淀粉类物质的消化营养及生理功能特性，对人类保障人类健康生活水平的提高具有重大意义。此外，利用各种可再生的淀粉类物质及其副产物实现环境友好的食品、化学品、药品及绿色能源也已成为建设循环经济、环境友好型和谐社会的必然趋势。

二、我国淀粉科学与工程学科最新研究进展

（一）科学与技术的研究进展

1. 近期基础科学问题与技术创新研究进展

通过对 2011—2013 年 ISI Web of Knowledge^{SM} Web of Science 数据库和中国期刊网数据库、万方数据库、国家知识产权局专利检索网中我国学者发表的论文、专利及国家自然科学基金委员会、国家科技部所支持的科研项目分析，并对召开的第二届全国淀粉科学会议国内学者在淀粉科学与工程领域的最新研究进展和研究技术链条（见图 1）分析可知，淀粉科学与工程学科的基础科学与技术创新研究主要集中在淀粉的生物合成与制备、淀粉的结构与功能特性、淀粉修饰、转化与应用和淀粉分析与检测等四个方面（见图 2）。

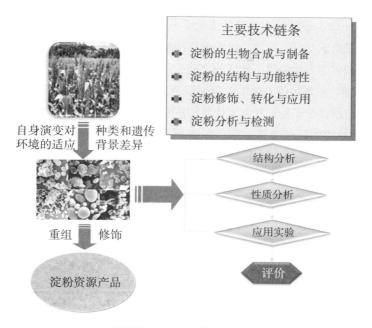

图 1　淀粉科学与工程学科研究技术链条分析

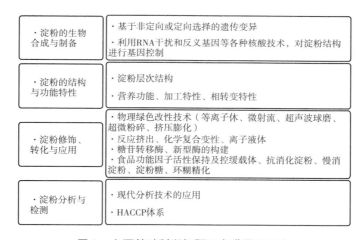

图 2　主要基础科学问题研究进展及重点

　　目前，在淀粉的生物合成与制备方面，国内研究大多数集中于：①基于非定向或定向选择的遗传变异，改良遗传特性，达到培育并获得不同淀粉性能的植物新品种。国内学者利用 wx 基因的不同标记，有针对性地进行定向选择，培育成不同直链淀粉含量的且遗传稳定的水稻品种等；②利用 RNA 干扰和反义基因技术等用于小麦、水稻和马铃薯等淀粉合成基因功能探索，以及敲除或降低特定基因的表达量。近年来，国内学者逐渐开展不同种类植物体内淀粉生物合成的整体途径和调控机制的研究，主要集中在水稻、薯类、高粱等的淀粉生物合成分子模型研究。通过表达谱分析揭示了糖酵解途径在木薯储藏根发育过程中的重要作用，包括转录因子、氧化还原酶活性 / 转移酶 / 水解酶、激素相关的基因和稳态影响因子等，并进一步构建了一个木薯储藏根发育的生物学调控模型，在木薯和甘薯的发育调控分子机制、糖转运及淀粉合成与代谢调控、种质创新和新品种培育及调控 GBSSI 表达改良木薯淀粉品质的基因工程技术等方面取得了较好的突破。通过连锁定位和关联定位解析稻米品质等复杂性状的遗传基础，挖掘关键基因的等位基因及其功能性分子标记，明确了基因调控网络，并建立了关联定位群体分子标记和表型性状数据库，为稻米的分子设计育种奠定了基础。

淀粉的结构与功能特性方面：国内学者逐渐采用激光共聚焦、X-射线衍射与散射、核磁共振、红外光谱、原子力显微、激光光散射及色谱技术等现代结构分析技术对不同来源淀粉的颗粒结构、生长环结构、Blocklets 粒子结构、无定形区与结晶区构成的片层结构、结晶结构及支链淀粉和直链淀粉分子链结构进行了分析，获得了淀粉在不同层次及尺度上的结构特征。淀粉在食品的深加工中具有增稠、胶凝、改善质构、防止老化、稳定及脂肪替代、缓慢吸收、持续释放能量，维持血糖稳态，预防和治疗各种疾病的作用。相关学者一直试图建立淀粉分子的链结构和空间聚集态与淀粉各种宏观功能性质之间的内在联系，从而指导淀粉资源产品的开发与应用。已有研究表明，在食品加工过程中，淀粉存在着诸如糊化、熔融、玻璃化转变、晶型改变、体积膨胀、分子链降解、淀粉体系中水分的运动和重结晶等多种相变，这些均会影响食品体系的营养、质构、加工特性等。实际上，淀粉内晶体结构的破坏、双螺旋结构的解旋及重新缔合、分子链的断裂等特征是通过淀粉的糊化、熔融、玻璃化转变、晶型转变、重结晶和分解等相变来体现。国内学者利用剪切力、压力、水分、温度、微波、等离子体、超声等外力因素作用于不同结构特征的淀粉分子，使其分子聚集态和链结构产生变化，通过对其相转变后的性质特征的监测，已经掌握并建立了淀粉微观结构与相变性质、消化性能等之间的关系，进而从分子水平上获得了淀粉相变、消化性能等精确调控方法。

淀粉修饰、转化与应用方面：国内学者主要是利用新型修饰调控技术、生物技术，开发功能性产品，实现淀粉资源的高效利用。特别是淀粉基释载体应用于食品功能因子的活性保持剂控缓释放及食品包装材料则是该领域的研究热点和难点，先后开发了不同消化道部位靶向控释的淀粉基载体材料和用于食品包装的淀粉基生物全降解包装材料、淀粉/聚乳酸共混生物降解包装材料、抗菌活性包装材料和水溶性及可食性包装材料。在淀粉功能化修饰和清洁加工的研发方面，无污染、无溶剂、操作简单经济和连续化的物理绿色改性技术备受关注。近些年对超声、微波、球磨、超微粉碎、挤压膨化等对淀粉的修饰改性进行了系统研究，并开发出气流粉碎和超音速冲击板式气流粉碎机等气流的力量取代传统的机械力进行微细化淀粉的制备方法。此外，等离子、微射流改性开始有所报道。我国的改性淀粉生产企业主要采用化学修饰改性方法，基本采用水分散法生产，部分企业建立了干法改性淀粉生产线，目前主要致力于解决淀粉与化学试剂混合不均匀、反应器的合理设计、淀粉容易发生局部糊化等造成产品质量不稳定的问题。同时，多元复合改性的宗旨在于克服单一改性方法的局限性。生物技术方面，主要利用基因工程和蛋白质工程技术手段，通过酶定向修饰技术对淀粉分子结构进行调控。淀粉转化与应用方面，开发了抗消化淀粉、慢消化淀粉、淀粉质明胶、淀粉与多糖胶体复配食品增稠剂、淀粉质能量胶、麦芽糖基分枝环糊精、多元醇等系列变性淀粉产品及其生产技术，淀粉糖方面取得了包括高 α- 氨基氮强化生化营养淀粉糖浆、多酶协同生产功能性高麦芽糖浆、低聚异麦芽糖、低聚龙胆糖、环糊精等功能性低聚糖酶法生产技术、高浓度淀粉生物酶法转化技术、酶膜反应器、新型液化和糖化酶工程技术等先进生产淀粉糖技术成果，淀粉糖行业总体规模居世界第二位。

淀粉分析与检测方面：近期国内科研工作者愈来愈重视现代分析技术的应用，极大提高了本领域的科技水平。衰减全反射傅里叶变换红外光谱、红外光谱显微技术、核磁共振氢谱和碳谱及其二维技术、核磁共振成像技术、质谱、X 射线衍射与小角 X 射线散射、原子力显微、差式扫描量热、显微流变、质构、动态热机械性能分析等现代结构分析不断对淀粉资源制品的结构及性能进行系统分析，建立了各类淀粉资源制品结构与性能分析的一般方法；在淀粉资源制品生产过程中，将 HACCP 体系引入湿法变性淀粉生产过程中，通过对产品工艺单元的危害分析，确定出湿法变性淀粉生产过程中的 4 个关键控制点为原辅料验收、洗涤、筛粉、金属残留探测、微生物控制，并确定各关键控制点的关键限制、监控程序和纠偏措施，制定 HACCP 计划表，将生产过程中的危害控制到可接受水平，从而为提高变性淀粉生产过程中的质量和安全性提供保障。将近红外品质分析仪运用在淀粉资源制品的生产质量控制中，取得了很好的效果，并且还节约了大量化学试剂，从而降低了原辅料消耗。

2. 近期重要科技成果情况

（1）学术论文

淀粉科学与工程学科的高水平论文近年来不断增加，对 2011—2013 年从 ISI Web of Knowledge[SM] Web of Science 数据库检索得到的与食品领域相关的 8798 篇论文进行分析，我国淀粉资源与工程学科领域的研究论文发表篇数占全球论文总数的 19.52%，表明我国的淀粉研究在国际淀粉研究上始终处于前列。在论文影响方面，国内学者发表的论文被引用频次由 2011 年的 14.04%，提高到 2013 年 10 月的 17.31%，h-index 指数为 16，在国际淀粉科学与工程领域的影响力逐步提升（见图 3）。根据 ESI 数据库的排名，截至 2013 年 10 月，全世界共有 565 个研究机构和大学进入农业科学学科 1% 的学科排名。我国内地共有 8 所大学和科研机构进入农业科学学科（含食品科学）ESI 排名，中国科学院、中国农业科学院、中国农业大学、浙江大学、南京农业大学、江南大学、华南理工大学及西北农林科技大学。

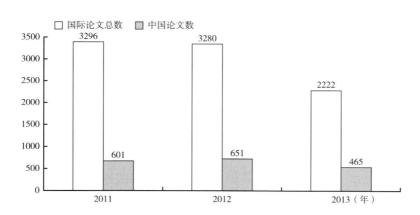

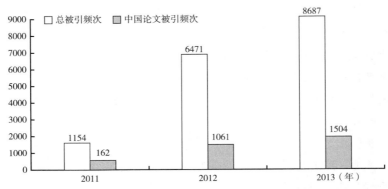

图 3　2011—2013 年我国淀粉科学与工程领域在 SCI 源期刊上发表论文
及在国际被引用情况

注：本图所统计论文主要来源于 SCI-EXPANDED、CPCI-S、CPCI-SSH、
CCR-EXPANDED、IC. 数据库。

（2）知识产权的保护情况

依据国家知识产权局专利检索网（http://www.sipo.gov.cn）和万方专利搜索网提供的我国专利数据库，对淀粉科学与工程学科近期知识产权保护情况进行了统计分析（表 1）。主要涉及淀粉资源类制品的制备、应用以及相关设备的开发等。国际专利申请方面，据 ISI Web of Knowledge[SM] Derwent Innovations Index[SM]（数据库：CDerwent，EDerwent，MDerwent）统计数据显示，2011—2013 年，淀粉科学与工程领域有关的国际发明专利进入前 100 名的国内高等学校主要是：华南理工大学、浙江大学、江南大学和天津大学，相对国外跨国企业和一些高校来说，我国地区在国际上的专利申请还有待加强。

表 1　我国 2011—2013 年淀粉科学与工程学科知识产权保护情况

领　　域	淀粉生物合成	淀粉结构与功能	淀粉修饰改性及应用	淀粉分析与检测	总计
发明专利总数	3	328	477	94	902
实用新型专利总数	0	151	5	2	158

3. 近期主要学术交流情况

根据 ISI Web of Knowledge[SM] Web of Science 中 Conference Proceedings Citation Index – Science（CPCI-S）引文数据库、中国淀粉工业协会等相关数据，对 2011—2013 年间淀粉科学与工程领域召开的学术会议情况进行了统计，部分国际会议如表 2 所示。会议主要涉及淀粉改性、淀粉糖类制品的制备及相关设备的改进与推广应用等。淀粉科学与工程学科各科研单位与企业积极开展学术交流活动，不仅举办各类学术会议和邀请国际知名的专家教授讲学，而且也派出教师参加国内外的学术会议以及互派博士后、高级访问学者等开展学术交流，还与美国、韩国、日本、新加坡、新西兰、德国等国家高等学校进行合作研究，促进了淀粉科学与工程学科与国际相关学科的紧密交流与联系，提高了我国淀粉科学与工程学科的国际影响力。

表 2　在我国举行的淀粉科学与工程学科部分国际会议情况

会议名称	会议时间	会议地点
中国淀粉工业协会变性淀粉专业委员会第十一次学术报告、经验交流会	2011 年 5 月	青岛
第二届中国国际淀粉糖技术交流会	2011 年 5 月	上海
第六届中国国际淀粉及淀粉衍生物展览会	2011 年 5 月	上海
第三届中国国际淀粉糖技术交流会	2012 年 5 月	上海
第七届中国国际淀粉及淀粉衍生物展览会	2012 年 5 月	上海
中国淀粉工业协会第七届二次理事会议	2012 年 8 月	西安
第二届淀粉科学会议	2012 年 11 月	广州
The 10th International Conference on Food Science and Technology	2013 年 5 月	无锡
中国淀粉工业协会变性淀粉专业委员会第十二次学术报告、经验交流会	2013 年 7 月	西宁
International Symposium on Improving the sensory properties of cereal food:Structure，function and genetic relations	2013 年 11 月	武汉

4. 科学研究与人才培养平台的建设情况

经过近年的建设，在全国范围内建成了系列达到国际先进水平的科学研究与人才培养平台。配置了现代化的仪器设备，营造了严谨治学的氛围，已成为我国淀粉科学与工程领域科技创新、人才培养和科技培训、技术引进消化的基地（见表 3）。

表 3　部分科学研究与人才培养平台

名　　称	研究方向	依托单位
食品科学与技术国家重点实验室	食品加工与组分变化 食品配料与添加剂的生物制造 食品安全性检测与控制 食品加工新技术原理及应用	江南大学、南昌大学
粮食深加工国家工程实验室	小麦和玉米深加工国家工程实验室 粮食发酵工艺及技术国家工程实验室 稻谷及副产物深加工国家工程实验室	河南工业大学、华南理工大学、江南大学、中粮集团等
淀粉与植物蛋白深加工教育部工程研究中心	淀粉与植物蛋白功能化物性修饰 淀粉与植物蛋白基载体材料制备 功能糖品以及绿色加工装备等深加工	华南理工大学

名称	研究方向	依托单位
广东省天然产物绿色加工与产品安全重点实验室	天然产物重要组分分离及其高效转化 天然产物结构及高附加值功能化修饰 天然产物绿色加工流程与高新技术装备 天然产物产品安全性的检测与控制	华南理工大学
农产品资源绿色加工广东省高等学校重点实验室	淀粉绿色加工理论研究 食源农产品蛋白质绿色改性机理研究 农产品绿色制造流程与高新技术装备	华南理工大学
玉米深加工国家工程研究中心	玉米淀粉及其深加工产品的规模化生产	吉林华润生化玉米深加工科技开发有限责任公司
教育部糖业及综合利用工程研究中心	糖品深加工与副产物综合利用加工	广西大学
上海木薯生物技术中心	离体植株再生和遗传转化系统的优化 蔗糖转运和淀粉富集的调控机制及淀粉品质改良工程 生物和非生物逆境基因工程 转基因木薯和甘薯的田间实验	中国科学院上海生命科学研究院
浙江大学原子核农业科学研究所	稻米品质遗传与分子改良	浙江大学

5. 政府及企业投入科学研究、学科建设等的情况

通过对 2011—2013 年 ISI Web of Knowledge[SM] Web of Science 数据库检索得到的与食品领域相关的 8798 篇论文进行分析，其中受到国家自然科学基金资助的文章最多，占总论文数的 4.94%。2011—2013 年国家自然科学基金资助的与淀粉科学与工程学科有关的科研项目共约 160 余项，资助资金总额由 2559 余万元增加到 2013 年的 2893 万元，研究应用领域逐步扩大。此外，国家科技支撑计划、高技术研究计划、各部级科技计划以及各级地方政府的自然科学基金、科技攻关项目等都对淀粉科学与工程学科的投入逐渐加大。

我国在《国家中长期科学和技术发展规划纲要》中提出坚持通过政府采购、税收优惠等多种措施继续鼓励企业加强研发投入。此外，淀粉产业各产品的生产和市场开发不断向学科交叉方向发展，因此，中粮集团、诸城兴贸玉米开发有限公司、长春大成等很多企业与高校等科研单位通过产学研合作，组建产学研创新基地和产业联盟，投入大量资金支持淀粉产业领域的科研开发和技术进步，并建立企业自身的研发中心。

6. 近期主要学科交叉融合情况

随着现代加工技术的应用及人们对生态社会环境、生命健康水平等认知程度的快速提高，食品营养、安全、方便、健康成为了食品产业发展的主攻方向，淀粉科学与工程学

科的发展已从单一领域走向多学科综合与集成，通过多学科渗透与交叉，特别是与食品科学、化学与化工、营养科学、生物技术、植物学、生物化学与分子生物学、新材料和先进制造等的有机结合，加强了本学科改造和高新科技化方面的基础和应用基础研究。淀粉资源的遗传与分子育种设计、淀粉类功能食品配料、调节血糖应答水平的淀粉功能食品、淀粉基功能食品载体材料、清洁绿色加工技术和淀粉基食品活性包装材料已成为淀粉科学与工程学科的前沿方向（见图4）。

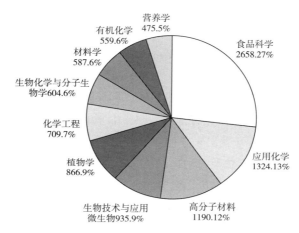

图4　2011—2013年我国淀粉科学与工程领域科学研究学科交叉情况

注：本图所统计论文主要来源于SCI-EXPANDED、CPCI-S、CPCI-SSH、CCR-EXPANDED、IC.数据库。

（二）本学科的最新进展在产业发展中的重大应用

1. 淀粉科学与工程学科服务经济建设社会的情况分析

由于经济政策调整与市场的低迷，我国淀粉产业面临诸多困难，淀粉产业的发展面临着有史以来最为严重的挑战。但由于淀粉产业不断吸收消化淀粉科学与工程学科领域的最新科研成果，以技术创新、装备创新作为发展的重点，不断进行产品的应用开发，拓宽市场领域，极大地促进了淀粉产业的发展。根据中国淀粉工业协会2012年报统计数据，2012年我国总淀粉产量2252.04万吨，比2011年增长0.31%。淀粉生产逐渐向集中规模化发展，其中玉米淀粉生产规模实际产量在10万吨以上的企业38家，占玉米淀粉总产量的95.07%。淀粉深加工产品步入良性增长的态势，从产量看，淀粉深加工产品总产量1411.68万吨，比2011年增长7.9%。其中淀粉糖产量794.53万吨，占淀粉深加工产品总产量的56.28%；结晶葡萄糖产量351.96万吨，占比24.93%；变性淀粉产量171.56吨，占比12.14%；糖醇产量93.63万吨，占比6.63%。

2. 产业主要技术、装备及产品创制的提升

2011—2013 年我国淀粉科学与工程学科领域基础科学问题与技术创新研究取得了显著的成效，淀粉产业工程化加工新技术与新装备取得重要突破，淀粉资源产品加工转化、工业化综合加工和质量安全控制等重大共性关键技术水平明显提高，对实现从淀粉初级加工，到精深制造与高效利用的转变发挥了积极的支撑作用。在淀粉生物合成、淀粉糖生物转化、淀粉修饰改性、淀粉功能材料等关键技术集成与产业化示范、产品质量安全加工过程干预与控制等方面取得了长足进步。根据科技部"十二五"农村领域国家科技计划项目数据统计显示（见图 5），在淀粉的生物合成与制备方面，高产高效、营养品质的定向遗传改良及育种技术和基因组学调控技术逐步在水稻、小麦、玉米和木薯、马铃薯品种育种上得到应用，同时，开发出了新型糖酶创制及糖质资源高效生物利用关键技术、淀粉糖及其衍生糖品专用新型酶品的创制与应用关键技术等淀粉生物转化技术等；淀粉修饰转化与应用方面，淀粉类食品中的高值化利用、主食淀粉回生控制、淀粉功能糖及其衍生糖品、淀粉基生物材料等不断开发出来并得以推广应用；淀粉资源产品生产装备也不断提高，90% 的企业建立了全机械化及自动化设备和工艺，最大的变性淀粉反应釜可达 300 立方米。由烘房、捏合机、耙式干燥机、锥形混合机等间隙式干法生产逐渐向自动化、微波红外加热的设备发展，并开发出了大型耐高压滚筒干燥机械和年产 2000 吨产品的挤压生产线，机械化高效生产得以进行。

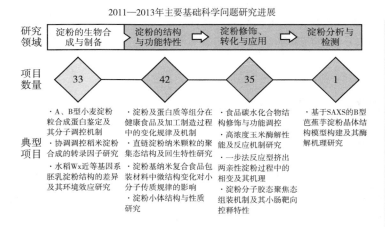

图 5 2011—2013 年淀粉科学与工程领域主要基础科学问题及科技创新重点进展

注：依据 2011—2013 年国基自然科学基金项目和科技部"十二五"农村领域科技计划项目分析而得。

3. 产业管理体系、行业标准的规范化建设

目前，淀粉行业涉及的现行有效的国家标准有 60 多个，具体有淀粉含量的检测，变性淀粉基团的测定，淀粉及其衍生物氮含量、磷含量、氯化物等含量的测定。以及淀粉行

业相关废水排放标准，污水处理等。在管理体系方面，不仅有HACCP应用于淀粉及淀粉糖的生产中，还有国家认可协会颁布的淀粉及淀粉制品生产企业要求，淀粉糖类工厂良好作业规范专则等。为了确保食品安全，2011年10月原国家卫生部下达13项变性淀粉食品安全国家标准制订项目计划，对生产多年的13种食品淀粉纳入食品添加剂管理。2013年5月食品添加剂分委会第七次会议审查通过13项标准，这将极大促进我国淀粉产业的安全规范化建设。

三、淀粉科学与工程学科国内外研究进展比较

（一）国际研究热点与发展趋势

通过ISI Web of Knowledge[SM]中Essential Science Indicators数据库对淀粉科学与工程学科领域的研究前沿（Research Fronts）和高引用率论文（Most Cited Papers）的分析可知，国际上淀粉科学与工程学科的基础科学与技术创新研究同样主要集中在淀粉的生物合成与制备、淀粉的结构与功能特性、淀粉修饰、转化与应用和淀粉分析与检测等四个方面。

1. 淀粉的生物合成与制备

淀粉的生物合成是一个复杂的生化调控过程，参与淀粉生物合成相关的AGP–葡萄糖焦磷酸化酶、束缚淀粉合成酶、可溶性淀粉合成酶、淀粉分支酶和淀粉脱支酶等多种酶及其调控因子中大部分重要基因或基因片段均被克隆，对其功能研究较为深入；在淀粉的合成模型方面，目前用于阐述支链淀粉的合成模型主要包括葡聚糖修剪模型、水溶性多糖清除模型和两步分支与错误分支清除模型；而有关直链淀粉的合成则认为MOS或支链淀粉是直链淀粉合成的起始物。除了对单个酶、功能基因或调控因子进行研究外，国外学者还对水稻、玉米、马铃薯等不同种类植物体中淀粉生物合成的整体途径和调控机制进行了深入研究，发现植物生长和发育过程对淀粉的生物合成起着关键作用，进而影响终产物的营养价值和口感；且气候、土壤中盐分和营养成分及二氧化碳浓度等环境因子对谷类植物合成淀粉的含量、组成和结构均产生影响，并提出目前急需对淀粉生物合成参与的相关酶的活性对极端气候条件应答及调控机制进行研究。然而，作为一个复杂的调控机制，植物中淀粉生物合成的内在调控机制，目前尚未被完全阐明。

2. 淀粉的结构与功能特性

为了满足植物自身需要，淀粉颗粒内部结构演变得非常复杂。淀粉的结构具有多层次和多尺度特征，不同来源的淀粉由于遗传、环境条件、成熟度的影响具有不同的结构特征。对于淀粉分子的不同层次及尺度的结构的解析及其与功能特性之间的关系一直是淀粉科学与工程领域内的关键基础科学问题和研究热点。国际上该领域学者不断利用多种现代

分析技术从淀粉的颗粒结构（-0.5～100μm）、生长环结构（-120～500nm）、Blocklets 粒子结构（-20～50nm）、无定形区与结晶区构成的片层结构（-9nm）、支链淀粉和直链淀粉分子链结构（-0.1～1nm）等不同尺度进行系统分析，并通过分子模拟技术获得了淀粉颗粒结构的模型及直链淀粉和支链淀粉的螺旋结构、团簇模型及其在颗粒中的分布排列等。在此基础上，针对淀粉结构的差异，从分子营养学、生理效应的角度，系统研究与探讨淀粉消化性能对人体血糖调节、肠道微生物生理活性等，以期为淀粉在人体生理功能调控及慢性疾病预防方面奠定基础。

3. 淀粉修饰、转化与应用

功能化修饰和清洁加工的研发是当前淀粉修饰、转化与应用方面的发展趋势。无污染、无溶剂、操作简单经济和连续化的物理绿色改性技术备受关注。先后对超高辐射、机械球磨、湿热处理、挤压处理和物理交联等淀粉的物理修饰改性技术进行了系统研究，同时，为了克服单一化学修饰方法的局限性，淀粉化学修饰逐步向多元复合方法发展，以控制淀粉的糊化，淀粉糊冻融稳定性、透明度和光泽，控制淀粉凝胶的形成，增强与其他物质的相互作用、增加稳定性、提高成膜能力和高耐酸、耐热和耐剪切等性质。生物技术方面，利用各种糖苷酶对淀粉分子结构进行重组，获得不同的功能糖。此外，还利用基因工程和蛋白质工程技术手段，开展相关淀粉酶的功能设计与开发，并通过所构建的淀粉酶对淀粉分子结构进行定向修饰，从而改变或调控淀粉的功能特性，使其不断适应食品加工的应用需求及食品营养与健康的功能需求。

4. 淀粉分析与检测

随着现代分析手段和计算机技术的飞速进步，淀粉及其衍生物结构性质的分析检测技术从初期的化学分析方法，发展到如今已广泛使用红外光谱、质谱、核磁共振、原子力显微、X-射线衍射与散射等现代仪器分析方法等，近年来，更先进的信号发射源、检测器、成像技术与传统分析仪器的联合运用更是开启了淀粉科学与工程领域分析与检测技术的新视野。在工业化生产过程中，由于自动控制技术的发展与应用，淀粉资源产品生产装备机械化及自动化水平得以不断提高，生产实现自动化控制，先进的在线分析检测与控制技术得以应用，生产质量检测与控制水平不断提高。

（二）国内外研究进展比较

1. 基础科学问题研究进展

发达国家和地区对淀粉生物合成途径、分子调控机制以及相关基因作用和功能等方面的基础研究方面都比较深入，不仅体现在淀粉生物合成过程中参与淀粉生物合成相关基因的功能和作用，淀粉生物合成模型等方面，而且针对淀粉生物合成的整体途径和调控机制在不同种类植物体以及环境因素的影响进行了细化深入及综合研究，为生物调控淀粉结构和理化特性奠定了基础。而我国则主要是利用国际上已取得的研究进展对单个酶、功能基因或调控因子进行研究，缺乏对淀粉生物合成途径、分子调控机制以及相关基因作用和功能的系统研究。近年来，国内学者对在淀粉生物合成途径、分子调控机制以相关基因作用和功能等的揭示方面的研究水平进一步提升，国内学者与科研机构已开展在薯类、水稻等不同种类植物体中淀粉生物合成的整体途径和调控机制的研究等。

国际上主要是对淀粉多尺度多层次结构、结构模型及淀粉功能特性与结构之间的关系方面研究的较为深入，淀粉颗粒表面微孔和内部通道、颗粒表面结构显微成像及其特异性化学组成、晶体的超微结构、结晶结构的分子排布、分子组成及直链淀粉和支链淀粉的螺旋结构、团簇模型及其在颗粒中的分布排列等进行了系统深入研究，提出了系列淀粉颗粒组织结构的分子模型。在此基础上，基于不同结构特征的淀粉的糊化、流变、凝胶质构和功能营养等特性进行了系统分析，并不断将现代物理化学、生物学、医学、营养学的基本理论从分子水平上来揭示淀粉加工和营养功能特性，并探究食品组分与各类淀粉分子间的协同作用及其作用机制为淀粉的修饰改性及功能转化奠定了基础。我国近年来在淀粉结构与功能领域的研究也不断深入，在淀粉颗粒表面微孔和内部通道、结构显微成像及淀粉结晶层状结构、Blocklets 粒子结构、分子链螺旋结构及淀粉消化特性、血糖应答效应等方面取得了较好的研究成果，促进了淀粉的超分子结构的解析及功能特性的研究。

目前，大量先进分析测试方法与质量控制理论与技术得以应用，原子力显微镜、激光共聚焦显微镜、小角 X 射线散射、交叉极化魔角旋转和高分辨魔角旋转核磁共振及利用同步辐射光源进行 X 射线、红外光谱显微分析等均应用在淀粉科学研究领域；同时，也开发出了显微流变、热分析与红外连用等结构与性能分析相结合的方法均得到了应用。我国学者在这方面也进行了较好的研究，上述先进分析测试方法也不断得到了应用，但在淀粉结构与性能分析的功能开发方面还有待进一步深入和标准化。

2. 前沿研发与技术创新进展

国际上在淀粉生物合成及调控方面主要是利用生物信息学技术、以基因组学、转录组学、蛋白组学、代谢组学等为代表的组学技术。各种分子模拟和数学模型技术等不再局限于单个途径、酶或调控因子的研究，而是对淀粉合成过程的所有参与转录或表达的基因或调控因子进行研究，在获得多途径及因子相互影响作用和调控下淀粉合成的具体分子机制的基础上，利用各种遗传操作技术获得不同结构特征的淀粉生物合成优良品种的植物体并实现规模化种植；而我国则主要是结合国际上淀粉合成与代谢的调控机制的最新研究成果，不断挖掘关键基因及其功能性分子标记，明确基因调控网络，通过分子克隆手段，包括转化、转染及载体表达等，达到选择性地特异降低或关闭合成途径中特定基因的表达，从而达到改良淀粉合成途径的效果，为分子设计育种服务。

淀粉修饰转化及产品设计方面，国际上发展趋势主要是解决资源、能源、环境等制约淀粉产业可持续发展的关键问题及利用生物技术、材料设计技术、纳米技术、医疗技术与分离技术，开发功能性淀粉资源制品包括淀粉功能糖品、抗消化淀粉、慢消化淀粉和食品增稠稳定、乳化等淀粉基功能食品配料等，实现淀粉资源的高效、营养、安全与功能化利用。国内在此方面的整体研究水平与国际同步，抗消化淀粉、慢消化淀粉、功能糖转化、淀粉质能量胶、麦芽糖基分枝环糊精等各类性能优良的淀粉基产品不断开发出来。特别是适合于不同食品功能因子的微胶囊化技术、控缓释技术和靶向控释技术等的不断应用，获得了淀粉基包埋与控释载体材料及其系列微囊化、靶向控释传输体系，提高了食品功能因子的生物利用有效性和安全性；基于适合淀粉反应挤出的新型反应挤出与共混装备的开发，成功设计出淀粉可食性包装材料、防水性淀粉基生物降解高分子材料和淀粉／聚乳酸食品抗菌保鲜包装材料及其制备技术，使得我国淀粉基生物功能材料及其在食品中的应用在国际上处于领先水平。

四、淀粉科学与工程学科发展展望

（一）科学技术未来发展方向、趋势与研究重点

针对国家注重循环经济与环境保护、清洁生产与绿色制造等可持续科学发展趋势，紧密围绕淀粉类物质深加工、生物科技应用、装备制造技术等重点研究方向，瞄准"食品营养与健康"、"生物科学"、"医药科学"和"功能材料科学"等前沿研究领域，开展本学科前沿的重大基础科学问题和高新技术研究，不断丰富和发展相关理论与技术，使其焕发出强劲的学术活力，构建新的学术创新点，以创造出高水平的科技成果，为国民经济发展做出应有的贡献。

1. 基础科学与学科建设

基础科学研究方面，主要结合我国"十二五"科技发展规划及多学科的交叉融合，在淀粉类物质生物合成与转化机制、功能化修饰、营养生物学与安全学、深加工过程关键装备控制等方面加强原始创新性研究。特别应加强淀粉类物质结构与功能关系的基础性研究，对淀粉类物质的链结构和聚集态结构、物理性质和功能特性、结构修饰以及修饰后对构造、性质和功能特性的影响机制等进行探索研究。

同时，瞄准学科前沿领域和发展趋势，不断丰富和发展淀粉功能化物性修饰及调控理论与关键技术，形成淀粉绿色加工、淀粉控制释放材料、淀粉功能性包装材料等国际领先的研究方向，建设创新型学术队伍和具有国际先进水平的淀粉科学与工程学科。

2. 前沿研发与技术创新

重点围绕国家淀粉深加工及应用关键领域，特别是淀粉转化制造高附加值产品的共性关键技术进行研发。针对我国粮食资源重要组分淀粉的结构与加工性能开展研究，开发基于淀粉功能特性调控的新型生物技术育种与生物合成技术、物性修饰技术、绿色高效生产

技术、高附加值的淀粉基生物材料制备技术和清洁生态型加工关键装备，实现淀粉资源的高效转化利用与清洁生产。

淀粉生物合成领域：重点是通过对淀粉生物合成途径和分子调控机制中多个关键酶和调控因子之间的相互作用、不同种类植物体中淀粉生物合成的整体途径与调控机制的差异，应用各种新型育种技术和蛋白质组学、RNA 干扰、小 RNA 和靶标操作等技术，研究植物基因沉默、敲除、定点整合和高效稳定表达体系，构建淀粉品质遗传机理与调控网络，研究淀粉生物合成的遗传机理及分子调控，探索淀粉品质遗传与分子设计育种理论和方法。

食品营养与健康领域：结合我国经济和社会发展的战略需求，重点进行淀粉与食品组分相互作用、淀粉类食品的功能设计及靶向营养调控、淀粉分子营养学、淀粉结构与人体健康与疾病之间关系等领域的研究。

淀粉修饰及应用领域：重点进行提高淀粉反应效率及改性淀粉稳定性的生物或物理与化学协同处理技术、淀粉功能化物性修饰及调控关键技术及装备、淀粉基控制释放材料制备技术、淀粉基功能包装材料生产技术、功能性淀粉糖品及其制备技术等的研发以及淀粉物质绿色加工技术及新装备、加工过程节能减排技术等方面的高新技术的探索。

现代分析与检测技术领域：新型现代分析技术在淀粉资源产品结构与性能分析中的应用，不断开发新型淀粉结构域性能分析方法，研究淀粉生物合成规模化、高通量的基因克隆和功能评价理论与技术；同时，开展在线分析检测控制、溯源与信息化技术等产品安全控制技术等。

3. 产业发展与定位

调整产业结构，改变企业规模小、技术水平低、产品同质化等状况。加强技术创新和成果转化，提高产业科技水平，提升企业核心竞争力，在长三角、珠三角、环渤海等地区，重点研发和生产优质淀粉深加工产品；在在东北、华北、华中、西北、西南等地区，重点建设淀粉原材料基地，推动原料资源优势向产业优势转化。通过对全产业链的系统管理和关键环节的有效掌控，以及各产业链之间的有机协同，形成整体核心竞争力，奉献安全、营养、健康的淀粉资源产品，实现企业全面协调可持续发展。

（二）促进我国淀粉科学与工程学科发展的方针与策略

1. 强化学科产业科技创新平台的建设

整合部门、地方、研究机构、基地平台、企业等多方面创新力量，推动产学研紧密结合。建立产品创制与市场开发为导向，产学研紧密结合的协同创新机制，强化产业技术创新战略联盟作用，促进科技资源共享和科技成果向现实生产力转化，有效提高产业的原始创新能力，集成创新能力和产业化示范带动能力。通过整合科技资源，集聚科技人才，强化公共服务和创新能力。创新平台建设应重视研发突破领域关键技术、共性技术、配套技术，并将成果提供给企业进行转化和产业化，突出对企业合作交流、发展战略咨询、人员培训等科技需求的服务。

2. 创新人才培养

积极探索推动我国淀粉科学与工程学科战略发展的创新与创业人才培的新模式，着力推进淀粉产业科技创新型人才培养和创新团队建设工作，加强领军人才培养和国际一流创新团队建设，加强中青年高级专家、学科带头人及优秀创新团队建设，加强产业实用科技人才培养，提升我国淀粉产业技术创新能力。

3. 学科交叉融合，建设学科群

以淀粉科学与工程学科建设项目为支撑，以对学科发展和国民经济与社会发展有重大影响的科学问题的联合攻关为依托，发挥多学科的群体优势，组建一批与学科基础相关、内在联系紧密、资源共享、相互支撑、具有特色和优势的学科群，有效放大学科间的协同效应，实现科学研究、基地建设、人才培养三者的有机联动发展。

4. 提升科技开放与合作水平

鼓励国内研发机构与世界一流科研机构、著名大学建立稳定的合作关系，提升合作层次和水平。结合"千人计划"等国际人才交流计划，吸引海外高水平科学家来华开展合作研究，支持国内优秀科研人员到国外开展合作研究与接受培训。进一步加强与发展中国家的科技合作。在非洲、拉美、东南亚、中亚等地区建立国际技术转移示范点，探索在发展中国家推广科技服务和科技创业的经验。

参 考 文 献

［1］科技部. "十二五"农业与农村科技发展规划［EB/OL］. http：//www.most.gov.cn/fggw/zfwj/zfwj2012/201203/W020120328549428595898.doc，2012-3-25.

［2］发改委. 食品工业"十二五"发展规划［EB/OL］. http：//www.sdpc.gov.cn/zcfb/zcfbtz/2011tz/W020120112376241129404.pdf，2011-12-31.

［3］科技部. 食品产业科技发展"十二五"重点专项规划.［EB/OL］. http：//www.most.gov.cn/tztg/201206/W020120608407720628625.doc，2012-6-6.

［4］李琳，李晓玺，陈玲，等. 健康食品功能化理性设计制造的基础研究进展及其发展方向［J］. 华南理工大学学报（自然科学版），2012，10：69-76.

［5］Yang J, An D, Zhang P. Expression profiling of cassava storage roots reveals an active process of glycolysis/gluconeogenesis［J］. Journal of Integrative Plant Biology，2011，53（3）：193-211.

［6］Zhao SS, Dufour S, Sánchez T, et al. Development of waxy cassava with different biological and physico-chemical characteristics of starches for industrial applications［J］. Biotechnology and Bioengineering，2011，108（8）：1925-35.

［7］周屹峰，赵霏，任三娟，等. 利用Wx基因功能性标记选育中等直链淀粉含量优质水稻保持系［J］. 浙江

大学学报（农业与生命科学版），2010（6）：602–608.

［8］ Shao YF，Jin L，Zhang G，et al. Association mapping of grain color，phenolic content，flavonoid content and antioxidant capacity in dehulled rice. Theoretical and Applied Genetics［J］. 2011，122：1005–1016.

［9］ Bahaji A，Li J，Ovecka M，et al. Arabidopsis thaliana mutants lacking ADP–glucose pyrophosphorylase accumulate starch and wild–type ADP–glucose content：further evidence for the occurrence of important sources，other than ADP–glucose pyrophosphorylase，of ADP–glucose linked to leaf starch biosynthesis［J］. Plant and cell physiology，2011，52（7）：1162–1176.

［10］ Pu H，Chen L，Li X，et al. An oral colon–targeting controlled release system based on resistant starch acetate：synthetization，characterization，and preparation of film–coating pellets［J］. Journal of agricultural and food chemistry，2011，59（10）：5738–5745.

［11］ Qiao D，Zou W，Liu X，et al. Starch modification using a twin–roll mixer as a reactor［J］. Starch–Stärke，2012，64（10）：821–825.

［12］ Tang M，Hong Y，Gu Z，et al. The effect of xanthan on short and long–term retrogradation of rice starch［J］. Starch–Stärke，2013，65，702–708.

［13］ Zhang N，Liu X，Yu L，et al. Phase composition and interface of starch–gelatin blends studied by synchrotron FTIR micro–spectroscopy［J］. Carbohydrate Polymers，2013，95（2）：649–653.

［14］ Miao M，Jiang H，Jiang B，et al. Phytonutrients for controlling starch digestion：Evaluation of grape skin extracts［J］. Food Chemistry. 2014，145：205–211.

［15］ Wu F，Chen H，YangN，et al. Effect of germination time on physicochemical properties of brown rice flour and starch from different rice cultivars［J］. Journal of Cereal Science，2013，58（2）：263–271.

［16］ Thitisaksakul M，Jiménez R C，Arias M C，et al. Effects of environmental factors on cereal starch biosynthesis and composition［J］. Journal of Cereal Science，2012：56（1）：67–80.

［17］ Li E，Hasjim J，Dhital S，et al. Effect of a gibberellin–biosynthesis inhibitor treatment on the physicochemical properties of sorghum starch［J］. Journal of Cereal Science，2011，53（3）：328–334.

［18］ DoutchJ，Gilbert E P. Characterization of large scale structures in starch granules via small–angle neutron and X–ray scattering［J］. Carbohydrate Polymers，2013，91（1）：444–451.

［19］ BeMiller JN，Whistler RL. Starch：Chemistryand Technology［M］. Burlington：Elsevier，2009.

［20］ Lin AHM，Lee BH，Nichols BL，et al. Starch source influences dietary glucose generation at the mucosal a–glucosidaselevel［J］. Journal of Biological Chemistry，2012，284（44）：369170–369217.

［21］ Saithong T，Rongsirikul O，Kalapanulak S，et al. Starch biosynthesis in cassava：a genome–based pathway reconstruction and its exploitation in data integration［J］. BMC Systems Biology，2013，7：75–92.

［22］ Mukerjea R，Robyt JF. Tests for the mechanism of starch biosynthesis：de novo synthesis or an amylogenin primer synthesis［J］. Carbohydrate Research，2013，372（3）：55–59.

［23］ Blennow A. Future cereal starch bioengineering–Cereal ancestors encounter gene–tech and designer enzymes［J］. Cereal chemistry，2013，90（4）：274.

撰稿人：李　琳　陈　玲　李晓玺　李　冰　徐振波

果蔬贮藏与加工学科的
现状与发展

一、引言

　　"十一五"末至"十二五"初期，我国食品工业依托巨大的市场需求，应对国内外复杂经济形势的变化，继续保持增长势头，行业发展总体水平有了较大提高。2011 年，我国食品工业总产值为 78078.32 亿元，2012 年达到 89551.84 亿元，预计到 2015 年，我国食品工业总产值达到 12.3 万亿元，食品工业总产值与农业总产值之比提高到 1.5∶1。

　　我国是果蔬原料生产大国，具有十分丰富的果蔬资源。2011 年我国水果总产量为 1.42 亿吨，蔬菜总产量为 6.77 亿吨，2012 年，我国水果总产量达到 1.51 亿吨，蔬菜总产量达到 7.02 亿吨。我国蔬菜出口量和水果产量均居世界第一。果蔬贮藏加工业作为一种新兴产业，在我国农业和农村经济发展中的地位日趋明显，已成为我国广大农村和农民最主要的经济来源和新的经济增长点。

　　果蔬贮藏与加工学科是"食品科学与工程"一级学科下的二级学科"农产品贮藏与加工工程"中的一个分支学科，本学科优势明显、发展潜力巨大。果蔬贮藏与加工学科是以果蔬采后生理与贮藏、果蔬现代加工基础理论与技术、果蔬资源的高效利用与功能食品开发、果蔬食品安全技术与标准化为主要研究方向的学科。主要研究课题包括涵盖果蔬产品采后生理和分子生物学研究，现代果蔬贮运、保鲜、加工理论与技术研究，现代果蔬产品营养与安全研究，产品品质检测和质量控制技术研究，现代果蔬加工技术装备研究，天然产物中生物活性成分分离、提取及应用研究，功能食品和新食品资源开发以及现代农产品流通理论与产业发展战略等方面。

　　果蔬贮藏与加工学科在人才培养、知识创新、技术升级以及社会服务等方面发挥了巨大的作用，为果蔬产业发展提供强有力的技术支撑，并由此带动了相关产业的发展，使之成为极具外向型发展潜力的区域性特色、高效农业产业和我国农业的支柱性产业。

二、本学科近年来最新研究进展

（一）果蔬贮藏与加工学科研究新进展

1. 果蔬贮藏与加工学科科研机构与人才培养

目前，我国果蔬贮藏与加工专业技术队伍已具备较强的实力，全国有 35 所高等院校培养从事果蔬加工科学研究的专业高级人才。全国供销总社济南果品研究院、中国农业科学院农产品加工研究所、中国农业大学食品学院、农业部设计规划院农产品加工工程研究所和湖南省农产品加工研究所等国家级研究院和一批省级科研院所的科技人员承担着果蔬贮藏与加工研究任务。

2. 果蔬贮藏与加工学科平台建设情况

"十一五"期间，国家发改委、科技部、农业部等在果蔬贮藏与加工学科的发展方面投入了大量的资金，建设了一批专业化的重点实验室和工程技术中心，这为该学科的发展提供了强有力的支持。例如，湖南省农业科学院建立的柑橘资源综合利用国家地方联合工程实验室、国家农产品加工技术研发中心—柑橘加工分中心（湖南），中国农业大学建立的国家果蔬加工工程技术研究中心，山东省果蔬贮藏加工工程技术研究中心，天津农业科学院建立了国家农产品保鲜工程技术研究中心，北京建立的国家蔬菜工程技术研究中心，其他还有国家柑橘工程技术研究中心、国家瓜类工程技术研究中心等。这些工程研究中心主要分布在大学和科研院所，工程中心的建立搭建起学科研究更高一层的平台，充分利用科研院所现有的优势，进一步解决果蔬贮藏与加工领域存在的技术难题。

3. 近期项目承担情况

近年来，国家高度重视果蔬贮藏与加工领域的基础科学问题和高新技术的研究，先后在"973"计划、"863"计划、国家科技支撑计划、行业（农业）公益专项等科技项目和国家自然科学基金中设计了果蔬贮藏与加工技术方面的课题。

（1）基础理论研究情况

国家自然基金委生命科学学部设置的食品科学学科，包括水果、蔬菜加工（C200206）、储藏与保鲜（C200301）、食品营养学（C200102）、食品检验学（C200103）相关分支。2012 年国家自然基金委资助的食品科学学科项目 422 项，其中与果蔬贮藏与加工相关的有 36 项，支持了"柿子单宁调节 NOX2/NOX4 介导泡沫细胞形成的机制研究"、"外源乙烯对马铃薯发芽的调控机制研究"、"过热蒸汽膨化果蔬的动力机制研究"、"基于分子印迹技术分离富集葡萄皮渣中的齐墩果酸"、"柠檬醛抑制柑橘采后绿霉的作用机制"、"高静压加工绿色蔬菜颜色品质变化的分子机制研究"、"高强度光照抑制鲜切生菜多酚氧化酶（PPO）活性及酶促褐变机制研究"等涵盖重点、面向青年学者的各种类型的研究课题。

科技部"973"计划"重要园艺植物果实品质形成机理与调控（2011CB100600）"（2011—2015）计划通过5年努力，阐明柑橘等果实色泽、风味、营养品质形成的主要代谢途径及累积和保持的分子机理，发掘其关键基因和调控基因30个，构建果实色泽、风味、营养成分的表达调控网络，建立果实品质性状代谢组谱，验证果实品质组分积累和保持相关的8～10个重要基因的功能。

目前，果蔬贮藏与加工领域的基础科学问题主要集中在果蔬中生物活性物质与人体健康的关系、果蔬加工与贮运过程中营养物质的变化机理、果蔬功能性组分结构与功能之间的相关性及机理、果蔬风味物质的形成机制、加工新技术的生物学基础、果蔬采后代谢途径的功能基因组学等研究。

（2）高新技术的研究情况

2012年，新上国家"863"计划项目"新型罐头加工装备开发与新技术研究"和国家科技支撑计划项目"果蔬食品制造关键技术与产业化"。

"新型罐头加工装备开发与新技术研究"针对我国罐头工业生产过程机械化、自动化程度不高、材料和能源消耗大、关键工艺控制技术水平不够精确、新产业新技术缺乏等问题，开发出适合我国国情的及具有国际先进水平的通用型罐头节水、高温连续杀菌的技术和设备。

"果蔬食品制造关键技术与产业化"包括果蔬食品制造关键技术与产业化、苹果综合加工关键技术研究及产业化示范、柑橘加工副产物高效转化关键技术研究及产业化示范、南方特色果蔬食品加工关键技术研究及产业化示范、传统蔬菜工业化生产技术集成与新产品开发、浆果制品高值化制造关键技术研究及产业化示范、复合果蔬新产品创制与节能减排关键技术开发及示范、优质果酒加工关键技术研究及产业化示范、环洞庭湖特色植物资源综合加工技术研究与产业化、果蔬加工关键装备与新型即食产品开发及产业化示范、甜橙饮料基质加工关键技术研究及产业化示范11个课题，将构建我国果蔬食品制造技术创新体系，有效提升我国果蔬食品企业的国际竞争能力，加速我国果蔬食品产业科技迈入世界先进国家行列的进程，引领我国果蔬食品制造业向绿色高效、节能减排的可持续性方向发展。

近年来正在研究的果蔬贮藏与加工相关的国家公益行业（农业）专项共10项，包括"大宗水果加工副产物与残次果综合利用技术研究与示范"，"杨梅产业化关键技术研究与示范"，"杏和李产业技术研究与试验示范"，"东北野生猕猴桃资源保护，开发和利用研究"，"现代柿产业关键技术研究与试验示范"，"小浆果品种筛选及标准化生产技术研究"、"荔枝果园改造及保鲜、加工技术研究"，"新型胡萝卜产业化技术体系研发及示范"，"水生蔬菜产业技术体系研究与示范"，"葱姜蒜产业发展关键技术研究与开发"。"大宗水果加工副产物与残次果综合利用技术研究与示范"以柑橘、苹果、葡萄等大宗水果为代表，从食品加工、功能成分提取、资源循环利用三种途径进行残次果与加工副产物（皮渣）综合利用技术研究，开发柑橘全果饮品、鲜切苹果、柑橘纳塔、苹果膳食纤维、葡萄籽油、葡萄果渣微粉、抛秧盘等新产品，进行技术示范。

4. 近期知识产权申请情况

依据国家知识产权局专利搜索网（http://www.sipo.gov.cn）和 SOOPAT 专利搜索网（http://soopat.com）提供的我国专利数据库，分别以"柑橘"、"苹果"、"农产品"和"食品"等为主题词，进行统计分析，发现主要涉及果蔬新产品研发、贮藏加工设备、皮渣利用等。以柑橘的贮藏及加工为例：2012 年申请 39 项（发明专利 33 项，实用新型专利 4 项），2011 年申请 55 项（发明专利 47 项，实用新型专利 5 项）；以苹果的贮藏及加工为例：2012 年 131 项（发明专利 106 项，实用新型专利 2 项），2011 年 138 项（发明专利 104 项，实用新型专利 6 项）。

5. 近期重要科研成果情况

（1）论文

本专题跟踪了 2011—2012 年国内外主要学术刊物发表的果蔬贮藏及加工方面的研究论文，分析发现国际研究热点主要集中在生产加工过程中有害物质的安全控制，农残、致病菌的检测与控制，果蔬加工品中风味的形成机制，高新技术（纳米技术、微胶囊技术、超高压技术、基因工程技术）应用于果蔬生产对产品品质的影响，副产物高效提取与应用等领域。这些研究论文主要发表在 *Food Chemistry*、*Food Research International*、*Journal of Food Engineering*、*LWT—Food Science and Technology*、*Food Control*、*International Journal of Food Microbiology Postharvest Biology and Technology*、*Journal of Food Composition and Analysis*、*Food and Bioproducts Processing*、《食品科学》《中国食品学报》《食品与发酵工业》等期刊。其中 2011—2012 年在 *Food Chemistry* 上共发表 495 篇学术论文，来自中国的论文 108 篇，发表论文的数量在逐年增加。但是，目前果蔬贮藏及加工领域高影响因子的 SCI 论文并不多，今后需要加强。

（2）鉴定成果

近年来，果蔬贮藏与加工领域高水平的科技成果不断涌现。从国家科技成果网（www.nast.org.cn）查询，可以检索到 235 项高水平科技鉴定成果，主要涉及果蔬精深加工、功能性成分提取、传统加工工艺提升与安全控制及气调保鲜的装备、应用技术等方面。其中 2011 年达到国际领先的科技成果 4 项，具体成果见表 1。

表 1　2011 年部分鉴定成果

序号	成果名称	鉴定时间	完成单位	成果水平
1	橘子酒生产新工艺及产业化研究	2011	陕西理工学院	国际领先
2	果蔬加工贮藏过程护色	2011	浙江海通食品集团有限公司	国际领先
3	冰葡萄酒研制开发	2011	德钦县梅里酒业有限公司	国际领先
4	中国地理标志葡萄酒指纹图谱研究	2011	西北农林科技大学	国际领先

（3）**主要获奖成果**

与果蔬贮藏与加工科技有关的成果奖励主要有：国家科学技术奖、中国食品科学技术学会科技创新奖、高等学校学科技术奖以及各省的科学技术奖励。近两年，在国家政策的大力支持下，果蔬贮藏与加工领域研究取得了一批重要成果。经统计，2011—2012果蔬物流保鲜与加工方面有 14 项获得国家科学技术进步奖等奖项。其中，2012 年"果蔬食品的高品质干燥关键技术研究及应用"获国家科学技术进步奖二等奖，2011 年"坛紫菜新品种选育、推广及深加工技术"获国家科学技术进步奖二等奖。表 2 列举了主要获奖成果。

表 2　2011—2012 年主要获奖成果

序号	奖　　项	项目名称	获奖单位
1	2012 年度国家科学技术进步奖二等奖	果蔬食品的高品质干燥关键技术研究及应用	江南大学等
2	2012 年度国家科学技术进步奖二等奖	食品安全危害因子可视化快速检测技术	天津科技大学等
3	2011 年度国家科学技术进步奖二等奖	坛紫菜新品种选育、推广及深加工技术	上海海洋大学等
4	2012 年度中国食品科学技术学会科技创新奖技术发明奖二等奖	变温压差膨化组合干燥技术及产业化应用	中国农业科学院农产品加工研究所等
5	2012 年度中国食品科学技术学会科技创新奖技术进步奖二等奖	苹果物流保鲜与综合加工技术及质量控制研究	中华全国供销合作总社济南果品研究院等
6	2012 年度中国食品科学技术学会科技创新奖技术进步奖二等奖	山楂果实高值化加工技术	辽宁大学
7	2012 年度中国食品科学技术学会科技创新奖技术进步奖三等奖	辣椒提取物中合成染料污染分析与控制技术	晨光生物科技集团股份有限公司
8	2012 年度中国食品科学技术学会科技创新奖产品创新奖三等奖	野菜（薇菜、山蕗）精加工技术集成研究与产业化示范	浙江万里学院等
9	2012 年度高等学校科技进步奖二等奖	绿色安全果蔬贮藏与品质控制新技术研究及产业化应用	中国农业大学等
10	2011 年度高等学校科技进步奖二等奖	沙棘资源无废弃物综合利用技术及应用	西北农林科技大学等
11	2012 年度中国商业联合会科学技术进步奖一等奖	桃汁超高压加工技术及工艺研究	北京市食品研究所
12	2012 年度中国商业联合会科学技术进步奖二等奖	香菇物流与保鲜技术研究	中华全国供销合作总社济南果品研究院
13	2012 年第十四届中国专利优秀奖	聚乙烯果蔬气调保鲜袋及其生产工艺和应用	山西三水渗水膜科技发展中心
14	2012 年第十四届中国专利优秀奖	加工番茄酱后余料的分离机构	石河子大学

虽然在国家级别的科研奖励上数量较少，但是果蔬干燥、物流保鲜及综合加工技术研究在学会、行业上已经越来越受到人们的重视，近年来的成果数量也在逐渐增多。2012年度"中国食品科学技术学会科技创新奖"奖励项目名单中就有3项获技术发明奖二等奖，1项技术获进步奖三等奖，1项产品获创新奖三等奖。2012年度获中国商业联合会科学技术进步奖2项，其中一等奖和二等奖各1项。

（4）标准

2011—2012年开始实施的与果蔬品有关的新标准有43项，其中国家标准8项、农业行业标准22项、商业行业标准6项。内容涉及产品、检测方法、分等分级、贮藏保鲜技术规范等。柑橘类标准的实施数量最多，达7项，均为检测方法标准。本学科领域专家参与完成农产品加工标准体系建设规划（2013—2017）中果蔬加工标准部分的制定工作。

6. 近期重要国际学术交流情况

2013年7月，湖南省乡镇企业局、湖南省财政厅在湖南省洪江市组织召开全省农产品（柑橘）产地初加工补助项目工作会议。按照农业部、财政部关于项目实施的总体要求，湖南省农科院农产品加工研究所作为技术依托单位，制订了《2013年湖南省农产品产地初加工补助项目补助设施技术方案》，并负责技术方案的本地化设计、技术指导和培训工作。

2012年"第六届果蔬加工产业与学科发展研讨会"在杭州召开，会议采用互动交流方式，展示了当今果蔬加工技术领域最新研究进展，探讨了行业发展中技术难点和热点。2012年在陕西西安召开"中国国际果蔬汁产业大会"，会议通过对"新技术、新工艺、新设备"的集中展示，使参会者充分了解到果蔬汁生产企业在食品安全方面所采取的最新措施，及时掌握了全球果蔬汁行业的最新发展动态，同时与国际知名食品质量检测机构的技术专家就果蔬汁产品检测指标及标准化等问题进行了深入的探讨。2012年7月"中国（青岛）国际果汁加工技术创新论坛"在青岛召开，研讨了果品加工技术、机械设备、检测手段和法规修制定的最新进展。2012年在厦门召开的"中国国际微生物食品安全研讨会"，在哈尔滨市举办的"中国食品科学技术学会第九届年会"，在浙江召开的"首届中国食品科学青年论坛"，在日本札幌举行的"中日食品科技与工业论坛"，在巴西伊瓜苏召开的"第十六届世界食品科技大会"，这些会议的成功举办，加强了果蔬贮藏及加工领域的交流与合作，推动了我国果蔬贮藏及加工学科快速持续发展。

7. 学科重要研究团队建设情况

2012年，湖南省农业科学院单杨博士领衔的"农产品加工与质量安全创新团队"被评为农业部农业科研杰出人才及其创新团队；2013年，湖南省农业科学院单杨博士领衔的"果蔬加工与质量安全创新团队"入选科技部重点领域创新团队。

（二）果蔬贮藏与加工产业发展

1. 果蔬贮藏与加工产业发展现状分析

我国是水果和蔬菜生产大国，果蔬加工业已成为果蔬种植业规模化的重要环节。近年来，我国的果蔬贮藏与加工技术总体水平上取得了突破进展，果蔬采后加工业发展迅速，初加工问题已得到基本解决，但还未能向深层次推进，技术与装备落后是最主要的原因，如发达国家早已使用食品生物技术、真空干燥技术、膜分离技术、超临界萃取技术等高新技术在我国才处于刚起步阶段，差距非常明显，加工的规模小、技术水平低、综合利用差、能耗高、加工出的成品品种少、质量差。就果品加工而言，一些技术难题尚未得到根本解决，如我国果汁生产中的果汁褐变、营养素损耗、芳香物逸散及果汁浑浊沉淀等问题，与国外先进水平还存在很大差距，这些技术难题并没有因引进了国外果汁加工生产线而得到解决；在蔬菜加工方面，目前我国加工手段比较少，如罐藏、速冻、干制等，科技含量低，大部分蔬菜仍然沿袭传统做法，基本上没有经过任何加工。我国果品总贮藏量约 2100 万吨，采后机械商品量不足 10%，果品加工转化能力约为 8%，预冷处理几乎处于空白状态；蔬菜 90% 以初级产品上市，蔬菜加工转化能力约为 10%，采后损失达 20% ~ 25%，甚至有的高达 50%。

目前，我国果蔬贮藏能力仅为总产量的 31.18%，而发达国家的果蔬贮藏能力高达 70% ~ 80%，我国的果蔬采后商品化处理水平远远低于发达国家，在我国每年约有 8000 万吨蔬菜、水果腐烂，贮藏及运输条件不当造成的果蔬腐烂损失率占总产量的 25% ~ 30%，损失总价值约为 800 亿元。

2. 果蔬贮藏与加工学科对产业的带动作用

现有的国家科技支撑体系为果蔬贮藏与加工学科的发展建立了一个有机衔接，协调互动，梯度支撑，高效运行，整体推进的科技投入框架。该框架涵盖了应用基础理论、高新技术、关键工艺与技术设备、成果转化和技术推广、产业化开发与能力建设等从基础研究到产业推广的多层面的科技保障平台。

（1）果蔬贮藏技术发展对产业的带动

在果蔬贮藏领域，果蔬采后基础理论和共性技术的研究、特色果蔬贮藏技术研究、鲜切菜加工技术研究及冷链流通技术均取得了突破性进展。

开发了我国产量均居世界第一的杨梅、荔枝、龙眼、草莓等四种易腐易褐变南方特色水果的贮藏保鲜加工技术，开发的抑霉剂可延长五倍保鲜期，好果率 90% 以上；筛选了水果采后病害的拮抗微生物，从生态、生理和基因水平阐明了水果采后病害的生防机理，开发的高效低成本生防制剂对杨梅、草莓真菌病害性腐烂的抑制率达 60% ~ 70%；开发的荔枝龙眼抗褐变综合保鲜贮运技术使保鲜期达两个月，好果率 90% 以上；建立了系统的果蔬运输生理学研究体系，开发的易腐水果控温长途运输保鲜集成技术可将杨梅、草莓的运销半径由产地周边数百公里拓展到全国和国际市场。该技术获科技部国家科技进步奖二等奖。

研究了苹果虎皮病发病机理和保鲜技术，明确了 α–法尼烯的氧化产物是诱导虎皮病发生的原因，采摘后高浓度 CO_2 预处理能有效抑制虎皮病发生发现了"富士"系苹果对贮藏中 CO_2 高度敏感，自主开发了 CO_2 高透性保鲜膜，构建了"低温＋自发气调袋＋保鲜剂"的简易气调贮藏模式；制定了苹果采收、贮藏系列标准，为苹果产业技术标准体系的构建奠定基础。

（2）果蔬加工技术发展对产业的带动

"十一五"期间，果蔬加工领域技术的研究和发展明显趋向于重点发展柑橘、苹果、番茄、胡萝卜和马铃薯深加工基础理论、技术及产业化示范研究。以柑橘为例，研究橘皮和橘瓣囊衣的化学组成特性，创造性地应用现代生物技术改造传统加工工艺，重点研究酶法脱囊衣和去皮新技术，同时开展微生物降解柑橘囊衣和柑橘全果酶法脱囊衣的技术研究，并研发配套设备，形成了完整的工业化技术体系。创造性地应用现代生物技术改造传统加工工艺，研究酶法脱囊衣和去皮新技术，同时开展微生物降解柑橘囊衣和柑橘全果酶法脱囊衣的技术研究，并研发配套装备，形成了完整的技术体系。该研究项目成功地解决了柑橘加工传统工艺中产生大量 NaOH 废水污染和产品重金属残留问题，有效降低了劳动强度和成本（由 30 人·小时／吨降低到 2～3 人·小时／吨，原料损耗降低 5% 以上），显著提高了产品质量（VC 含量可提高到 16.3mg／100g）和生产效率（生产时间缩短 40%）。

采用真空油炸脱水、冻干及其联合干燥、热风及其联合干燥、特种脱水等高效保质联合干燥创新技术，较好地解决了传统果蔬食品干制品普遍存在的加工和后续保藏过程中品质变劣快、不稳定等难题，并推动了高耗能干燥行业的节能减排。如其中的一项真空冷冻技术，可以让脱水果蔬的营养流失控制在 10% 以内，并且可以使它们的口感、颜色实现基本如初。果蔬的烘干能耗也大大下降。将新鲜的包心菜烘干，采用传统技术需要 20 多个小时，而采用此项技术，只需 16 个小时就可以烘干，不但时间缩短，能耗也下降了 10% 以上。上述成果通过在江苏开元食品科技有限公司、江苏兴野食品有限公司等 8 家行业或地方龙头企业的实际应用，建立了 68 条新型高品质果蔬食品干燥生产线，为企业构建了能自主开发新型高品质果蔬食品干制品的创新平台，显著提高了企业的市场竞争力。

三、学科国内外研究进展比较分析

1. 国外果蔬贮藏与加工学科与产业发展现状与趋势

为了减少果蔬采收后的腐烂损耗，果蔬保鲜技术研究受到了国外学者的广泛关注。近些年，化学保鲜剂的研究及应用发展很快，现已有多种化学杀菌剂、生物活性调节剂及生物涂膜类等防腐保鲜剂在贮藏保鲜中推广使用，对提高贮藏效果具有明显的辅助促进作用。此外，某些前沿高新技术，如采后生物技术正逐步应用于果蔬产品的贮藏保鲜。①在气调保鲜方面：开发出能够吸收和透过乙烯防止农产品后熟的包装用 FH 薄膜，能够延长蔬菜保质期；②在天然防腐保鲜剂方面：研制出高效多功能果蔬保鲜剂，可抑制果蔬呼吸作用和水分蒸发，延缓果蔬氧化和酶促褐变；③在生物保鲜剂方面：采用 DNA 重组技术进行基因改良，可以达到推迟果蔬成熟衰老，延长贮藏期的目的。从酵母和细菌中分离出能防止水果和蔬菜腐烂的菌株；④在化学保鲜剂方面：采用臭氧处理经人工接种青霉的柑橘和柠檬，果实腐烂率显著降低。

在果蔬加工学科方面，果蔬产品副产物综合利用为国外学者研究的热点。菠萝加工生产过程废弃物的榨出汁中含丰富的菠萝蛋白酶。采用液—液体系对菠萝蛋白酶进行分级沉淀，能够去除不需要的蛋白质成分，同时保留活性组分，达到分离纯化目的；果蔬加工中都会产生大量籽资源，这些籽资源不仅含有大量的不饱和脂肪酸，还含有丰富的蛋白质、维生素和矿物质。在番茄籽油的提取条件以及抗氧化活性，苹果籽的提取和活性研究，超声波辅助萃取与超临界萃取葡萄籽中葡萄籽油做了大量工作。在果蔬汁加工产业中，酶解破碎榨汁技术、超滤澄清技术、膜分离浓缩技术、超高压杀菌、脉冲电场杀菌、微波杀菌等各项新技术被用在橙汁、苹果汁的加工中。

国外越来越重视果蔬贮藏与加工业，其产业发展现状与趋势主要有以下几点：①产业化经营水平越来越高。发达国家已实现了果蔬产、加、销一体化经营，具有加工品种专用化、原料基地化、质量体系标准化、生产管理科学化、加工技术先进及大公司规模化、网络化、经营信息化等特点。同时，发展中国家果蔬加工业近年来也得到了长足发展；②加工技术与设备越来越高新化。近年来，生物技术、膜分离技术、高温瞬时杀菌技术、真空浓缩技术、微胶囊技术、微波技术、真空冷冻干燥技术、无菌贮存与包装技术、超高压技术、超微粉碎技术、超临界流体萃取技术、膨化与挤压技术、基因工程技术及相关设备等已在果蔬加工领域得到普遍应用。先进的无菌冷罐装技术与设备、冷打浆技术与设备等在美国、法国、德国、瑞典、英国等发达国家果蔬深加工领域被迅速应用，并得到不断提升。这些技术与设备的合理采用，使发达国家加工增值能力明显地得到提高；③深加工产品越来越多样化。发达国家各种果蔬深加工产品日益繁荣，产品质量稳定，产量不断增加，产品市场覆盖面不断地扩大。多样化的果蔬深加工产品不但丰富了人们的日常生活，也拓展了果蔬深加工空间；④资源利用越来越合理。在果蔬加工过程中，往往产生大量废弃物，如风落果、不合格果以及大量的果皮、果核、种子、叶、茎、花、根等下脚料。无废弃开发，已成为国际果蔬加工业新热点。国外都是从环保和经济效益两个角度对加工原料进行综合利用，将农产品转化成高附加值的产品，如日本、美国、欧洲等国利用米糠生产米糠营养素、米糠蛋白等高附加值产品，其增值 60 倍以上。利用麦麸开发戊聚糖、谷胱甘肽等高附加值产品，增值程度达 3 ~ 5 倍，美国利用废弃的柑橘果籽榨取 32% 的食用油和 44% 的蛋白质，从橘子皮中提取和生产柠檬酸已形成规模化生产。美国 ADM 公司在农产品加工利用方面具有较强的综合利用能力，已实现完全清洁生产（无废生产），使上述原料得到综合有效地利用；⑤产品标准体系和质量控制体系越来越完善。发达国家果蔬加工企业均有科学的产品标准体系和全程质量控制体系，极其重视生产过程中食品安全体系的建立，普遍通过了 ISO9000 质量管理体系认证，实施科学的质量管理，采用 GMP（良好生产操作规程）进行厂房、车间设计，同时在加工过程中实施了 HACCP 规范（危害分析和关键控制点），使产品的安全、卫生与质量得到了严格地控制与保证。国际上对食品的卫生与安全问题越来越重视，世界卫生组织（WHO）、联合国粮农组织（FAO）、国际标准化组织（ISO）、FAO/WHO 国际联合食品法典委员会（CAC）、欧洲经济委员会（ECE）、国际果汁生产商联合会（IFJU）、国际葡萄与葡萄酒局（OIV）、经济合作与发展组织（CRCD）等有关国际组织和许多发达国家都积极开展了果蔬及其加工品标准的制定工作。

2. 国内外果蔬贮藏与加工技术比较分析

（1）果蔬贮藏保鲜技术比较

1）气调保鲜。气调贮藏（Controlled Atmosphere）简称 CA，美国和以色列的柑橘总产量 50% 以上是气调保鲜；新西兰的苹果和猕猴桃气调贮藏量为总产量的 30% 以上；法国、意大利以及荷兰等国家气调贮藏苹果均达到总贮藏的 50% ~ 70%，证实了气调贮藏保鲜水果的光明前景。在国外，低氧 CA 技术或超低氧贮藏是果蔬采后 CA 应用技术的新突破。目前，我国已确定了气调贮藏保鲜苹果、梨、香蕉等果实的最佳气体比例和最适合气调贮藏温度，如苹果：O_2 为 0.2% ~ 4%、CO_2 为 3% ~ 5%，贮藏 8 个月，硬度保持在 5×10Pa 以上，损耗率在 3% 以内；梨：O_2 为 3% ~ 5%、CO_2 为 3% ~ 4%；香蕉：O_2 为 0 ~ 23%、CO_2 为 0 ~ 2%。

2）防腐剂保鲜技术。目前，在国内外常用的有天然果蔬保鲜剂主要有茶多酚、蜂胶提取物、橘皮提取物、魔芋甘露聚糖、鱼精蛋白、植酸、连翘提取物、大蒜提取物、壳聚糖等。如用壳聚糖处理番茄，常温下可贮藏 30d 左右；几丁质用于苹果保鲜可达数月，用它处理草莓，结合低温贮藏，也具有较好的保鲜作用；用粮姜蒸液处理甜橙，贮藏 130d 后，总腐果率为零，干疤果率为 0.3%。

3）生物保鲜技术。生物保鲜技术是一种正在兴起的食品保鲜技术，目前应用较多的是酶法保鲜，其原理是利用酶的催化作用，防止或消除外界因素对食品的不良影响，从而保持食品原有的品质。酶的催化作用具有专一性、高效性和温和性，因此可应用于各种果蔬保鲜，有效防止氧化和微生物对果蔬所造成的不良影响。当前用于保鲜的生物酶种类主要有葡萄糖氧化酶和细胞壁溶解酶。

（2）国内外果蔬加工技术比较分析

近年来，我国的果蔬加工业取得了巨大的成就，在我国农产品贸易中占据重要地位。目前，果蔬加工业在传统的果蔬罐头、果蔬干制及腌制基础上，果蔬加工的新技术、新装备及新材料不断涌现，加快了果蔬加工产业的发展。这些新技术主要包括以下几个方面。

1）膜分离技术。膜分离技术在国内主要用于果蔬汁的澄清，而在国外，还用于柑橘果胶的纯化，所得提取液直接干燥可得高品质的果胶，并且能够大幅降低生产成本；利用膜分离技术还可以实现酶制剂的提纯与浓缩，不影响酶的活性，酶的得率与纯度高。膜分离技术在除菌方面也有应用，取代巴氏杀菌和高温瞬时杀菌，纳米级的微滤膜足以阻止微生物通过，从而在分离的同时达到"冷杀菌"的效果。

2）真空冷冻干燥技术。真空冷冻干燥技术主要用于食品的保鲜、护色和保质。冷冻干燥技术在美国、西欧、日本发展迅速，技术、工艺、设备日趋成熟和完善。冻干食品在一些发达工业国家已经达到相当高的普及水平，美国、日本冻干食品的比重已达到40%以上，蔬菜有香葱、胡萝卜、大蒜、洋葱、生姜、辣椒、山药、菠萝、青豆、食用菌等，水果有苹果、桃、梨、杏、红枣、草莓、香蕉、菠萝、哈密瓜等，均可采用冷冻干燥技术进行加工。国内冻干食品工业尚处于发展初期，产量还很低。因此，我国应加快发展冻干食品，把丰富的农产品进行深加工增值、外销创汇。国内外对冻干食品的巨大需求，为我国发展冻干食品工业，提供了机遇。

3）超临界萃取技术。该技术主要用于果蔬功能性物质、色素的提取以及果蔬资源的综合利用方面，包括果皮、鲜花中的精油等物质的提取，花生油、菜籽油和棕榈油的植物油脂的提取，果蔬中功能性成分的提取、果汁中的脱色脱苦等。超临界流体萃取技术因其使用安全、操作方便、节约能源、分离效率高，可防止萃取物热劣化，并起到抗氧化和净菌作用。国外在精油提取都已形成产业化，而国内目前超临界流体技术在果蔬加工中规模化、工业化尚存在一定的困难，建立合理的工业化装置是推动超临界流体萃取技术由实验研究转向工业化生产的关键之一。

4）膨化技术和微波技术。在国外，这两项技术早已成熟并投产。在国内，非油炸果蔬脆片的生产工艺和工程化技术正是针对传统油炸食品含油量和丙烯酰胺残留量高的缺点，应用微波干燥技术、压差膨化干燥及二者组合技术，建立起来的一套实用、节能、高效的新技术。柑橘、橘子、芦柑、脐橙、梨、蜜枣、苹果、桃、胡萝卜、甘薯、毛豆、南瓜、食用菌等，均可应用该项技术加工成各种果蔬干制品，包括脆片、脆丁、脆粒、果蔬超微粉等。

5）微胶囊造粒技术。日本在20世纪80年代已开始对该技术投产，每年申报的微胶囊造粒技术方面的专利达上百件。而我国在80年代中期引进了这一技术，在微胶囊果蔬饮料方面有应用，如以海藻酸钠、蔬菜、天然果汁为原料，微胶囊技术和饮料工艺相结合，制造微胶囊复合果蔬饮料。产品具有叶酸、蛋白质、维生素C、钙等营养成分。产品具有色泽明快、风味独特、营养丰富、稳定性极佳等特点。

6）生物技术。生物技术主要有酶技术与基因技术。酶技术除应用于果蔬汁饮料的澄清，还应用于处理果蔬表面及内部的组织特性，如柑橘的去皮、去苦及保持桃子的硬度等。基因技术主要应用于延长果蔬的贮藏期，改善果蔬的品质。

7）超微粉碎技术。超微粉碎技术使物料具有良好的分散性、吸附性、溶解性和生物活性。如果蔬微粉片，就是将新鲜果蔬（如苹果、橙子、胡萝卜、番茄等）经超微粉碎、喷雾干燥之后得到的果蔬粉进行配料、混合造粒、成型等一系列加工工序所得到的一种新型果蔬产品。

8）分子蒸馏技术。国外一般将分子蒸馏技术用于芳香精油（萜类）、天然维生素（生育酚）、天然色素（类胡萝卜素、辣椒红色素等）等，而在国内分子蒸馏技术在上述领域也得到应用，如采用分子蒸馏技术从橘皮油中提取柠檬烯，可大大提高柑橘皮的经济价值。

9）无损检测技术。日本开发了基于可见光和近红外光谱测定苹果和梨成熟度的传感器以及色泽选果装置，而国内在苹果水心病无损检测中做了大量的工作。

四、学科发展趋势及展望

1. 学科发展目标

以果蔬加工产业发展战略需求为目标，整合果蔬加工领域的基础研究与产业技术研究力量，开展果蔬加工共性核心技术研究，开发市场潜力大、附加值高的果蔬加工产品，为我国果蔬加工产业的快速发展提供技术支撑；全面而系统研究我国果蔬加工产业的产品标准、技术与工艺规范，提升我国果蔬加工产业的标准水平，加快与国际接轨；开展国际合作，加强学术与技术交流，加速国外同类先进技术的引进、消化、吸收和创新；推动学科交叉，培养产业发展需求的科技创新人才及管理人才；开展果蔬加工产业发展战略研究，为国家、行业和相关领域的发展提供信息和咨询服务。

2. 学科发展趋势

从近年学科发展的趋势来看，交叉融合是学科发展的历史必然，国家战略和社会发展需求是学科发展的原始动力，强化基础研究是学科发展的战略关键，创新人才队伍建设是学科发展的智力支撑。果蔬贮藏与加工学科要抓住学科发展必然环节，以国家大政方针为指导，加强果蔬加工基础研究，培养果蔬加工创新型人才队伍，明确果蔬贮藏与加工学科发展的方向和趋势，瞄准前沿，提前部署，提升学科顶层设计、战略谋划的能力，做好学科发展统筹规划，促进形成更为科学合理的学科布局，构建与创新型国家相适应的学科发展体系，有效促进学科的健康快速发展。

要以果蔬加工产业中存在的突出问题为导向，以解决这些问题为出发点，促进学科交叉融合。果蔬贮藏与加工相关学科的交叉融合，能够进一步促进原始创新和集成创新，从而获得更多的科学发现和重大的技术发明，形成更具竞争力的产品和产业，由此不断提高自主创新能力，从而推进学科理性发展和变革，在产业重点方向和关键领域取得新的突破。

我国果蔬贮藏与加工产业发展的关键领域包括：

1）果蔬优质加工专用型品种选育引进与规模化原料基地建设。
2）绿色果蔬采后防腐保鲜与商品化处理技术研究及产业化。
3）特色果蔬保鲜预切和净菜加工及产业化。
4）果蔬加工副产物功能成分的高效绿色提取、无废弃综合利用及产业化。
5）现代果蔬汁饮料加工及产业化。

163

6）速冻、脱水果蔬加工技术研究及产业化。

7）果蔬脆片及营养果蔬全粉加工技术研究及产业化。

8）传统果蔬加工制品（酿造、罐藏、糖制、腌制等）的提质升级、工业化及全程监控体系研究与建设。

9）果蔬原料及加工制品的标准和质量控制体系及产业信息化体系研究与建设。

10）果蔬快速检测和在线无损检测技术研究及装备产业化。

11）新型果蔬加工、包装、物流设备的创制及产业化。

12）果蔬加工节能减排技术、装置的研究及产业化。

3. 学科发展建议

（1）切实强化果蔬贮藏与加工科技支撑体系及学科科技创新平台的建设

在加大政府政策、资金支持力度，创造良好机制、体制、政策环境的同时，要特别加强果蔬主产地区在科技支撑平台建设中的作用。

第一，大力引导和建设果蔬加工科技创新平台。以国家农产品加工布局战略为纲领，各省市给予相应的资金支持和保障，尽快组建和建设一批以果蔬贮藏与加工为主的农产品加工重点实验室和农产品加工工程中心，共同构筑区域科技创新载体。

第二，发挥果蔬主产地区的行政职能作用，建立和完善更加有效的科技创新机制。要建立以果蔬贮藏与加工企业为主体，政府宏观指导、社会中介组织参与以及各方协同配合的科技进步和技术创新体系及运行机制，倡导产学研联合，推动企业成为技术创新主体，支持组建果蔬贮藏与加工产学研创新技术联盟，引进国内外高新科技企业和高校科研单位共建研发生产基地，加快产学研一体化进程。

第三，强化果蔬贮藏与加工企业研发中心建设。推动企业成为技术和产业服务的创新主体，为果蔬贮藏与加工产业发展、产业结构调整、培育和发展新兴果蔬制造以及人才培养、基地建设等方面做出积极贡献；同时，以企业为载体，稳定和培育一支高水平、高素质、专业化的科技攻关队伍，为我国果蔬加工与贮藏产业的协调可持续发展提供强有力的科技支撑。

（2）持续推进高新技术成果和成套装备在果蔬贮藏与加工产业中的转化效益

传统优势果蔬加工产品，如罐头制品、速冻蔬菜在我国果蔬加工产业的发展过程中起到了重要作用，是我国果蔬加工产业的重要支柱，应进一步提高果蔬加工标准化作业水平，发展和壮大龙头企业，并引导企业转变发展思路，从劳动力密集型转变为资源技术集约型企业，提高产品附加值、降低成本、减少污染物排放。

高新技术和先进装备的产业化应用对提高产品质量及国际竞争力具有极其重要的作用。当前，高效制汁、非热杀菌、高效节能干燥、微波、速冻、膜、无菌贮藏与包装、超高压、超微粉碎、超临界流体萃取、膨化与挤压、基因工程及果蔬综合利用等技术和相关设备研究与应用仍然是果蔬贮藏加工学科领域的研究重点。这些高新技术与先进设备，在美国、德国、瑞典、英国等发达国家果蔬深加工领域被迅速应用，并得到不断改进与提升。

因此，我国果蔬贮藏与加工学科的重点是在加强相关高新技术研究同时，应进一步加强技术比对研究和实用设备研制，对于不同的产品品种和加工方式，以高效、节能、适应市场需求为基点，推进优势技术和先进成套装备在实际生产的集成应用。

（3）全面提升果蔬贮藏与加工学科涵盖领域的教学条件、技术水平和人才素质

学科建设是产业发展的基础。果蔬贮藏与加工学科的发展在知识创新、人才培养、社会服务、研究开发及产业化发展中起到重要的作用，是产业发展的基础保障和前提条件。我国果蔬贮藏与加工产业应针对目前发展现状和存在的主要共性问题，结合国内外果蔬贮藏与加工业的发展趋势，进一步加强果蔬贮藏与加工学科体系改革和师资队伍及教学条件的建设，不断增强自主创新能力，加强产学研联合和技术推广，提升我国果蔬加工产业整体水平。

对于在国际贸易中具有比较优势的产品，要进一步加强标准化工作，让我国果蔬加工标准化水平达到国际先进水平，加强我国果蔬加工制品在国际贸易中的影响力。加强基础领域的研究，通过对高新技术、设备的应用研究和推广，多发表在国际上有影响力的高水平学术论文，全面提升我国果蔬贮藏与加工学科在国际学术领域的影响力。加强国内高等科研院所与国外相关领域科研院所、知名企业的合作和交流，多渠道、多手段、多方式推动和提升我国果蔬贮藏与加工学科技术水平。确立适应于现代经济社会发展需要的人才培养方案，坚持开门办学，加强学生实践能力和创新能力培养，为我国果蔬贮藏与加工产业源源不断地输送高素质人才。

参 考 文 献

［1］罗金岳，王爱，钱勇. 柑橘皮精油的超临界 CO_2 萃取及化学成分分析［J］. 林产化学与工业，2012，32（2）：150–152.

［2］李芳清，孙荣. 柑橘皮中黄酮类物质的提取与纯化研究［J］. 东华理工大学学报，2009，32（2）：249–252.

［3］苏东林，李高阳，刘伟，等. 橘皮类黄酮的分离、纯化及结构鉴定研究［J］. 中国食品学报，2012，12（5）：174–181.

［4］Shao D, Atungulu GG, Pan Z, et al. Study of optimal extraction conditions for achieving high yield and antioxidant activity of tomato seed oil［J］. J Food Sci, 2012, 77（8）：E202–208.

［5］Fromm M, Bayha S, Kammerer DR, et al. Identification and quantitation of carotenoids and tocopherols in seed oils recovered from different Rosaceae species［J］. J Agric Food Chem, 2012, 60（43）：10733–10742.

［6］Tian HL, Zhan P, Li KX. Analysis of components and study on antioxidant and antimicrobial activities of oil in apple seeds［J］. Int J Food Sci Nutr, 2010, 61（4）：395–403.

［7］Da Porto C, Porretto E, Decorti D. Comparison of ultrasound–assisted extraction with conventional extraction methods of oil and polyphenols from grape（Vitis vinifera L.）seeds［J］. Ultrason Sonochem, 2013, 20（4）：1076–1080.

［8］Agostini F, Bertussi RA, Agostini G, et al. Supercritical extraction from vinification residues：fatty acids, α–tocopherol, and phenolic compounds in the oil seeds from different varieties of grape［J］. The Scientific World Journal, 2012：790486.

［9］ Coelho DF，Silveira E，Pessoa Junior A，et al. Bromelain purification through unconventional aqueous two-phase system（PEG/ammonium sulphate）［J］. Bioprocess Biosyst Eng, 2013, 36（2）: 185-192.

［10］ López-García B，Hern á ndez M，Segundo BS. Bromelain，a cysteine protease from pineapple（Ananas comosus）stem，is an inhibitor of fungal plant pathogens. Biotechnol Appl Biochem［J］. Lett Appl Microbiol, 2012, 55（1）: 62-67.

［11］ Barfi B，Asghari A，Rajabi M，et al. Simplified miniaturized ultrasound-assisted matrix solid phase dispersion extraction and high performance liquid chromatographic determination of seven flavonoids in citrus fruit juice and human fluid samples: Hesperetin and naringenin as biomarkers［J］. J Chromatogr A, 2013, 1311: 30-40.

［12］ He JZ，Shao P，Liu JH，et al. Supercritical Carbon Dioxide Extraction of Flavonoids from Pomelo（Citrus grandis ［L.］Osbeck）Peel and Their Antioxidant Activity［J］. Int J Mol Sci, 2012, 13（10）: 13065-13078.

撰稿人： 单　杨　刘　伟　李高阳　苏东林　朱向荣

食品添加剂学科的现状与发展

一、引言

　　食品添加剂超标是食品质量不合格的主要原因之一，因此，食品添加剂仍然是国民关注的焦点之一，并被误认为是导致食品安全的元凶。中国民众对食品添加剂的认识，以及造成食品添加剂超标的原因成为人们研究的热点之一。中国食品添加剂技术及工业就是在这样一种误解和敌视中发展，国家层面的重视也推动了相关工作的开展。

二、食品添加剂发展现状与分析

1. 食品添加剂产业现状，以及对中国食品工业发展的贡献

　　近 6 年间食品添加剂工业销售收入与食品工业产业销售收入的比例一直在降低（见图1），始终不到世界水平的 1/2，国内食品添加剂市场缺口规模达到近 2000 亿元以上。中国食品添加剂工业的发展不能支撑中国食品工业发展的问题愈加突出。

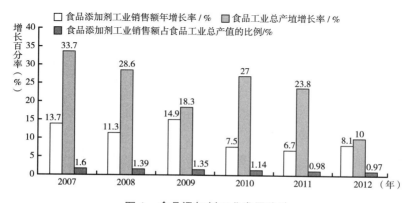

图 1　食品添加剂工业发展统计

2.食品添加剂在食品安全事件和不合格食品中的角色和作用

从 2008 年开始北京市每周公布一次食品安全监测情况，是目前中国境内最完善、系统的食品安全信息来源。北京市 80% 以上的食品来源于其他地区，所以北京市的食品安全信息可以代表中国的食品安全情况。2011—2012 年食品质量监测结果见图 2、图 3 所示。

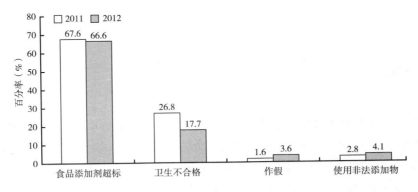

图 2　不合格食品分类统计

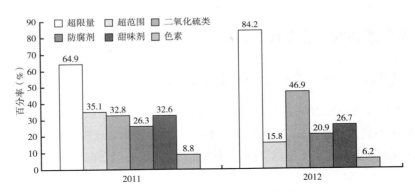

图 3　超标食品添加剂情况统计

图 2 反映了 2011—2012 两年食品添加剂超标是不合格食品的主要原因，也与中国民众对食品添加剂的质疑相符。

超范围使用食品添加剂说明企业根本无视《食品添加剂使用标准》（GB 2760）的规定，超限量使用食品添加剂反映企业缺乏必要的技术力量，不能正确使用食品添加剂。图 3 表明超标食品添加剂中超范围的情况在好转，从 2011 年的 35.1% 下降到 2012 年的15.8%；而超限量使用食品添加剂，从 2011 年的 64.9% 上升到 2012 年的 84.2%。中国食品添加剂超标的主要品种是调色类食品添加剂（二氧化硫类、色素）、防腐剂和甜味剂，这与实际检测的结果相符。

食品加工制造企业食品添加剂的使用行为决定了食品添加剂安全使用状况。以河南省郑州市食品生产企业为对象，调查研究食品生产企业食品添加剂的使用行为，较好地代表了中国目前食品工业企业规模特征的客观现实。

被调查食品企业使用香料、甜味剂、防腐剂、着色剂、漂白剂和其他种类等食品添加剂分别占 56.8%、50.0%、40.9%、28.4%、15.9%、17.0%。受调查的食品企业中 65.9% 的企业在采购食品添加剂时最关注的是食品添加剂是否达到安全标准。企业使用食品添加剂主要动机（限选 3 项）的结果见表 1 所示。

表 1　企业使用食品添加剂主要动机

使用原因	频　数	有效比例 /%	使用原因	频　数	有效比例 /%
外　　观	18	20.5	保质期长	30	34.1
营　　养	41	46.6	降低成本	4	4.5
口　　感	65	73.9	其　　他	7	8.0

67% 的食品生产企业在生产过程中对最终产品定期检测食品添加剂的含量，但是还有 10% 的企业并不进行检测。

在所接受调查的企业中，有 12.5% 的企业曾因为超标、违规使用食品添加剂而不同程度地出现过食品质量问题；有 71.6% 的企业自身认为目前不规范地使用食品添加剂已成为食品安全的最大隐患之一。

在受调查的企业中分别有 65.9%、53.7%、39.8%、36.4% 和 34.1% 的企业认为，造成食品添加剂滥用最主要原因依次是企业道德缺失、食品安全与添加剂监管体制不到位、食品添加剂标准不完善、食品生产企业对食品添加剂缺乏科学认识、政府惩罚力度太轻。

在受调查的 1 ~ 300 人的小型企业、300 ~ 2000 人的中型企业出现过超标、违规使用食品添加剂行为的比例分别为 15.4% 和 9.1%，而在受调查的大型企业中并未出现类似的现象，至少没有出现因食品添加剂使用不规范而导致的食品安全事故。

在受调查的企业中分别有 50.0%、20.0% 和 12.8% 的肉及肉制品业、饮料业、粮食和粮食制品业，曾不同程度地出现过由于食品添加剂使用不当而导致的食品质量问题。

3. 中国民众对食品添加剂的看法，以及对我国食品安全的影响

采用分层方便抽样方法，抽取北京市城六区 38 个街道共 1700 名居民进行自填式问卷调查，是首次在一个城市范围就公众对食品添加剂看法进行的调查。调查对象对食品添加剂的总体知晓率平均为（53.18 ± 15.02）%。分别有 59.2%、74.5% 的人认为苏丹红、三聚氰胺属于食品添加剂；44.3% 的居民对使用合法食品添加剂的态度表示赞成，90% 以上的居民对超量使用合法食品添加剂以及对使用非法食品添加剂的态度表示反对，75.2% 的居民认为我国食品添加剂管理制度与管理措施不完善，28.1% 的居民在购物时经常会尽量挑选不含食品添加剂的食品。多因素非条件 Logistic 回归分析结果显示，城市居民文化程度高，大学时所学专业为农医类是影响居民食品添加剂知晓率高低的重要因素。显然，北

京市居民对食品添加剂的知晓率还不是很高，居民对合法使用的食品添加剂的正性态度较低，对非法使用的非食品添加剂的知晓率亦较低。

以北京市调查结果："49.8%的调查对象对合法使用的食品添加剂的安全性表示担心"为基础，依据 2010 年全国普查数据估算，对食品添加剂呈负面观点的比例大致占 77% 以上，依据 2010 年科学素质调查数据估算，对食品添加剂呈负面观点的比例大致占 88% 以上，两项估算的平均值为 82.5%。

民众对食品添加剂的关注推动了我国食品安全监管的发展。民众对食品添加剂的不正确认识不利于我国食品工业的发展。因此，需要加大食品添加剂知识的科学普及和健康教育，引导民众正确对待食品添加剂。

三、食品添加剂技术的最新进展

（一）食品添加剂专项技术研究开发现状

1. 国家级科研项目的设立

我国首次在科技支撑类项目对食品添加剂相关研究单独设项。即"十二五"国家科技支撑计划重点项目"食品添加剂关键制造技术研究"，共设"食品香料香精制备关键技术研究及产业化"、"食用色素制备关键技术研究及产业化"、"功能食品添加剂高效提取关键技术研究及产业化"、"食品防腐剂生物制造及食品安全控制"、"食品乳化稳定剂制备关键技术研究及产业化"等 5 个课题，项目经费总额近 4000 万元。

国家自然科学基金委生命学部食品科学学科有关食品添加剂研究在 2011 年和 2012 年资助见图 4、图 5、图 6，2011 年资助项目和经费总额有所减少。通过图 6 可以看出生物类项目数始终高于化学类项目数。研究重点在分离、提取、改性、构效关系和作用机理，生物技术制备食品添加剂和食品添加剂检测等方面的研究，以及天然高分子在混合溶液体系中相分离行为研究等。

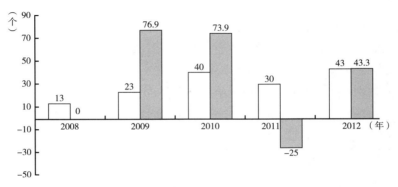

图 4　年度项目数与增长率统计

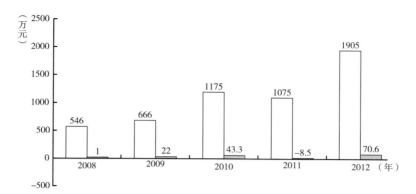

图 5　年度资助总金额与增长率统计

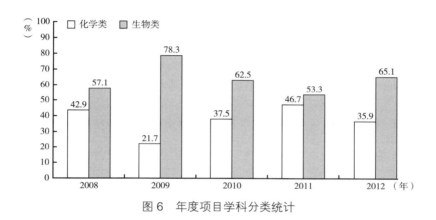

图 6　年度项目学科分类统计

2. 重大成果

获得 2011 年度国家科技进步奖二等奖的有李里特、江正强、程少博等"嗜热真菌耐热木聚糖酶的产业化关键技术及应用"和于培星、任秀莲、崔耀军等"L- 乳酸的产业化关键技术与应用"。

获得 2011 年度教育部技术发明奖二等奖的有毛忠贵、张建华、唐蕾等"基于谷氨酸双结晶高效提取工艺的味精清洁生产技术",科技进步奖一等奖的有吴敬、顾正彪、陈晟等"环糊精葡萄糖基转移酶的制备和应用"。

获得 2012 年度教育部技术发明奖一等奖的有徐虹、冯小海、李莎等"微生物合成聚氨基酸的关键技术及应用"、科技进步奖二等奖的有江波、缪铭、张涛等"糖质资源高值化绿色利用关键技术及应用"和张兰威、郭本恒、董明盛等"高效直投式乳酸菌发酵剂工业化制备关键技术及在发酵食品中的应用"。

中国食品科学技术学会、轻工业联合会和石油化学联合会的科学技术奖也奖励了食品添加剂相关的技术和产品。

（二）食品添加剂技术管理体系建设成果

2011 年 10 月 13 日国家食品安全风险评估中心在北京成立，作为负责食品安全风险评估的国家级技术机构，承担国家食品安全风险评估、监测、预警、交流和食品安全标准等技术支持工作。该中心将在增强我国食品安全研究和科学监管能力，提高我国食品安全水平，保护公众健康，加强国际合作交流等方面发挥重要作用。

GB 2760—2007 版在 2011 年度共有 53 个品种调整（见表 2），其中影响最大的是撤销食品添加剂过氧化苯甲酰、过氧化钙，而且采用征集公众意见的方式，而不是因为安全评估。2011 年 4 月 20 日发布 GB 2760—2011《食品安全国家标准 食品添加剂使用标准》，从 2011 年 6 月 20 日开始实施，在短短的半年时间内又有较大程度的调整和补充。与 GB 2760—2007 相比，重要变化是修改了标准名称，删除了表 A.2，增加了食品用香料、香精的使用原则和食品工业用加工助剂的使用原则。2012 年 4 月 5 日卫生部办公厅发布关于征求拟撤销 2，4－二氯苯氧乙酸等 38 种食品添加剂意见的函，这是中国政府有关部门第一次从食品添加剂管理的角度，将不常使用的食品添加剂从 GB 2760 中删除。

表 2　2011 和 2012 两年食品添加剂品种调整情况

年　度	总　数	新品种数	调整使用范围品种数	撤销品种数
2011	53	8	43	2
2012	420	334	57	41*

* 拟撤销。

食品添加剂产品标准确立也取得较大进步，在《食品添加剂使用标准》（GB 2760—2011）规定的防腐剂、着色剂、甜味剂等 332 个常用品种中，274 个已有产品标准（包括质量要求和检验方法），覆盖率达 82.5%。

发布《食品营养强化剂使用标准》（GB 14880—2012）。发布食品安全国家标准《预包装食品营养标签通则》，规定食品中使用的食品添加剂必须在标签上标明。发布食品安全国家标准《复配食品添加剂通则》，规范了复配食品添加剂的制造和使用。

发布第五、六批《食品中可能违法添加的非食用物质和易滥用的食品添加剂品种名单》，积极遏制食品中违法添加非食用物质和滥用食品添加剂。

（三）学科发展与创新体系建设

2012 年 10 月国务院学位委员会批准了北京工商大学申报的"食品（含保健食品）添加剂与安全"服务国家特殊需求博士人才培养项目，这标志着我国第一次专门设立培养食品添加剂方向的博士人才培养计划，将为推动我国食品添加剂科学的发展发挥关键作用。

由孙宝国院士主编的《食品添加剂》（化学工业出版社，2008）入选"十二五"普通高等教育本科国家级规划教材，对食品添加剂课程建设和食品科学与工程学科发展具有重要意义。

孙宝国院士主编的《躲不开的食品添加剂——院士、教授告诉你食品添加剂背后的那些事》（化学工业出版社，2012）入选"十二五"国家重点图书，该书将为食品添加剂知识的普及，引导公众正确对待食品添加剂和正本清源发挥不可替代的作用。

（四）食品添加剂产品研发与需求趋势

1. 酸度调节剂

酸度调节剂中有机酸为主，可用化学合成法或微生物发酵法生产。淀粉类生物质价格较高，木质纤维素类生物质由于其量大，价廉和可持续获得而得到充分重视和深入研究。以木质纤维素发酵生产有机酸为例，目前主要存在 4 个方面问题：①木质纤维素难以水解，前处理成本高，是其前处理的主要难题，内在的木质素以及发酵抑制剂阻碍了纤维素和半纤维素的水解；②酶生产的高成本和产物抑制现象限制了木质纤维素转化为可发酵糖的经济性；③木质纤维素经过酶解不仅产生六碳糖，还会产生多种五碳糖，而有些菌种则不能发酵五碳糖；④可发酵糖的多样性会造成碳源代谢物抑制，降低发酵产率。目前研究集中在新菌种的选育和基因改造。

近年来，我国黑曲霉柠檬酸产生菌进行深层液体发酵逐渐成为当今世界柠檬酸生产的主流技术，原料、能耗和水耗指标都取得了较大进步，平均产酸 14.69%，发酵周期 54.98h，总收率超过 90%，成品粮耗 1.86t/t，汽耗 4.30t/t，电耗 966kW/t，水耗 16m³/t。我国柠檬酸年产能超过 100 万吨，产业集中度较高，规模较大的企业有潍坊英轩、日照金禾、安徽丰原、山东柠檬、宜兴协联、黄石兴华等，产量合计已占全国总量的 90% 以上。

2. 食品抗氧化剂

食品抗氧化剂的种类及品种较多。因为消费者对化学合成品的疑虑，天然抗氧化剂的研究与开发受到重视。研究发现松仁红衣中黄酮粗提物、降香黄檀籽提取物具有良好的抗氧化性；采用酶解方式从米糠中制备具有抗氧化活性的蛋白肽；橄榄酚类天然抗氧化剂，具有比 Vc 和 BHA 更强的自由基清除能力及抗氧化活性；金福菇多糖、糖基化乳清蛋白多肽均被发现是良好的天然抗氧化剂。虽然研究工作活跃，开发的品种也不少，但真正应用的还不多，尚有待做进一步努力：一是广开原料资源或是利用植物的废弃物提取，二是人工合成或半合成。

复配型的抗氧化剂是开发热点。已有将适合的防腐剂、抗氧化剂等加到各种包装材料中，通过控制释放达到抗氧、保鲜等多种目的。在食品抗氧化剂检测方面，已建立了全二维气相色谱/飞行时间质谱法（GC×GC-TOFMS）定性筛查食品样品中抗氧化剂的快速检测方法。

3. 食品着色剂和发色剂

一些发达国家在食品中使用天然色素的比例已达85%，并有完全取代合成色素的趋势。我国天然色素资源丰富，进一步开发、研究、生产应用功能性天然色素大有潜力。我国在提高辣椒红色素、红米红色素品质的工业方法、不含桔霉素的红曲红色素提取纯化生产工艺、天然色素稳定性方法研究等研究方面都取得了明显的进步。

食用着色剂生产的安全性问题受到重视。大部分天然色素属实际无毒级别，生产中较为突出的是红曲色素中的桔霉素，铵盐法生产焦糖色素存在4–甲基咪唑的问题等。

4. 食用香精香料

香料是食品加工中重要的食品添加剂。天然香料获得受到资源的限制，给食品生产带来困难。香料的绿色、高效，特殊物理场的化学合成，新的芯材和缓释、耐高温等可控包埋方法依然是研究热点，并取得显著的成果。

5. 食品乳化剂

乳化剂制造技术是研究重点。化学方法改进一直是研究的重要方向，例如，无溶剂合成水溶性维生素E聚乙二醇琥珀酸酯。乳化剂的酶法制备已有长足发展，但仍将是研究热点。化学合成仍然是最经济的方法，高效可控合成是研究热点。以精炼棕榈油为原料，依次经过半酯化反应、多元磷脂化反应及羟基化反应制备磷脂类乳化剂，与天然磷脂结构相近，操作简单、合成路线短、产率高。还有研究脂肪酸与糖醇（木糖醇、甘露糖醇、麦芽糖醇与乳糖醇的混合物）在碱性催化酯化制备具有保鲜性能优越的食品乳化剂糖醇脂肪酸酯。

乳化稳定剂复配（如蛋白质与多糖、小分子乳化剂的静电吸附非共价作用），以及新技术方法的研究是热点，例如高温络合法（经高温预热高直链玉米淀粉与油酸、棕榈酸或硬脂酸单甘酯）、美拉德（Maillard）反应、化学变性（过氧化氢和乙酸酐或次氯酸钠和乙酸酐对淀粉复合变性）和酶法交联（面筋蛋白与阿拉伯胶、甜菜果胶交联）形成乳化特性良好的络合物和复合物，在高离子强度介质中及较宽pH范围内，具有较高的溶解度，良好的乳化、抗氧化、抗菌、抗过敏等功能特性。挤压制备十二烯基琥珀酸淀粉酯（以玉米淀粉、十二烯基琥珀酸酐为原料，催化剂氢氧化钠，经过双螺旋杆挤压机挤压制备）可提高香精香料体系的均匀、稳定性。因此，高效合成具有乳化、保鲜、抗消化等多种功能特性的乳化剂成为目前研究的热点。

6. 食品酶制剂

中国食品酶制剂产业发展迅速，每年以15%的速度呈递增趋势。其中关于食品酶制剂的研究主要分为两部分，一是结合基因工程与分子生物学技术对高产酶源微生物菌种筛选；二是对新型固定化酶技术的研究。

由于酶在实际应用中存在诸多缺陷，而固定化酶技术为这些问题的解决提供了有效的手段，因而固定化酶技术的研究也是近年来食品酶工程领域中最为活跃的研究方向之一。近两年来在固定化酶研究领域内应用的新方法和新技术主要有以下几种：

1）磁性高分子微球载体。磁性高分子微球是指内部含有磁性金属或金属氧化物（如铁、钴、镍及其氧化物），而具有磁响应性的超细粉末，利于固定化酶从反应体系中分离和回收。

2）导电聚合物。具有重量轻，易于表面涂覆的特性，并且导电性能方面则具有半导体、金属乃至超导体的优良特性，特别有利于酶电极类生物传感器的制备。

3）等离子体技术。对一些力学强度较好，但缺少活性基团（如羟基、羧基、羰基等官能团）的材料进行等离子体处理，以得到更好的新型固定化酶载体。例如引发丙烯酰胺聚合包埋固定化葡萄糖氧化酶用于麦芽糖的酶促转化时，运转 20 天未发现酶活性损失的现象，固定化酶具有酶活力高、稳定性良好的特点。作为生物传感器和生物反应器而在水及有机介质中应用具有良好前景。

7. 食品增味剂

近两年来食品增味剂研究仍是集中在复合增味剂方面，其中以对天然增味剂和美拉德肽类组分增味特性的研究为主。

双孢蘑菇（Agaricus bisporus）含有非常丰富的呈味氨基酸和核苷酸，其中谷氨酸、天冬氨酸等呈味氨基酸和肌苷酸、鸟苷酸、胞苷酸等核苷酸有很强的呈鲜效果。分别按顺序采用纤维素酶、中性蛋白酶以及 5′ – 磷酸二酯酶对双孢蘑菇子实体中鲜味组分进行提取，取得了较好的效果。双孢蘑菇液体深层发酵工艺的研究也是热点。

美拉德肽是还原糖与肽的美拉德反应产物（MRPs），具有增强呈味食品的鲜味、醇厚味和持续感，是咸味调味料底物及高效转化方法，因而对风味增强肽呈味料的开发具有重要的理论意义。以大豆分离蛋白为原料，通过酶解、美拉德反应制备的大豆肽 MRPs 显著增强了鸡汤的鲜味、醇厚味和持续感。

8. 食品防腐剂

植物源天然防腐剂是热点之一。桂皮乙醇提取物对各种典型的食源性病原菌，如 0157：H7 等的杀菌效果良好。另外，果胶酶解物、果草提取物、淡竹叶提取物抑菌和防腐效果与化学防腐剂山梨酸钾相当。有研究利用酸菜发酵液分离提取小肽类天然食品防腐剂。利用基因工程技术提高枯草芽孢杆菌抗菌肽的产量。乳球菌肽、聚赖氨酸、苯乳酸及曲酸是几种新型天然微生物源食品防腐剂由于其本身的优越性，越来越受到人们的青睐，在生物工程技术高效生产技术方面取得较好成绩。

由于防腐剂种类多样性和作用的特点，人们着力于防腐剂以及防腐剂与抗氧化剂等其他食品添加剂复配技术的开发和应用。同时还研制出不同的制剂与剂型以满足不同的需要。以及利用微胶囊技术形成复配型食品防腐剂。

食品防腐剂检测方面，酶联免疫检测方法是研究热点之一，如乳酸链球菌素的酶联免疫检测方法。

9. 甜味剂

各国使用甜味剂的特点不同。美国主要使用的是阿斯巴甜，达 90% 以上；日本以甜菊糖为主；欧洲人对 AK 糖（安赛蜜）比较感兴趣。2011 年，我国高倍甜味剂单品总产量约 11 万吨，出口量超过 5 万吨。阿斯巴甜等多个高倍甜味剂产品的产量和销量居世界前列。我国糖醇类产品近年增长迅速，目前的产能已超过 220 万吨，而世界功能配料糖醇总需求量约为 185 万吨。

近年来我国甜味剂方面的专利技术集中甜味剂及制备方法、食品加工、医学应用及药用等方面，从 1986—2011 年，申请甜味剂发明专利 160 项，授权 25 项，从 2005 年开始甜味剂专利申请量有较大增加，2005 年至今申请 104 项，授权 11 项，可见甜味剂的相关科学和应用研究及开发蓬勃发展。此外，国外企业或个人在我国申请甜味剂方面发明专利，申请量共 107 项（其中美国 69 项、日本 14 项、法国 5 项、荷兰 4 项、瑞士 2 项、德国 3 项等），占申请总量的 66.88%，是我国研究者申请量的 2.02 倍。美国有 69 项，占申请总量的 43.13%，反映出美国对甜味剂研究的巨大投入，也反映出我国在甜味剂的研究上还有待加强。江南大学、华南理工大学等国内科研机构在新型高倍甜味剂、功能糖研究开发方面取得较好成果，高纯甜味剂的制备方法仍然是热点。

10. 食品增稠剂

绝大多数增稠剂是天然多糖及其衍生物。可溶细菌纤维素、黑木耳水溶性多糖提取物为最新研究的天然增稠剂。

近两年研究和专利申请集中在寻找新的增稠剂资源，增稠剂的复配性能研究，以及增稠剂用于食品加工中对食品感官性能的影响。新天然增稠剂的研究也是热点，如利用集胞藻培养液提取胞外多糖，以及威兰胶的发酵制备。变性淀粉近年来发展较快，最新有研究利用羟丙基和烯基琥珀酸复合改性淀粉生成的产物具有优良的增稠效果。与变性淀粉相比，淀粉和亲水性胶体复配不添加任何化学物质。玉米纤维胶被发现与其他增稠剂复配具有较好的增稠效果。

在增稠剂与食品中主要成分的作用特征研究方面取得了重要成果，如乳清分离蛋白和卡拉胶及低甲氧基果胶复配对体系构建的影响。

我国增稠剂的生产开发近来发展很快，但还处于较年轻的阶段，从品种到质量，从应用的浓度和广度，都还有进一步发展的巨大潜力。

四、食品添加剂学科国内外研究进展比较与发展展望

更安全、功能性更强、稳定性更好是食品添加剂新产品开发的目标。由于食品安全的原因，我国新食品添加剂审批比较严格，而且通常是在国际发达国家已批准后才有可能允

许在我国使用。因此，我国新食品添加剂的开发比较落后，研究人员也缺乏积极性，生产企业也不愿意涉及，给我国食品添加剂发展造成不利影响。

我国食品添加剂研究开发主要集中在新生产技术和工艺革新方面。面对世界性的资源危机以及可持续发展的要求，能耗低、环境污染小的生物技术在燃料、药物、精细化学品等的生产中得到了广泛应用，研究资源利用度高、产品质量好的生产技术将成为重点，利用生物技术制备食品添加剂以及其产品的天然性的优势，更受到格外的重视，阿斯巴甜、阿力甜、纽甜的生产由化学合成逐步转向生物发酵生产。同时生产过程中的安全性问题将成为研究的热点。因此有关利用生物技术替代一些食品添加剂传统生产方法成为国内外相关研究和开发的热点，如类胡萝卜素、花青素和甜菜素等天然色素，内酯等天然香料，乙酸、乳酸、氨基酸等有机酸。

DNA 重组技术对酶工业的渗透，导致了酶工业的飞跃，已有多个国家实现了多种食用用酶的克隆化。此外，除了常用的分子生物学方法，酶的体外进化也是酶工程研究的重要内容之一，其中融会了基因克隆、错配 PCR 以及 DNA Shuffling 等技术，这方面的工作值得更多的投入，与之相配套的反应模型和高通量快速检测方法的建立是至关重要的环节。我国也在开展相关研究，但是技术水平和进展还跟不上世界的脚步。

莱鲍迪苷 A 和甜菊糖预计将占全球糖和甜味剂市场的 10% ~ 20%，全球将有更多的消费者选择莱鲍迪苷 A 或甜菊糖。莱鲍迪苷 A 甜度更高，甜味更接近蔗糖，是一个重要发展方向。可通过酶法将甜菊苷转化为莱鲍迪苷 A 或选育莱鲍迪苷 A 为主要成分的高产新品种。国外已开发出采用高峰淀粉酶将甜菊苷转化成莱鲍迪苷 A 的技术。随着对二肽类甜味剂甜味机理的深入研究，开发新型肽类甜味剂仍是甜味剂领域的研究热点。

纳米技术和新型质构形成技术在食品添加剂的微胶囊化、控制香料化合物和防腐剂的释放、提高营养成分的生物利用率等方面有明显的进步。

我国在高纯度食品添加剂生产技术方面与国际水平差距较大，相关研究和技术开发将成为重点。

食品添加剂在食品体系中与主要成分的关系、作用特点将是研究重点之一，对食品添加剂的开发、相关技术研究和作用发挥有重要价值。

在未来 5 年有关食品添加剂研究和开发的趋势仍然集中在更安全、功能性更强、稳定性更好的新产品，控制释放的利用技术和资源利用率更高、污染更小、安全性更好、产品纯度更高的生产制备技术等方面，工艺简单、成本低、易于实现工业化生产的技术成为研究趋势。

参 考 文 献

［1］中国统计年鉴［EB/OL］. http://www.stats.gov.cn/.
［2］中国食品添加剂和配料协会年度报告［EB/OL］. http://www.cfaa.cn/.

［3］ 北京市工商局. 食品安全信息［EB/OL］. http://www.hd315.gov.cn/xfwq/sptsxx/.

［4］ 张秋琴，陈正行，吴林海. 生产企业食品添加剂使用行为的调查分析［J］. 食品与机械，2012，28（2）:229-232.

［5］ 张华明，闫镝，霍晓宁，等. 北京市居民食品添加剂知信行调查［J］. 中国健康教育，2012，28（1）: 52-55.

［6］ 中国科普研究所. 第八次中国公民科学素养调查主要结果［EB/OL］. http://www.crsp.org.cn/ show.［2010-11-30］.

［7］ 国家自然科学基金委员会［EB/OL］. http://isisn.nsfc.gov.cn/egrantweb/.

［8］ 卫生与计划生育委员会［EB/OL］. http://www.moh.gov.cn/zhuzhan/.

［9］ Abdel-Rahman M, Tashiro Y, Sonomoto K. Lactic acid production from lignocellulose-derived sugars using lactic acid bacteria［J］. Overview and limits. J Biotechnol, 2011, 156（4）:286-301.

［10］ Chao Gao, Cuiqing Ma, Ping Xu. Biotechnological routes based on lactic acid production from biomass［J］. Biotechnol Adv, 2011, 29（6）:930-939.

［11］ Dhillon G S, Brar S K, Verma M, et al. Recent advances in citric acid bio-production and recovery［J］. Food Bioprocess Technol, 2011, 4（4）:505-529.

［12］ 冯志合，卢涛. 中国柠檬酸行业概况［J］. 中国食品添加剂，2011（3）:158-163.

［13］ 刘岭，陈复生，薛静玉. 复配抗氧化剂的研究进展［J］. 中国食品添加剂，2012（2）:172-176.

［14］ 唐洪权. 安全高效的复配食品抗氧化剂：中国，CN201210306125.8［P］. 2012.

［15］ 缪少霞，王鹏，徐渊金，等. 植物源天然食用色素及其开发利用研究进展. 食品研究与开发［J］，2012，33（7）:211-216.

［16］ 卢庆国，李凤飞，连运河，等. 提高辣椒红色素质量的工业方法：中国，200910227887.7［P］.2013.

［17］ 暴海军，袁红波，武胜学，等. 一种利用酶制剂提高红米红色素品质的工艺：中国，200910263904.2［P］. 2013.

［18］ 许赣荣，王永辉，张薄博. 一种不含桔霉素的红曲红色素提取纯化生产工艺：中国，CN201210409242.7［P］. 2012.

［19］ Liang R, Shoemaker C F, Yang X et al. Stability and bioaccessibility of Beta Carotene in nanoemulsions stabilized by modified starches［J］. Journal of Agricultural and Food Chemistry, 2013, 61（6）: 1249-1257.

［20］ 齐晓东，刘娟娟，唐欣，等. 食品着色剂行业发展及存在问题［J］. 粮油食品科技，2011，19：57-60.

［21］ Tian HY, Sun BG, Tang LW, et al. Application of Sharpless Asymmetric Epoxidation on Preparation of Optically Active Flavors 3-Methylthiohexanal and 5（6）-Butyl-1，4-dioxan-2-one［J］. Flavour and Fragrance Journal, 2011, 26（1）:65-69.

［22］ 田红玉，刘玉平，孙宝国，等. 一种α-（2-甲基-3-呋喃硫基）酮类香料化合物的制备方法：中国，201010123137.8［P］. 2012.

［23］ 张晓鸣，张海洋，吕怡，等. 一种通过复合凝聚法制备疏水物质为芯材的微胶囊的方法：中国，201010207988.0［P］. 2012.

［24］ 杨亦文，王靖媛，苏宝根，等. 无溶剂合成水溶性维生素E聚乙二醇琥珀酸酯的方法：中国，201010121073.8［P］. 2011.

［25］ 孙平，陈媛媛. 酶法催化制备麦芽糖脂肪酸酯的方法：中国，10175694.4［P］. 2010.

［26］ Serfert Y, Schröder J, Mescher A, et al. Spray drying behaviour and functionality of emulsions with β-lactoglobulin/ pectin interfacial complexes［J］. Food Hydrocolloids, 2013, 31（2）:438-445.

［27］ 陈坚，刘龙，堵国成. 中国酶制剂产业的现状与未来展望［J］. 食品与生物技术学报，2012，31（1）:1-7.

［28］ Ishii R, Itoh T, Yokoyama T, et al. Preparation of mesoporous silicas using food grade emulsifiers and its application for enzyme supports［J］. Journal of Non-Crystalline Solids, 2012, 358（14）: 1673-1680.

［29］ Rodrigues, PM, David, et al. Preparation of biocatalysts with magnetic properties: enzymatic and physical characterization seeking application in the process assisted by magnetic fields［J］. Revista Mexicana de Fisica S, 2012, 58（2）:112-117.

［30］ Fariba J，Soheila K，Samsam SZ，et al. Stability improvement of immobilized lactoperoxidase using polyaniline polymer［J］. Molecular Biology Reports，2102，39（12）：10407–10412.

［31］ McGough M M，Sato T，Rankin S A，et al. Reducing sodium levels in frankfurters using a natural flavor enhancer［J］. Meat Science，2012，91（2）：185–194.

［32］ Christiansen，K F，Olsen E，Vegarud G，et al. Flavor release of the tomato flavor enhancer，2–isobutylthiazole，from whey protein stabilized model dressings［J］. Food Science and Technology International，2011，17（2）：143–154.

［33］ Negi P S. Plant extracts for the control of bacterial growth: efficacy，stability，and safety issues for food application［J］. Intl J Food Microbiol，2012，156（1）：7–17.

［34］ 钱成岑，吴彦峰. 一种果胶酶解天然食品防腐剂及其制备方法：中国，201110227082.X［P］.2011.

［35］ 陆兆新，曹国强，吕凤霞，等. 通过敲除 phrC 基因提高枯草芽孢杆菌抗菌肽的产量：中国，201110105407.7［P］. 2013.

［36］ 贾士儒，谭之磊，袁国栋，等. 一种诱变菌株白色链霉菌 TUST2 及利用该诱变菌株生产 ε– 聚赖氨酸及其盐的方法：中国，200710057098.4［P］.2011.

［37］ 孟茹，王振宝. 一种食品防腐剂—乳酸链球菌素的酶联免疫检测方法：中国，201110207845.4［P］.2011.

［38］ 梁莹. 高倍甜味剂的应用及发展趋向［J］. 农产品加工，2011（1）:7–9.

［39］ 李建鸿，黄义鹏，蒙歆媛，等. 计量法分析我国合成甜味剂与天然甜味剂的研究进展［J］. 现代农业科技，2011（15）：15–16.

［40］ 杨瑞金，刘芳. 一种用共固定化乳糖酶和葡萄糖异构酶制备乳果糖的方法：中国，200710134999［P］.2011.

［41］ 郝红勋，王艳蕾，王静康，等. 一种 D– 山梨醇的结晶固体及其制备方法：中国，201110154965.2［P］ 2013.

［42］ Li H，Xu H，Li S，et al. Optimization of exopolysaccharide welan gum production by Alcaligenes sp. CGMCC2428with Tween–40using response surface methodology［J］. Carbohydrate Polymers，2012，87（2）：1363–1368.

［43］ 张本山，卢海凤，周雪. 羟丙基和烯基琥珀酸复合改性淀粉及其制法和应用［P］，中国：201110004095.0，2011.

［44］ Li B，Jiang Y，Liu F，et al. Synergistic effects of whey protein–polysaccharide complexes on the controlled release of lipid–soluble and water–soluble vitamins in W1/O/W2double emulsion systems［J］. International Journal of Food Science & Technology，2012，47（2）：248–254.

［45］ 杨新泉，田红玉，陈兆波，等. 食品添加剂研究现状及发展趋势［J］. 生物技术进展，2011，1（5）：305–311.

［46］ 张金峰，沈寒晰，张存社，等. 甜味剂纽甜合成新工艺［J］. 食品研究与开发，2011，32（4）:73–75.

［47］ Abdel–Rahman A，Anyangwe N，Carlacci L，et al. The safety and regulation of natural products used as foods and food ingredients［J］. Toxicol Sci，2011，123（2）：333–348.

［48］ 杨旭艳，路勇，胡国华. 新型天然高倍甜味剂—莱鲍迪苷 A［J］. 中国食品添加剂，2012，（S1）：77–81.

［49］ Van den Berg S J，Serra–Majem L，Coppens P，et al. Safety assessment of plant food supplements（PFS）［J］. Food and Function，2011，2（12）：760–768.

撰稿人：孙宝国　曹雁平　肖俊松　王　蓓　许朵霞

食品装备学科的现状与发展

一、引言

食品装备工业作为我国机械工业十大行业之一，经过了近40年的发展，已初具规模，食品加工业快速增长带动食品加工和食品包装机械的快速发展，目前正加速向光机电一体化、自动化推进；食品装备行业的不断发展与完善，促使一批高新技术在食品加工装备中得到应用，特别是近些年来在灌装设备、包装设备、包装材料生产设备等方面有长足的进步，我国食品装备行业已经基本上形成了门类齐全、布局基本合理、品种基本配套、技术水平与食品工业发展基本适应的独立的工业体系。

二、食品装备学科最新研究进展

（一）食品装备产业2012—2013年产业发展情况介绍

2012年食品和包装机械工业生产与销售产值增速整体下滑，实现工业总产值2500亿元左右（按全行业7080家企业计算），同比增长13.4%。根据国家统计局对817家行业规模以上企业的统计，2012年1—12月，完成工业总产值1059.1亿元，同比增长13.7%。产销增速呈逐月下滑态势，但下降幅度收窄。出口交货值自2012年3月开始下滑尤为明显，到6月份，出口交货值同比出现负增长，截止12月份出口交货值同比增长仅为1.8%。2013年一季度，我国食品工业完成固定资产投资额1838.81亿元，同比增长25.5%；全国规模以上食品工业企业35084家，完成主营业务收入22842.7亿元，同比增长16.5%。

据海关统计，2012年食品和包装机械进出口总额达到68.25亿美元，同比增长 –6.3%（见图1、图2）。其中，进口39.28亿美元，同比增长 –22.1%；出口28.97亿美元，增长17.1%。但是进口增速明显低于出口，进出口逆差达10.31亿美元（见表1）。从2005年以来的统计数字看，虽然进口波动较大，特别是国外市场不景气，进出口逆差在不断缩小，但是高端产品需求与国产能力之间的矛盾依然没有缩小，反而更加突出（见表1）。食品机械出口总额为11.05亿美元，出口额较大的有：非家用型水的过滤、净化机器及装置；其

180

他食品、饲料工业用生产或加工机器；糕点加工及生产通心粉、面条等产品的机器；肉类或家禽加工机器；酿酒机器。同比增长较高的有：农产品干燥器（101.22%）；制酒、果汁等饮料的压榨机、轧碎机等机器（99.91%）；糕点加工及生产通心粉、面条等产品的机器（343.43%）。包装机器出口总额为13.85亿美元，出口额较大的有：包装或打包机器（包括热收缩包装机器）；饮料及液体食品灌装设备；其他灌装机、包装机；制造纸浆品、纸制品或纸板制品的机器；制造箱、盒、桶或类似容器的机器（模制成型机器除外）；容器装封、贴标签及包封机、饮料充气机。同比增长较高的有：制造包、袋或信封的机器（56.06%）；瓶子或其他容器的洗涤或干燥机器（32.39%）；其他制造纸浆制品、纸制品或纸板制品的机器（32.14%）。

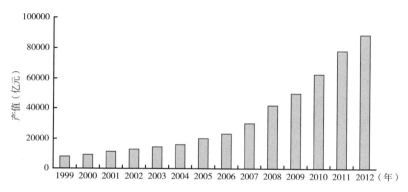

图1　食品工业1999—2012年产值情况

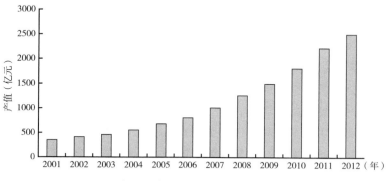

图2　食品装备业2001—2012年产值情况

表1　2011—2012年食品和包装机械行业进出口数据

金额单位：亿美元

年份	进出口总额		进口额		出口额		贸易差额
	金额	同比（%）	金额	同比（%）	金额	同比（%）	
2011年	72.85	20.7	48.11	22.1	24.74	18	−23.37
2012年	68.25	−6.3	39.28	−18.4	28.97	17.1	−10.31

（二）食品加工和包装新技术研究进展

1.食品加工新技术研究进展

（1）奶业

乳产品的科研开发向细分化、功能性、高端型方向发展，如添加各种功能性配料以满足或者创造不同的消费需求；改进优化工艺提升产品品质方面，如采用 LHT 乳糖分解技术等来满足乳糖不耐症患者的需求；在奶检测方面如电子舌技术成功检验区分原料奶，近红外光谱技术结合化学计量方法成功定性和定量检测掺假山羊奶，单个活细胞的新型荧光标记技术精确区分 UHT 奶样品中的活菌细胞与死细胞以及其他大颗粒物质及采用流式细胞技术快速定量检测 UHT 奶产品中的微生物等，进一步保障了奶产品的安全性。奶制品包装和设备方面：高频热封合（封口）技术将复合包装纸恰到好处地牢固均匀粘合，确保了袋装奶无漏包；塑杯成型灌装封切一体机、无菌软袋灌装封切机、直线式超洁净型（洁净型）塑瓶灌装拧盖（封口）机、侧推式塑封果奶装箱机一体机、直线式无菌型塑瓶灌装拧盖机（填补了国内直线式无菌冷灌技术的空白）。

在乳产品安全事故频发的情况下，必然要求占据乳业产业链主导环节的加工企业用良知树立"大科技观"，不仅要舍得在产品研发和生产上投入，还需要同样重视上下游其他环节，用"全程科技"来确保产品安全和优质。

（2）水产品行业

水产品加工的现代化是提高生产效率、保证产品品质与安全、实现加工规模化与产业化的必然趋势。水产品加工装备的更新主要集中在：大宗水产品（虾、罗非鱼、贝类、淡水鱼等）的大型综合装备；鱼糜高效分离新型生产装备；扇贝、牡蛎保活流通技术及新型装备；藻类综合利用系统及即食加工产品及新型装备，如膜分离技术提取、分离纯化藻类醇、多糖及蛋白质酶解物等物；干制、油炸、蒸煮、腌渍等水产品传统加工技术装备；先进质量检测设备，如高效液相色谱法、荧光检测法检测水产品中多种化合物；网络通讯技术及加工信息化技术对水产品质量跟踪与溯源管理装备，如物联网技术成功应用在水产品冷链物流生产、运输、加工、仓储和销售环节等。先进的加工技术装备是新型生产技术实现的必然条件，也是水产品加工产业技术水平提升的关键。

（3）蛋制品行业

蛋制品加工技术和装备取得了新成效，如近红外漫反射光谱分析技术成功检测种蛋中的无精蛋和受精蛋；新型自动洗蛋设备、鸭蛋品质自动检测分级设备、洁蛋覆膜机可有效实现洁蛋保鲜高效自动涂膜；研发了高效清洗剂复合配方筛选、臭氧连续杀菌消毒和无菌灌装一体装置，同时建成 5000d/a 液态蛋和功能性蛋粉等产品的综合示范生产线；开发出长效液蛋、高凝胶性蛋白粉、高乳化性蛋黄粉等高附加值产品 18 种。虽取得了众多成效，但与国外还存在较大差距。

（4）粮油加工行业

2012 年度获得中国粮油科学技术奖一等奖项目 5 项，二等奖 11 项，三等奖 24 项（详见附录）。在技术设备方面成功研制了智能化面条成套生产线——由真空和面系统、自动定量加水系统、面粉熟化系统、面带成形系统、多道轧延系统和面条切出系统组成，该条生产线适用于中高档鲜面、半干面的生产工厂以及餐饮连锁、超市配送的供应企业；成功开发 SLZ 系列双螺杆榨油机，适合热榨及冷榨，同时亦能适宜油料的低温压榨；棉籽膨化浸出新工艺可实现加工不同产量棉籽；超声波辅助提取法成功提取玉米胚芽油，微胶囊技术成功包埋玉米胚芽油；在二氧化碳超临界状态下对一级大豆油进行氢化反应研究，所得产品可代替 3% 传统的矿物油，是一种无污染、可再生、绿色环保的新能源。在激烈的市场竞争中，粮油加工企业加大科技投入，正向着规模化、大型化和集团化的方向发展。

（5）薯类行业

薯类贮运新技术研究与开发取得应用技术类成果，现代化全封闭甘薯淀粉生产新技术，其处理加工原料的能力达到 30 ~ 60t/h；成功开发甘薯活性蛋白提取技术；真空微波联合气流膨化加工甘薯脆片技术，应用该技术加工的膨化甘薯脆片色泽鲜亮、营养全面、口感酥脆、风味浓郁；一次发酵法制作马铃薯全粉面包。

（6）肉制品行业

在技术方面采用隔油沉淀 / 气浮 /UASB/CASS 处理工艺成功处理肉制品废水；在肉类检测和保鲜方面成功应用无损快速检测技术、乳酸菌抑菌防腐技术、色彩色差仪器分析技术、低温肉制品生产技术及栅栏技术；利用乳酸菌生产发酵，研制出无需冷藏、风味独特的发酵香辣兔肉。在设备方面设计出了一套基于 CC-LINK 现场总线的控制系统，在整体结构上，采用了 CC-LINK 现场总线 + 可编程编辑控制器（PLC）+ 工业触摸屏（HMI）的整体架构，该控制系统不仅可以针对肉品加工生产线输入输出点较多且分散的特点进行分布式控制，而且还可以针对肉品加工工艺流程复杂、设备种类多、自动控制难等特点而采用双层的集中管理，利用电子射频识别技术、EPC 编码技术和 Savant 系统构建了以肉品加工过程为核心的肉品安全信息管理系统。肉鸡自动屠宰加工生产线，自动切割、转挂系统可同时自动切下鸡爪、腿、头，并自动将鸡从屠宰线转挂到掏膛线上；自动掏膛及清洗系统可自动分选和分离内脏及心肝，提高了生产效率和产品卫生水平；自动风冷降温系统可将鸡肉温度由 30℃快速降至 0 ~ 4℃，有利于提高保鲜加工产品的卫生品质和新鲜口感，自动皮带称重分级系统可针对鸡肉分割产品的重量、大小自动称重并分级入箱，提高肉鸡加工产量和标准化水平。

（7）杂粮加工行业

在燕麦加工方面，如燕麦所得膳食纤维可改善肉制品质构，增强保水保鲜功能，改善口感；成功提取燕麦麸皮中高纯度 β- 葡聚糖、燕麦全粉；成功提取燕麦中 β- 葡聚糖、淀粉、蛋白质和油脂，为燕麦高附加值转化提供了可能，实现了副产品（淀粉、蛋白质及油脂）的充分利用，减少了资源浪费。在荞麦加工方面，如添加谷氨酰胺转氨酶可以提高荞麦方便面的硬度、粘结性、咀嚼性、断裂力、韧性及感官品质。在高粱加工方面，如超声波处理生高粱粉进行糖化生产加工，可使糖化效率提高 11.7%。

2. 包装新技术研究进展

包装制造的现代化水平明显提高，一批新技术跻身于世界先进行列。彩印马口铁薄板生产基地的建立，提升了金属包装的经济水平；开发出先进数字喷墨系统、多色凹版彩印技术、再生食品级聚酯切片新技术。

研发出利于资源节约和环境保护的新设备、新材料、新产品。如全自动高速金属罐饮料灌装封口组合机：36000 罐 / 小时，灌装精度 ±1%（以 310ml 灌装量为例），灌装量为可调的 200 ~ 500ml；金属包装 3 片罐壁厚从原来的 0.20 ~ 0.23mm 减薄到 0.14 ~ 0.15mm，一年可节约马口铁 25 万吨；钢桶的壁厚从原来的 1.2mm 减薄到 0.8mm，一年可节约冷轧钢 40 万吨；PET 瓶减量化新型吹灌旋一体化生产线整线速度可达 36000 瓶 / 小时；智能化包装生产线，速度 ≥ 10000 卷 / 小时且 100% 无数差。包含自动塑封机、自动贴标机、自动开箱机、机械手自动装箱机、自动封箱机、自动捆扎机、机器人码垛机等。

（三）检测装备研究进展

常采用的检测装备有（气相、液相）色谱仪、色—质联用仪、原子荧光光谱仪、氨基酸分析仪、全自动定氮仪、蛋白质测定仪、脂肪分析仪、紫外光谱仪、近红外光谱仪、生化仪器等。

随着市场对食品安全问题的重视，企业对检测设备的认识和需求也在逐步提高，检测设备市场进入一个空前活跃的阶段。近两年最新研究的检测设备有：啤酒灌装后的检测采用自动称重检测、X 射线液面检测二种方式；Crystal Vision CO_2 传感器给饮料中的 CO_2 测量带来了革命性的变化，新技术是将高精度实验室红外饱和碳酸监视设备引入到在线加工生产线、填充器、贮罐，这种应用保证了准确、实时的测量；塑料瓶缠绕型标签产出率不断提高已成为一个非常显著的趋势，对于使用热熔胶的薄膜标签和使用冷胶的纸质标签而言，其贴标速度已经达到 70000 瓶 / 小时，即 20 瓶 / 秒。为了满足对收缩套标的生产需求，制造业已生产出轮转的或连线的贴标设备；视觉识别等无损检测在食品检测方面应用较为突出，如食品加工厂将无线传感器网络技术应用到食品信息包括原材料产地信息、加工过程信息以及储藏流通信息等采集系统中，通过无线传感器网络，食品加工厂能够让消费者完全地了解食品在生产、运输、存储、销售等过程的相关信息，确保了食品安全；在食品加工过程中应用视觉识别、光学识别及自动化剔除等技术和装备保证了食品中异物的排除；食品企业将自动识别功能应用到包装机械产品中，既能实现快速、准确包装，又能排除人工操作视觉及体力疲劳等因素。

（四）包装材料技术研究进展

目前，在食品包装中应用的新材料技术主要涉及可食性包装技术、气调包装技术、生物降解材料包装技术、纳米包装技术和食品保鲜包装新技术等。

1. 可食性包装技术

可溶可食玉米淀粉复合包装膜，这种新型可食性包装材料主要由玉米淀粉、大米淀粉、魔芋粉、明胶、聚乙二醇等原料制成，其中玉米淀粉含量达 50% 以上。

2. 气调包装技术

采用三层共挤流延法制备气调保鲜用流延聚丙烯热封膜；采用环境模拟技术改进的气调包装试验具有较高的气体浓度控制精度，且有节约材料、易于控制试验进程的优点；磁场结合气调包装的方法保存的葡萄的质量损失率明显降低，维生素 C 的含量有所提高，葡萄的品质得到了较好的保证。

3. 生物降解材料包装技术

生物可降解材料的研究已经向由植物纤维等天然纤维制得高分子材料方向发展，将具有良好的综合包装性能。目前此类可降解高分子材料在欧美地区都有产品出现。

4. 纳米包装技术

ZnO/LDPE 抗菌型复合薄膜材料，该抗菌型复合材料具有不同的抗菌能力，其中对大肠杆菌、枯草杆菌等 4 种细菌具有明显的抗菌作用。

5. 食品保鲜包装新技术

日本昭和化学公司研制出一种矿物浓缩吸水纸袋，这种纸袋是以磷酸钙为原料制成的，可用于水果蔬菜等新鲜食品的包装，矿物浓缩液可以对水果蔬菜进行营养供给，并吸收器释放出的二氧化碳和乙烯等气体，抑制叶绿素的分解，达到保鲜的目的；瑞典奥伦森纸张有限公司推出一种食品包装纸，该纸具有高透气性，其内、外两层均有一不沾水、不沾油性质的氟树脂薄层，将其用于食品包装，可使食品内外两侧具有相同温度，因此放入冰箱后便可以很好地保持食品原有的风味，保证新鲜程度；俄罗斯的一些专家将多种矿物盐、脱水的酸化物和酶等物质添加到食品包装材料的聚合物中。由于包装袋的内表面富含以上物质，故其可以吸收食品中多余的水分，还可以杀灭和抑制细菌，从而在一定程度上改善了食品包装袋的内部环境。

三、食品装备学科国外研究进展

（一）主要技术、设备和产品研究现状比较

国外发达国家尤其是德国、美国、日本等国家的食品与包装机械工业化、自动化日益

加强，普遍采用了机、电、光、液、气一体化技术，模块化技术，标准化、系列化技术，虚拟设计与仿真技术，模具自动生成设计技术等，而我国只是部分设备实现了高速、低耗、安全、卫生的目标，部分企业应用了标准化和系列化的设计，应用虚拟仿真和模块化技术的少之又少。

日本、丹麦、德国已开发出快速判别兔肉肉色和瘦肉率的分级装置以及利用可见光和近红外线测定肉品脂肪质量的传感器，并将此技术成功应用于兔肉的屠宰线上，把肉色、瘦肉率传感器与胴体分级、包装线连在一起，率先实现了兔肉的无损检测。但是，目前我国肉品无损在线检测肉质的数字显示器以及通过近红外技术取样测牛肉嫩度的仪器，尚无肉品品质在线无损检测设备和生产线。德国肉类研究中心通过提高防腐剂栅栏的抑菌保质强度，使中式腊肠在保持产品原有风味特色的同时延长了保存期，也保证了产品的卫生安全性。Nestle 公司的研究在盐水注射之前，采用高压处理猪的臀腿肉，可将肉的出品率提高 0.7% ~ 1.2%。目前，日、韩及欧洲国家均开始采用高压技术处理食品，日本高压处理的牛肉肉质鲜嫩并富有弹性，出口欧美很受欢迎。MATFORSK 在发酵香肠的生产工艺中，添加由乳酸菌产生并修饰的丝氨酸蛋白分解酶，在不影响产品品质的前提下，将发酵香肠的干燥时间减少了 30%。欧洲地区以及美国、日本等发达国家已有超高压灭菌的果酱和海产品问世，并取得了很好的经济效益，但是在我国超高压食品要赢得市场的认可尚需较长时间。

我国在产品追溯体系的研究方面起步较晚，还没有掌握追溯系统中信息载体技术等核心技术。我国在部分领域引进了 RFID 技术，但是该技术的核心技术——射频信息载体技术仍掌握在国外发达国家手中。在国外，新型的纳米包装材料、可食性材料、可降解材料、聚乳酸环保材料、抗菌材料、防臭材料，以及耐热、耐酸、耐火材料，奶油、奶水材料等新型包装材料的研制和推广应用已经成为食品包装材料科学的重要研究领域。此外，气调包装、无菌包装、活性—智能包装等新型包装技术应用也成为处于激烈竞争中的肉品企业的核心竞争力。我国在食品包装材料和包装方法的研究起步较晚。与发达国家相比，我国在冷鲜肉初始微生物控制技术、冷鲜猪肉制品护色和汁液流失控制技术、延长冷鲜猪肉制品货架期和控制肉品质方面的技术相对落后。英国剑桥大学研究出了一种可与果蔬一起食用的包装膜，这种可以涂在水果表面的包装膜，是由糖类、油和纤维酶等原料经加工制成的半透明溶液；日本学者研究出一种"玉米淀粉树脂"包装材料，这种材料以玉米为原料，经过塑化等工艺制成，其可通过生化分解、昆虫吃食和燃烧等方式得到处理，从而减轻了"白色污染"的危害。

（二）行业标准的比较

近年来，世界各国的食品机械相关标准纷纷向国际标准靠拢，采用国际标准或区域标准作为本国技术标准的主要内容，实现国际间食品机械技术标准的一致性和协调性，以促进国际间食品机械技术交流和贸易往来的顺利发展。目前，有 100 多个国家已经等效采用国际标准或欧洲标准，使国际标准的趋同化成为世界食品机械发展的一大主流。

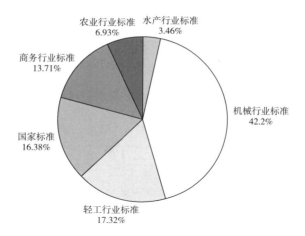

图 3　2012 年我国食品机械各类标准所占比重

1. 国外标准现状

国外从食品机械的结构设计、材料选用、安全卫生要求、风险评价到机械制造、推广使用和采取风险减小的措施等方面，各相关标准化管理机构均能提供体系完善的各类标准与技术规范。近年来，WTO、ISO、EU 等国际组织和美国、日本等发达国家，纷纷加强了标准的制、修订工作和标准化发展研究。以英、法、德等为主的欧洲国家和美国、日本等发达国家，积极参与国际性和区域性标准化活动，企图长期控制国际标准化的技术大权；技术标准在国际贸易中的地位逐渐提升，非贸易技术壁垒正成为当今各国保护本国市场普遍采取的形式，标准的竞争也成为食品机械科技竞争的焦点之一。

2. 国内标准现状

据 2010 年不完全统计，全国食品机械标准仅完成制、修订（含国家标准和行业标准）累计约 500 项，其中，国家标准约 150 项、行业标准 350 项，2011—2013 年国家标准化管理委员会又发布 5 项包装机械行业国家标准，包装国家标准达到 140 项，但与现有的食品机械近 3000 种产品极不相称；各级政府高度重视标准化工作；人民生活水平的提高为食品机械标准化提出了新的更高要求；推进食品机械技术标准的制、修订工作，实现技术标准的国际化是提高我国食品机械技术档次的关键工作之一。

四、食品装备学科发展趋势及展望

（一）重视基础研究发展

建设国家实验室和国家重点实验室提高基础研究能力；健全以国家工程实验室、国家工程（技术）研究为龙头，以国家及企业技术中心为基础的工程化研究和应用体系，提高工程化研究和成果转化能力；"十二五"规划重点基础研究方向为积极开展食品品质形成及变化规律，食品营养与健康，有害物形成、迁移及控制，食用农产品产后生理、生化机制等重大基础理论研究（见表2）。

表2　近年国家对食品装备的研发支持项目

支持来源	专 项 名 称
国家自然基金委	科学仪器基础研究专项 重大科学仪器装置研究专项
科技部	国家重大科学仪器设备开发和应用转型 国家科技支撑计划科学仪器研究与开发计划
发改委	科学仪器设备高技术产业化专项

（二）加强共性技术研究

重点攻克适应工业化生产的信息技术、生物工程技术、新型分离技术、现代包装技术、计算机视觉技术、物联网技术、节能干燥技术、清洁生产技术等共性关键技术与设备。

（三）加强重点技术研究

支持食品物性修饰加护、食品生物技术、非热杀菌技术、新型食品制造技术、食品质量与安全干预技术、现代冷链与物流技术，努力突破大宗食用农产品加工、特色传统食品等工业化、现代化重大关键技术。

"十二五"国家科技支撑计划项目，油食品装备和食品冷链物流产业技术创新战略联盟负责组织实施，主要内容为食品包装材料、节能包装技术和装备、物流化包装技术和装备、果蔬汁灌装技术和装备以及物流和物联关键技术和装备等。

（四）加强产业技术平台及标准建设

我国与食品和包装机械行业有关的行业协会及学术团体主要有中国机械工程学会包装盒食品工程分会、中国食品和包装机械工业协会、中国农业机械学会农副产品加工机械分会、中国食品科学技术学会食品机械分会、中国粮油学会油脂分会以及广东食品和包装机械行业协会等。学会和协会汇集了行业内众多专家、学者，每年举办多次展会和国内、国际学术研讨会，展出国内外最新产品成品和研究成果，交流高水平的学术论文，行业和学会为推动行业科技的进步做出了较大的贡献。

参 考 文 献

［1］ 杨金初，李斌，许沙沙，等. 低胆固醇蛋品加工方法的研究进展［J］. 食品研究与开发，2011，32（12）：197–200.

［2］ 欧阳珂珮，李洪军，贺稚非. 我国蛋制品研究现状及发展前景［J］. 食品工业科技，2011（12）：506–508.

［3］ 饶遵全，张卿，顾长乐，等. 我国禽蛋制品的发展现状综述［J］. 安徽农学通报，2012，18（10）：51–52.

［4］ 吉剑，林昌明，唐进. 发展粮油加工业，促进粮油产业转型升级［J］. 上海农业科技，2011（3）：1–2.

［5］ 毛雪飞，钱永忠，王敏，等. 加拿大粮油农产品质量分级研究与启示［J］. 世界农业，2011（11）：63–66.

［6］ 李培武，丁小霞. 我国粮油质量安全防控技术研究与发展对策［J］. 中国农业科技导报，2011，13（5）：54–58.

［7］ 刘大川，刘晔. 油菜籽加工新技术及深度开发［J］. 中国油脂，2010，35（9）：6–9.

［8］ 陶海腾，王文亮，徐同成，等. 浅谈科技创新在粮油加工中的作用和地位［J］. 中国食物与营养，2012，18（2）：37–39.

［9］ 周蓓莉，肖进文. 我国兔肉加工现状及新技术应用［J］. 包装与食品机械，2012，30（1）：52–55.

［10］ 卫飞，赵海伊，余文书. 新加工技术在我国传统肉制品中的应用［J］. 肉类工业，2011（5）：52–55.

［11］ 潘登. 肉制品加工废水处理工程改造设计及运行效果［J］. 中国给水排水，2011，27（20）：71–73.

［12］ 周俊玲. 发达国家乳制品质量控制的经验与启示［J］. 世界农业，2010（10）：50–52.

［13］ 马斐. 淀粉型甘薯深加工技术［J］. 粮油食品，2011（4）：28–30.

［14］ 汤富蓉. 紫色甘薯全粉加工关键技术的研究［D］. 成都：西华大学，2011.

［15］ 单册，周惠明，朱科学. 薯类的加工与利用研究进展［C］. 中国粮油学会第六届学术年会论文选集，95–97.

［16］ 刘钢. 马铃薯淀粉加工废水处理技术研究［D］. 石家庄：河北科技大学，2012.

［17］ 李学鹏，励建荣，李婷婷，等. 冷杀菌技术在水产品贮藏与加工中的应用［J］. 食品研究与开发，2011，32（6）：173–179.

［18］ 庚莉萍. 水产品深加工中的新技术［J］. 农产品加工，2011（6）：12–13.

［19］ 宋春丽，王联珠，江艳华，等. 中国和CAC、美国、欧盟、加拿大、日本水产品质量分级标准比较分析［J］. 中国渔业质量与标准，2012，2（1）：7–16.

［20］ 周庆澔，叶海滨，陈国伟，等. 浅析水产品加工的质量安全问题［J］. 轻工科技，2012（5）：26–27.

［21］ 张釜，王卫，刘达玉. 生物酶技术在荞麦和燕麦加工利用中的应用［J］. 成都大学学报（自然科学版），2011，30（4）：310–313.

［22］ 谭斌，谭洪卓，张晖，等. 杂粮加工与杂粮加工技术的现状与发展［J］. 粮食与食品工业，2008，15（5）：6–10.

［23］ 卜祥辉，熊柳，孙庆杰. 豆类纤维素和蛋白质对豆淀粉理化性质影响研究［J］. 粮食与油脂，2012，25（1）：26–29.

［24］ 吴英思，杜文亮，刘飞，等. 荞麦剥壳机分离装置的改进试验［J］. 2010，26（5）：127–131.

［25］ 国家统计局. 2012年国民经济和社会发展统计公报.

撰稿人：李树君　林亚玲　刘兴静　刘　斌

转基因食品学科的现状与发展

一、引言

转基因食品系指利用基因工程技术改变基因组构成的动物、植物和微生物生产出的食品和食品添加剂，包括转基因动植物、微生物产品，转基因动植物、微生物直接加工品和以转基因动植物、微生物或其直接加工品为原料生产的食品和食品添加剂等三大类。这一定义涵盖了供人们食用的所有加工、半加工和未加工过的各种转基因成分以及所有在食品生产、加工、制作、处理、包装、运输或存放过程中由于工艺原因加入食品中的各种转基因成分。以转基因大豆为例，它本身就是转基因食品，用它为原料加工的豆腐、豆油、豆奶或提取的大豆蛋白等也都属于转基因食品。目前，在所有转基因生物中，转基因植物占到了 95% 以上，而且被批准上市的基本为转基因植物产品，因此，现阶段所说的转基因食品主要是指转基因植物食品。

1983 年，第一个转抗虫基因的烟草在美国培植成功，标志着转基因生物的正式诞生；1993 年，首个耐储藏转基因番茄在美国批准进入市场销售，标志着转基因食品的正式问世。此后，由于转基因技术研究与产业应用的快速发展，转基因食品的发展十分迅猛。

转基因技术打破了物种间的天然壁垒，使一个物种可以获得另一物种的优势特性，这是传统育种所不能达到的。转基因食品的优势在于：①提高农作物产量，缓解粮食资源的匮乏。人口剧增使粮食资源的匮乏日益突出，在第三世界国家，尤其是非洲地区，每年都有成千上万的人死于饥饿，而转基因食品在消除第三世界的饥饿和贫穷方面将具有不可替代的作用；②增加食品多样性。转基因食品被赋予各种各样的优良性能，尤其是第二代转基因食品，以改善营养性状为特征，使食物营养成分构成更合理，提高营养素的生物利用率。"金大米"就是其中的代表；③减少农药使用，减轻农药残留对人类健康的损害，减少农药对环境的污染。转基因抗虫害作物的种植，大大减少了农药的使用。以抗虫棉为例，普通棉花从播种到成熟，需喷洒 3 ~ 5 次农药，而转基因抗虫棉仅需喷洒 1 ~ 2 次，可减少 80% 农药使用量；④为防治疾病提供新思路。随着可食性疫苗西红柿的研制成功，越来越多的研究机构将研究重点转移到开发有预防保健和药物治疗作用的转移到食品上来。例如，预防霍乱的转基因土豆和预防乙肝的转基因莴苣等。

虽然转基因食品具有巨大的发展潜力和无限发展空间，但作为食品，许多人对它的食用安全性表示担忧，包括：①外源基因是否会发生水平转移。既然外源基因可转入受体细胞形成转基因作物，那么，当转基因作物自然育种时，目的基因是否会通过自然受粉转移到亲缘关系相近的非转基因物种呢；②外源基因是否会影响自然界生物多样性。如耐除草剂转基因作物发生基因漂移，是否会引发超级杂草的出现；③外源基因所编码的蛋白对人体是否有直接或间接毒性及致敏性；④外源基因随机插入宿主染色体是否会引发非期望效应；⑤转基因食品问世仅约20年，它们是否具有长期的一些毒副效应或对子孙是否有不利的影响，现在还看不到。但迄今为止，尚无一例批准的转基因食品对健康不利的基于科学的证据，而且，各国政府和国际组织对转基因食品的监管的重视程度是其他食品所没有的，因此，对于转基因食品安全的过度担忧是没有必要的。

二、国内转基因食品最新研究进展

（一）上市的转基因食品

我国一直高度重视转基因技术研究与应用。20世纪80年代，我国就开始进行转基因作物的研究，是国际上农业生物工程应用最早的国家之一，转基因作物育种的整体发展水平在发展中国家处于领先地位，某些项目已进入国际先进行列。

但我国对转基因食品的批准上市的态度是十分谨慎的。目前只有6种转基因植物被批准进入商品化生产，包括我国自己培育的耐储存番茄、抗虫棉、观赏植物矮牵牛、抗病毒甜椒、抗病毒番茄，抗病番木瓜以及美国孟山都公司培育的抗虫棉。其中只有西红柿、番木瓜和一种甜椒属于食品。由于转基因甜椒、番茄不属于优良品种，在市场竞争中已经淘汰，目前这两个品种安全证书已过了有效期，并无商业化种植。

有人认为，转基因棉花也应该算是食品，因为棉籽可以榨油。在部分农村，农民吃的就是棉籽油。根据农业生物技术应用国际服务组织（ISAAA）的最新数据显示：2012年，中国转基因棉花达到400万公顷，已经占棉花产量的80%。

进口的转基因食品主要是大豆、玉米、油菜这3种。我国进口的大豆中，70%以上是转基因大豆，在我国市场上70%的含有大豆成分的食物中都有转基因成分，像大豆油、色拉油、磷脂、酱油、膨化食品等。

我国法律规定对列入农业转基因生物标识目录的17种产品：大豆种子、大豆、大豆粉、大豆油、豆粕、玉米种子、玉米、玉米油、玉米粉、油菜种子、油菜籽、油菜籽油、油菜籽粕、棉花种子、番茄种子、鲜番茄、番茄酱，只要含有转基因成分，就必须进行标识。

目前，中国至少有13种作物在进行田间试验，包括水稻、小麦、玉米、棉花、大豆、红辣椒、卷心菜、花生、西瓜、木瓜、马铃薯、甜椒和西红柿。

此外，利用基因工程技术进行的微生物菌种改造，生产出的食品酶制剂和添加剂也广泛用于食品工业，如酒类、酱油、食醋、发酵乳制品等。

（二）转基因食品的研发现状

我国转基因植物研究起步较晚。1987 年，该项研究被列入我国高科技领域重点研究的"863"计划，随后在全国陆续展开。在近三十年的研究中，我国转基因作物的研究和应用取得了显著的进展，其中有些研究已达到国际水平。抗病虫的优良水稻、小麦、玉米、棉花、马铃薯、油菜、烟草新品种培育取得了重要进展。据国家生物技术学会统计，我国投入研究和开发的转基因植物达 47 种，涉及各种基因 103 种。近年来有近 20 种转基因植物进入了田间试验或环境释放阶段。目前，我国已有转基因抗虫棉、耐贮藏番茄、改变花色矮牵牛花、抗病毒甜椒、抗病毒番木瓜、抗虫水稻、植酸酶玉米等转基因植物，以及防治禽流感等基因工程疫苗获得安全证书。在上述转基因作物中，种植面积最大的是抗虫棉，已经成为我国主要的棉花来源。

为了确保中国农业的可持续发展和粮食安全，作为中国农业领域的唯一项目，《国家中长期科学和技术发展规划纲要（2006—2020 年）》将转基因生物新品种培育列入了国家科技重大专项。"十一五"期间，我国转基因技术研发取得重要进展，培育出了 36 个转基因抗虫棉花品种，转基因抗虫水稻和转植酸酶基因玉米获得安全证书，培育高品质转基因奶牛，获得优质抗旱等重要基因 339 个，筛选出具有自主知识产权和重大育种价值功能基因 37 个。2012 年党中央一号文件确立了"继续实施转基因生物新品种培育科技重大专项，抓紧开发具有重要应用价值和自主知识产权的功能基因和生物新品种，在科学评估、依法管理基础上，推进转基因新品种产业化"的国家战略。

我国转基因水稻研发与世界同步，其中抗虫转基因水稻处于世界领先水平。截至 2005 年，转基因水稻进入大田试验的共有百余项，其中抗鳞翅目害虫、抗白叶枯病和抗除草剂等 5 个转基因水稻已进入生产性试验阶段。最近，由华中农业大学培育的高抗鳞翅目害虫转基因水稻品系转 crylAb/cry1Ac 基因抗虫水稻"华恢 1 号"及杂交种"Bt 汕优 63"已获农业部颁发的安全证书。这两种抗虫转基因水稻是由华中农业大学培育的高抗鳞翅目害虫转基因水稻品系，可高效专一控制水稻鳞翅目害虫，是防治水稻鳞翅目虫害的新途径。经过室内外多点、多代遗传分析结果显示，转基因水稻植株中的杀虫蛋白基因可以稳定遗传和表达，对稻纵卷叶螟、二化螟、三化螟和大螟等鳞翅目主要害虫的抗虫效果稳定在 80% 以上，对稻苞虫等鳞翅目次要害虫也有明显的抗虫效果。抗病转基因水稻培育中，获得了抗白叶枯的转 Xa21 的水稻植株，其中有的品系已获准进入生产性试验阶段。抗稻瘟病、抗水稻条纹叶枯病转基因水稻研究也在进一步研究中。抗逆水稻转基因研究主要包括抗旱、耐盐碱以及抗高温、冷害等方面。抗除草剂主要包括抗草甘膦和草胺膦，目前这些研究工作也已取得了阶段性结果。高产和养分高效利用的转基因水稻新品种的研究尚处于探索阶段。我国已广泛开展水稻品质改良的转基因研究工作，内容包括了外观、食味、营养、功能型、耐贮藏和加工等品质性状改良育种研究。营养改良方面，目前已培育出提高种子中 ω–3 不饱和脂肪酸含量的转基因水稻。提高维生素 E 含量、叶酸含量、赖氨酸含量转基因水稻的研制工作也在顺利进行之中。

近年来，我国在小麦转基因方面也取得了初步的进展，并获得了一批具有抗病虫、抗逆境及改善品质的转基因小麦新材料，其中部分品系已进入环境释放阶段。目前开展的转基因小麦研究主要包括：①抗病抗虫转基因小麦，已获得多个品种的抗病抗虫转基因小麦；②改善品质的转基因小麦，转入基因主要有转高分子量谷蛋白亚基基因、优质植物总 DNA 和其他与品质相关基因等三大类。后者研究包括提高小麦赖氨酸含量的转赖氨酸基因小麦材料；改善小麦籽粒硬度及其加工品质的转基因小麦；降低种子中直链淀粉含量的转基因小麦新材料；③耐非生物逆境胁迫的转基因研究方面，目前已有报道培育出抗旱耐高盐碱性状的转基因小麦；④其他方面的转基因小麦研究包括构建小麦雄性不育材料、抗除草剂小麦以及抗穗发芽转基因小麦。

大豆中导入的外源基因主要是解决其高产、优质、抗逆和抗病虫等问题。目前，应用于大豆转基因研究的外源基因除 gus、nptII、hyg、gfp 等标记基因和报告基因外，还涉及以下几种：抗除草剂、抗病毒、抗虫、抗逆境、品质（脂肪、蛋白、生物活性物质）改良、雄性不育、改变花形和花色等。我国研究者主要在大豆抗病虫害、抗逆性及大豆油分等重要农艺性状方面获得转基因植株。其中，抗除草剂基因的研究是目前大豆转基因研究中最成功的，转基因抗阿特拉津大豆是我国最早的转基因抗除草剂作物。中国在抗逆基因的分离、克隆和转化等方面的研究已取得一定进展，克隆了耐盐碱相关基因，但多运用在烟草、番茄、小麦、玉米等作物上，在大豆上鲜有报道。目前我国转基因大豆的研究多是围绕对转基因植株进行抗性标记筛选、PCR 检测、Southern 杂交和部分抗性基因的功能检测开展的，研究广度和深度不够。缺乏具有自主知识产权的载体以及像 Bt 和 EPSP 基因一样具有重大应用前景的基因，而且基因转化和筛选效率较低。目前所转化的外源基因多为单个基因，今后转入双价抗虫（或抗病）基因是大豆转基因的一个方向。

我国转基因玉米研究进展较快，目前培育了一批性状优异的转基因材料，其中一部分已经进入中间试验和环境释放，一个已经获得安全证书。这些转基因材料主要是 Bt 抗虫转基因玉米，其次是抗除草剂转基因玉米。我国培育的转植酸酶基因玉米于 2009 年获得农业部批准的生产应用安全证书，是世界第一例获得生产应用许可的转植酸酶基因玉米。玉米抗逆基因性状的改良是当前玉米转基因研究的热点，国内在抗旱耐盐转基因玉米研究方面也开展了大量的工作。玉米转基因应用涉及的性状还包括抗病毒、抗真菌病害、雄性不育和生物反应器等方面。

在转基因奶牛方面，培育出具有高产奶量和高乳蛋白量，并含有具有提高免疫力、促进铁吸收、改善睡眠等特殊功能的重组人乳蛋白。已建立具有自主知识产权和国际先进水平的转基因奶牛生产和扩繁技术平台，获得原代转基因奶牛 60 多头，第二代转基因公牛 24 头，第三代转基因奶牛 200 多头。这些高品质转基因奶牛已进入转基因生物安全评价生产性试验。经中国疾病预防控制中心食品研究所等机构检测，转基因奶牛具有正常生长、繁殖及生产性能。

1985年，以提供优质食品蛋白来源为目的，中国科学院水生生物研究所研制出世界上第一批快速生长的转基因鱼。迄今，世界范围内已成功研制了30多种转基因鱼，包括经济鱼类与小型鱼类。经济鱼类的转基因研究主要集中在生长、抗寒及抗病等性状，以生长激素、抗冻蛋白、抗菌肽和溶菌酶等为主要目的基因，研究对象包括鲑鳟类、鲤、鲫、罗非鱼、草鱼等；小型鱼类则以改变表型为主，红色或绿色荧光蛋白基因为主要目的基因，研究对象包括斑马鱼、青鳉、唐鱼等。众多种类中，以转生长激素（GH）基因鱼和转荧光蛋白基因鱼的研制成绩斐然。目前，中国科学院水生生物所已建立了5个稳定遗传的、具有快速生长效应的转"全鱼"生长激素基因黄河鲤家系，其中一个家系的第一代平均体重是对照鱼的1.6倍，第二代平均体重是对照鱼的1.8～2.5倍。中国水产科学研究院黑龙江水产研究所使用鲤金属硫蛋白基因启动子与大马哈鱼生长激素基因，培育出转基因黑龙江鲤，最大个体体重为对照鱼的2倍。中国水产科学研究院珠江水产研究所成功获得了转红色荧光蛋白基因的唐鱼，由斑马鱼Mylz2启动子启动的红色荧光蛋白在唐鱼中可高水平表达，肉眼即可在普通光下观察转基因唐鱼体表发出的红色荧光。目前已成功建立转红色荧光蛋白基因唐鱼可遗传品系，并获得了农业部转基因安全评价环境释放阶段的批准。1993年，章怀云等观察导入人α干扰素基因的草鱼组织细胞对草鱼出血病病毒的抗性，结果证明广谱抗病毒剂干扰素能对草鱼发挥较好的抗病功能。1998年，张学文等人通过分子重组将人α干扰素基因和鲤鱼β–肌动蛋白基因启动子重组获得的转基因草鱼对出血病病毒的抗性比对照组普通草鱼提高66%。

（三）转基因食品研发的重大成果

我国科研工作者利用转基因技术培育新品种上取得了重要进展，特别是植物产品的抗虫水稻、植酸酶玉米、人乳铁蛋白牛和不饱和脂肪酸猪。

1. 抗虫水稻

水稻是世界上大部分人口的重要主粮，尤其是东方、南方、东南亚、中东、拉丁美洲、非洲和西印度。现今，水稻的主要产地为印度、中国、日本、印度尼西亚、泰国、缅甸和孟加拉国。从1993年起在美洲、欧洲、亚洲和大洋洲的许多国家陆续开始了转基因水稻的田间试验。目前，已有6个转基因水稻品种获得了不同的批准许可，涉及种植、食用、饲用、进口和加工等方面，主要的基因特征为抗除草剂和抗虫。中国2009年为华中农大研发的两个Bt抗虫水稻"华恢1号"和"Bt汕优63"发放了生产应用安全证书，这两个水稻可以分别在山东省和湖北省进行种植。转基因水稻品种有如下优点：可降低八成杀虫剂用量，降低农药对田间益虫的影响，维持稻田生物种群的动态平衡；节省投入成本，减小劳动强度；减少农药残留对自然生态环境的污染。

2. 植酸酶玉米

玉米是全球分布最广的粮食作物，也是中国最重要的作物之一，随着人口的增加和经济的发展，中国粮食的进口特别是饲料玉米的进口呈增加趋势。1996 年转基因抗虫玉米开始大规模商业化种植，种植面积达 30 万公顷，此后每年都在增加，到 2010 年达到 5560 万公顷，占转基因玉米种植面积的 33%，占到玉米种植面积的 35%。目前获准商业化生产的转基因玉米的转化事件共有 125 个，包括抗虫基因、耐除草剂、耐除草剂与抗虫复合性状、高氨基酸含量，雄性不育基因等。

中国农业科学院生物技术研究所的研究者将黑曲霉来源的 phyA2 基因通过基因枪法转化至玉米，转基因植株植酸酶表达量是野生型菌株的 30 倍，并能分泌到玉米植株根组织周围，高效利用植酸磷。2009 年中国批准了转基因植酸酶玉米的安全证书，可以在山东省进行种植。植酸酶是一种广泛应用的饲料添加剂，可以降解玉米、大豆中大量含有的植酸磷，释放可被动物利用的无机磷，减少饲料中磷酸氢钙的添加量，降低饲养成本，提高饲料利用效率，提高肉、蛋产量和质量。其次，可减少动物粪、尿中磷的排泄，减轻环境污染，有利于环境保护。第三，利用农业种植方式替代原有工业发酵生产方式生产植酸酶，可减少厂房、设备、能源消耗等投入，具有节能、环保、低成本的优势。

3. 人乳蛋白牛

转基因牛的研究主要集中在抗病、提高牛肉品质和产量、提升奶品质等。由于牛的产奶量高，1 头牛产的奶相当于 30 只羊，因此，开发动物乳腺生物反应器有着广泛的市场前景。运用转基因技术在家畜乳腺特异性表达外源蛋白，即乳腺生物反应器，可以获得具有附加功能的高品质奶。因为生物反应器生产的重组蛋白具有活性高、易于纯化，且对动物本身影响小、涉及安全性的顾虑少等优点，因此是研究和应用发展的一个热点。

1990 年，美国 Genzyme Transgene 公司通过原核显微注射法获得了世界上第一头转人乳铁蛋白的转基因牛，并发现其抵抗乳腺疾病的能力大大增加。乳铁蛋白对铁、锌的吸收和增强免疫力有重要的作用。此种牛产出的奶具有潜在的保健功能，可以增加抵抗力，有利于胃肠道的健康。

中国农业大学利用转基因体细胞克隆技术，获得了转基因克隆奶牛 49 头，存活 29 头。人乳铁蛋白在转基因牛乳中平均表达量达到 3.43g/L，人 α- 乳清白蛋白表达量也达到 1.55g/L，人溶菌酶在转基因牛乳中含量达 1.5g/L 以上，这些重组蛋白表达量达到了国际上最好水平。这些人乳铁蛋白、乳清蛋白、溶菌酶转基因克隆牛已进入生产性试验阶段。

4. 转不饱和脂肪酸猪

猪是重要的经济动物，与人类生活关系非常密切。1985 年，Hammer 等将人生长激素融合基因导入猪体内，最终获得了世界上第一批转基因猪。由于猪肉是重要的肉食来源，因此提升猪的品质和风味也广受关注。

动物脂肪中主要是饱和脂肪酸，但摄取过多的饱和脂肪酸会引起高血脂、高胆固醇学症等慢性疾病，而不饱和脂肪酸有益于心脑血管健康，并有助于大脑发育和降低罹患老年痴呆症、抑郁症的风险。2002 年，日本的研究者将菠菜中 FAD12 基因植入猪的受精卵，成功培育出了不饱和脂肪酸含量高于普通猪肉 20% 的转基因猪。随后，又有学者将来自秀丽线虫的 FAT-1 基因转入猪体内中，该基因可使 ω-6 脂肪酸转变成 ω-3 脂肪酸。2009 年，中国农业科学院北京畜牧兽医研究所也成功的培育出富含 ω-3 脂肪酸的转基因猪，为肉质改良做出有益的贡献。

（四）转基因食品的安全评价

1. 安全评价的概念

安全评价（即风险评估）是农业转基因生物安全管理的核心，是指通过科学分析各种科学资源，判断每一具体的转基因生物是否存在危害或安全隐患，预测危害或隐患的性质和程度，划分安全等级，提出科学建议。

风险评估按照规定的（规范）程序和标准，利用现有的所有与转基因生物安全性相关的科学数据和信息，系统地评价已知的或潜在的与农业转基因生物有关的、对人类健康和生态环境产生负面影响的危害。这些数据和信息，主要来源于产品研发单位、科学文献、常规技术信息、独立科学家、管理机构、国际组织及其他利益团体等。

整个评估过程由危害识别、危害特征描述、暴露评估和风险特征描述等四部分组成。通过风险评估预测在给定的风险暴露水平下农业转基因生物所引起的危害的大小，作为风险管理决策的依据。

2. 安全评价遵循的基本原则

在进行农业转基因生物风险评估时，一般应遵循以下原则：①实质等同性，自从1993 年经济合作与发展组织（OECD）在转基因食品安全中提出"实质等同性"概念以来（OECD 1993），实质等同性已被很多国家在转基因生物安全评价上广泛采纳。实质等同性的意思是指转基因物种或其食物与传统物种或食物具有同等安全性；②个案分析原则（case by case），因为转基因生物及其产品中导入的基因来源、功能各不相同，受体生物及基因操作也可能不同，所以必须有针对性地逐个进行评估，即个案分析原则。目前世界各国大多数立法机构都采取了个案分析原则；③预防原则（precautionary），虽然尚未发现转基因生物及其产品对环境和人类健康产生危害的实例，但从生物安全角度考虑，必须将预先防范原则作为生物安全评价的指导原则，结合其他原则来对转基因猪及其产品进行风险分析，提前防范；④逐步深入原则（step by step），转基因动物及其产品的开发过程需要经过实验研究、中间试验、环境释放、生产性试验和商业化生产等环节。因此，每个环节上都要进行风险评估和安全评价，并以上步实验积累的相关数据和经验为基础，层层递进，确保安全性；⑤科学基础原则（science-based），安全评价不是凭空想象的，必须以科学原理为基础，采用合理的方法和手段，以严谨、科学的态度对待；⑥公正、透明原则（impartial and transparent），安全评价要本着公正、透明的原则，让公众信服，让消费者放心；⑦熟悉原则（familiarity），指对所评价转基因生物及其安全性的熟悉程度，根据类似的基因、性状或产品的历史使用情况，决定是否可以采取简化的评价程序，是为了促进转基因技术及其产业发展的一种灵活运用。

3. 我国的转基因生物技术检测机构及法规

我国的转基因生物技术检测机构是按照动物、植物、微生物三种生物类别，以及转基因产品成分检测、环境安全检测和食用安全性三类任务的要求进行设置，并考虑综合性、区域性和专业性三个层次进行相应的布局和建设。目前，已通过国家计量认证、农业部审核认可和农产品质量安全检测机构考核的食用安全技术检测机构 2 个、环境安全技术检测机构 15 个、产品成分检测机构 18 个。其中，中国农业大学、中国疾病预防控制中心营养与食品安全所、天津卫生防病中心（转基因生物及其产品食用安全检测中心）等一批高水平的专业科研机构，均为获得了农业部批准成为转基因生物技术检测单位。另外，在转基因生物检测标准方面，目前我国制定并实施的转基因产品检测标准共有 17 项，其中国家标准（GB）6 项，检验检疫行业标准项（SN）11 项。上述标准各有不同，而且有些标准专门针对食品中的某些转基因成分检测而制订的。2002 年以后，在借鉴国际食品法典委员会（CAC）有关转基因食品评价指南，并总结我国转基因生物安全评价实践基础上，农业部制定并发布了《转基因植物安全评价指南（试行）》《转基因植物及其产品食用安全性评价导则》及相关食用安全检测标准，对转基因植物及其产品食用安全评价要点、步骤及具体试验方法提出了明确要求。根据上述法规和标准要求，相关转基因食用安全性评价机构参照国际通行做法，对一系列的转基因植物与非转基因植物在食用安全性方面进行了相关评价。

中国政府一直十分重视转基因生物及其产品的安全性管理，相继出台了一系列管理条例和管理办法。1992 年，卫生部颁布了《新资源食品卫生管理办法》（已废止）；1993 年 12 月 24 日，国家科委颁布了《基因工程安全管理办法》（已废止）；1996 年 7 月 10 日，农业部颁布了《农业生物基因工程安全管理实施办法》，并于 1996 年 11 月正式实施；2001 年 5 月 23 日，国务院颁布了《农业转基因生物安全管理条例》。2000 年 8 月 8 日，我国签署了《国际生物多样性公约》下的《卡塔赫纳生物安全议定书》，国务院于 2005 年 4 月 27 日，批准了该议定书，中国正式成为缔约方。在中华人民共和国境内从事农业转基因生物的研究、试验、生产、加工、经营和进口、出口活动，必须遵守以上条例和办法。

2002 年 1 月 15 日，农业部同时发布了 3 条农业部令：《农业转基因生物安全评价管理办法》、《农业转基因生物进口安全管理办法》和《农业转基因生物标识管理办法》，并于 2002 年 3 月 20 日开始实施。《农业转基因生物安全评价管理办法》评价的是农业转基因生物对人类、动植物、微生物和生态环境构成的危险或者潜在的风险。安全评价工作按照植物、动物、微生物三个类别，以科学为依据，以个案审查为原则，实行分级分阶段管理。该办法具体规定了转基因植物、动物、微生物的安全性评价的项目、试验方案和各阶段安全性评价的申报要求。《农业转基因生物标识管理办法》规定，不得销售或进口未标识和不按规定标识的农业转基因生物，其标识应当标明产品中含有转基因成分的主要原料名称，有特殊销售范围要求的，还应当明确标注，并在指定范围内销售。进口农业转基因生物不按规定标识的，重新标识后方可入境。《农业转基因生物进口安全管理办法》规定，对于进口的农业转基因生物，按照用于研究和试验的、用于生产的以及用作加工原料的三种用途实行管理。进口农业转基因生物，没有国务院农业行政主管部门颁发的农业转基因生物安全证书和相关批准文件的，或者与证书、批准文件不符的，作退货或者销毁处理。

为加强对转基因食品的监督管理，保障消费者的健康权和知情权 2009 年 2 月 28 日，第十一届全国人民代表大会常务委员会第七次会议通过的《中华人民共和国食品安全法》，对食品安全包括转基因食品的风险检测与评估、许可、记录、标签以及跟踪召回制度和法律责任等都作了详细规定，为我国转基因食品安全的监管和保障提供了宏观依据。2009 年 7 月 20 日，国务院根据《中华人民共和国食品安全法》，制定了《中华人民共和国食品安全法实施条例》，该条例进一步强化各部门在食品安全监管方面的职责。

4. 我国转基因产品食用安全性评价的内容

目前，我国转基因产品食用安全性的评价主要包括三个方面，即毒理学评价、致敏性评价和营养学评价。

转基因食品的毒理学评价包括新表达蛋白质与已知毒蛋白和抗营养因子氨基酸序列相似性的比较，新表达蛋白质热稳定性试验，体外模拟胃液蛋白质消化稳定性试验。当新表达蛋白质无安全食用历史，安全性资料不足时，必须进行急性经口毒性试验，必要时应进行免疫毒性检测评价。新表达的物质为非蛋白质，如脂肪、碳水化合物、核酸、维生素及其他成分等，其毒理学评价可能包括毒物代谢动力学、遗传毒性、亚慢性毒性、慢性毒性/致癌性、生殖发育毒性等方面。有关全食品的评价，亚慢毒性试验是必需的，其他具体还需进行哪些毒理学试验，采取个案分析的原则。

转基因食品中由于引进了新基因，其表达的新蛋白质可能引起过敏反应。因此，转基因产品致敏性是需要严格监控的指标。主要评价方法包括基因来源、与已知过敏原的序列相似性比较、过敏患者的血清进行特异 IgE 抗体结合试验、定向筛选血清学试验、模拟胃肠液消化试验和动物模型试验等，最后综合判断其潜在致敏性。如果判定为有致敏的可能，该产品就会被取消研发和上市的资格。

转基因食品在营养学评价上需要比较的主要内容有：主要营养因子、抗营养因子和营养生物利用率等。主要营养因子包括脂肪、蛋白质、碳水化合物、矿物质、维生素等；抗营养因子主要是指一些能影响人对食品中营养物质吸收和对食物消化的物质，如豆科作物中的一些蛋白酶抑制剂、脂肪氧化酶、植酸等。除了成分比较外，必须分析所转基因表达的目标物质在食品中的含量；按照个案分析的原则，如果是以营养改良为目标的转基因食品，还需要对其营养改良的有效性进行评价。

三、转基因食品国内外研究进展比较

（一）已上市的转基因食品

目前，全球已有 24 种转基因作物批准进行商业化种植，包括大豆、棉花、油菜、玉米、烟草、马铃薯、番茄、水稻、南瓜、杨树、亚麻、小扁豆、甜瓜、甜菜、甜椒、苜蓿、番木瓜、菊苣、李子、矮牵牛、玫瑰花、康乃馨等。

美国是转基因食品最多的国家，60% 以上的加工食品含有转基因成分，美国种植的 86% 的玉米、93% 的大豆和 95% 以上的甜菜是转基因作物而美国出产玉米的 68%、大豆的 72% 以及甜菜的 99% 用于国内自销。

大豆、玉米、油菜、棉花是种植面积最广，应用最多的转基因产品。大豆是种植面积最大的转基因作物，2012 年，全球大豆的种植面积为 8100 万公顷，占大豆播种面积的 81%；转基因玉米的种植面积达到 2430 万公顷，也占全球玉米播种面积的 81%，在所有已商业化种植的转基因作物中，种植转基因玉米的国家数量最多，全球共有 17 个国家和地区种植或进口转基因玉米。从种植面积来说，转基因棉花是世界第三大转基因作物。油菜是重要的油料作物，油菜种子含油量占其干重的 35% ~ 45%，含有丰富的脂肪酸和维生素，2012 年转基因油菜种植面积为 930 万公顷，占全球转基因作物种植面积的 5%，相当于油菜种植面积的 30%。

（二）研发现状

自 1983 年第一例转基因烟草在美国实验室成功培植以来，转基因作物（GMC）的研发及产业化发展迅猛，至 2012 年，全球约 81% 的大豆、81% 的棉花、35% 的玉米和 30% 的油菜是转基因产品。

迄今所开发的大多数"第一代"转基因作物，主要是通过更有效地控制虫害和控制杂草来提高农业性能，使粮食产量增加。涉及的性状包括耐除草剂、抗虫、抗病毒等。虽然这将仍然是"第二代"转基因作物的目标，但是"第二代"转基因作物将着眼于使食物更具营养价值或改变营养特性。如改善食物的味道，减少食物中的反式脂肪酸，提高油料作物的含油量等。以下选取种植面积及影响较大的转基因作物进行介绍。

转基因大豆是目前种植面积最大的转基因作物。截至目前，共有 19 个转基因大豆获得批准商业化种植，包括 1 个抗虫、3 个高油、11 个耐除草剂、1 个抗虫耐除草剂、3 个耐除草剂高油转基因大豆。应用的基因共 8 个，包括 5- 烯醇式丙酮莽草酸 -3- 磷酸合酶基因 cp4-epsps、pat 基因、草甘膦乙酰转移酶基因 gat、乙酰乳酸合成酶基因 als、杀虫基因 Cry1Ac、fat2、fatB、csr1-2 等。耐除草剂转基因大豆包括抗草甘膦、抗草铵膦、抗咪唑啉酮类除草剂三种。孟山都公司获得的抗虫转基因大豆 Mon87701，是目前唯一批准商业化种植的抗虫转基因大豆。杜邦公司利用反义技术获得了转基因高油酸大豆 G94-1、G94-19、G168，油酸含量高达 80%，远高于油酸含量只有 24% 左右的传统大豆。G94-1、G94-19、G168 于 1997 年经美国农业部批准开始商业化种植。目前，复合性状转基因大豆的研发取得重大进展且已进行商业化种植。杜邦公司研发的转基因大豆 DP305423，具有提高大豆种子中油酸含量和抵抗磺酰脲类草甘膦的特性。先锋国际种子公司和孟山都公司联合研发获得转基因高油耐除草剂的大豆 DP305423x GTS40-3-2。孟山都公司研究的 MON8705 转基因大豆油酸含量可高达 70%，同时具有草甘膦抗性；MON 87701x MON 89788 转基因大豆具有抗虫耐除草剂双重性状。

玉米是全球分布最广的粮食作物，种植面积和总产均居第二位。目前获准商业化生产的转基因玉米的转化事件共有 65 个，包括抗虫基因、耐除草剂、耐除草剂与抗虫复合性状、高氨基酸含量，雄性不育基因等。我国批准了 11 种转基因玉米进口用作原料加工，2009 年批准了转植酸酶玉米的安全证书，但未进入商业化种植。涉及的基因包括 epsps 基因、pat 基因、gat、als、cry35Ab、cordapA 等。其中，高赖氨酸转基因玉米 LY038 显著提高籽粒中游离赖氨酸的含量，于 2005 年首次在美国批准食用和饲用。雄性不育性状转基因玉米 MS3 和 MS6，是拜耳作物科学公司 1996 年选育的兼有对草铵磷抗性和雄性不育性状的转基因玉米品种，主要用于人类消费及牲畜饲料。中国农业科学院生物技术研究所研究的转植酸酶基因玉米能将植酸酶分泌到玉米植株根组织周围，高效利用植酸磷。复合性状转基因玉米主要类型是抗虫与耐除草剂复合，其次是同时含有 2 ~ 5 个抗虫基因的复合性状。2009 年，陶氏益农公司研制了含有 8 个基因（pat、cp4epsps、cry1Fa2、cry1A.105、cry2Ab、cry3Bb1、cry34Ab1、cry35Ab1）的抗虫耐除草剂转基因玉米。

转基因棉花是世界第三大转基因作物，仅次于转基因玉米和大豆。棉籽可用作油料，也可作为高蛋白粮饲的添加成分。目前已经获得批准商业化应用的棉花转化事件有 40 个，其中抗虫的转化事件有 12 个，耐除草剂的转化事件有 6 个，抗虫复合性状的转化事件有 7 个，耐除草剂复合性状的转化事件有 2 个，抗虫和耐除草剂复合性状的转化事件 12 个。另外，印度种植的 1 种转基因棉花（MLS-9124），并不清楚其性状和转入的基因等信息。转基因棉花中应用的基因可分两类，一类是耐除草剂性基因，共有 5 种 7 个；另一类是抗虫基因，共有 7 个，其中 6 个来源于苏云金芽孢杆菌（Bacillus thuringiensi）的不同菌株，主要对鳞翅目昆虫有毒性。其中有些基因还对其他种属的昆虫有防治作用，如 cry1Ac 对欧洲玉米螟有毒性。

水稻是世界上大部分人口的重要主食，它是人类营养和能量摄入的最重要的谷物。目前，已有 6 个转基因水稻品种获得了不同的批准许可，涉及种植、食用、饲用、进口和加工等方面。抗除草剂转基因水稻包括耐受草铵磷和草丁膦类除草剂。抗虫转基因水稻均含有 Bt 外源基因。2005 年，伊朗农业生物技术研究所获得具有条纹螟虫抗性的转基因水稻。2009 年，由我国华中农业大学转 cry1Ab/cry1Ac 基因抗虫水稻"华恢 1 号"及杂交种"Bt 汕优 63"对鳞翅目害虫具有抗性的转基因水稻。日本国家农业科学研究所研究的抗花粉过敏转基因水稻能引起抗原反应，有助于降低花粉过敏反应，已在本国获得种植批准。瑞士联邦技术研究院的 Ingo Potrykus 及其同事培育出了可补充维生素 A 原（β- 胡萝卜素）的转基因水稻——金稻（golden rice）。2005 年 Syngenta 生物技术公司将金稻中的 crt1 基因与玉米中的番茄红素合成酶基因（phytoene synthase）结合，研发出了金稻 2。该品种产生的 β- 胡萝卜素是金稻的 23 倍，达到 37μg/g，其中 β- 胡萝卜素达到 31μg/g。此外，抗旱、抗逆、高品质、高产、营养高效利用的转基因水稻研究也在进一步研发中。

转基因油菜的种植面积和普及率处于第四位。转基因油菜的育种主要集中在包括脂肪酸（芥酸、油酸、亚油酸、亚麻酸等）和种子贮藏蛋白上的品质改良、抗性育种以及杂交体系中的不育系建立上。20 世纪 90 年代，美国卡尔金、德国拜耳、美国孟山都、美国先锋和法国安内特等公司研发了高油酸、低亚麻酸、高豆蔻酸、高月桂酸、耐草铵膦、耐草甘膦、耐咪唑啉酮类除草剂和耐苯腈类除草剂的转基因油菜。截至目前共涉及 6 种性状、8 个基因（CP4epsps 基因、gox 基因、Barnase 基因、barstar 基因、吸水链霉菌 pat 基因、产绿色链霉菌 pat 基因、te 基因、bxn 基因）的转基因油菜获得了商业化批准种植。提高油菜转化体系稳定性及转化率、提高外源基因表达及遗传稳定性、转基因油菜的安全性等问题是转基因油菜需要解决的问题和发展方向。

甜菜是世界第二大糖料作物。目前转基因甜菜的研究方向主要集中在抗病毒、抗虫、抗除草剂、抗逆及提高碳水化合物品质等方面。抗病基因主要为涉及 Rzl、nptII、gus、cp 的抗根丛病和根腐病基因，抗虫方面涉及 Bt 的 cryIA（b）的抗甘蓝夜蛾基因、cryIC 的抗甜菜夜蛾基因以及 Hs1 的抗线虫基因。目前由于甜菜多倍性、遗传背景复杂，重要形状常受多基因控制，与产量、品质等相关的有价值的外源基因分离及转化尚未开展。

转基因番茄已在美国、墨西哥、日本进行了商业化种植并在加拿大获得食品安全证书，其研发主要涉及延熟保鲜、抗虫、抗病毒，其中大部分集中在延熟保鲜方面。目前，已经有 11 个转化事件通过环境及食品安全评价。

在转基因动物的研发方面，主要着重于利用转基因技术改善动物生产性能、抗病能力、开发乳腺生物反应器等。转基因物种涉及了猪、牛、羊、鸡、鱼、家蚕、果蝇等，涉及的性状囊括了生长、繁殖、抗病、饲料转化率、肉质、乳腺特异性表达药用或营养蛋白、人源化器官等，使得转基因技术或产品涉猎了生物医学、组织工程、细胞工程、特殊表型动物、濒危动物资源保藏等多个方面。目前，转基因动物及其制品的产业化应用还处于起步阶段。2006 年欧洲医药评价署人用医药产品委员会首次批准了用转基因山羊生产的抗血栓药物 Atryn 上市，2009 年美国食品和药物管理局也批准了转基因生产的 Atryn 在美国上市，标志着乳腺生物反应器在动物转基因研究领域率先进入产业化阶段；中国农业大学李宁院士研制的人乳铁蛋白、乳清蛋白、溶菌酶转基因克隆牛已进入生产性试验阶段。

微生物重组 DNA 技术首先在大肠杆菌中成功，随后扩展到其他微生物，主要的微生物宿主包括大肠杆菌、枯草芽孢菌、面包酵母、毕赤酵母、多形汉逊酵母菌和黑曲霉等。经过生物技术改造以后，利用微生物可以产生多种新型发酵产品，例如人和动物体内的微量活性物质，如人胰岛素、人生长激素、凝乳酶等均可以由转基因微生物进行批量生产。

进入 20 世纪 90 年代，微生物基因工程技术成为一个发展最为迅速的领域，在工业领域、医药领域和能源领域得到了广泛的应用。到 2008 年 9 月，欧盟有 108 例转基因微生物获得环境释放，占释放转基因生物的 4.45%。到 2011 年为止，美国经过 USDA 批准环境释放的微生物遗传工程体涉及近 32 种微生物约 126 例左右，其中商品化微生物遗传工程体有 7 例。我国重组微生物研究开发虽然起步较晚，近年也取得了良好的进展，其应用主要集中在食品、农业和医药转基因微生物上，如生物疫苗、抗生素和饲料用微生物都进入商品化阶段。

（三）转基因食品的安全评价

国际上农业转基因生物安全管理没有统一的模式，法律法规的制定及管理的具体细节上各国间也存在明显的差异（World Bank，2003）。目前，世界上主要国家对农业转基因生物及其产品的安全管理大体分为三种类型。其一，以产品为基础的美国模式。对转基因生物的管理依据产品的用途和特性来进行；其二，以过程为基础的欧盟模式。对转基因生物的管理着眼于研制过程中是否采用了转基因技术；其三，中间模式。其中，加拿大较接近美国模式，澳大利亚接近欧盟模式，但都有自己的特点。

1. 美国和加拿大转基因食品的安全管理

美国食品和药物管理局（FDA）在 20 世纪 80 年代颁布了《联邦食品、药品和化妆品条例》，对转基因食品实行安全管理。1986 年，美国总统办公厅科技政策办公室发布《生物技术协调框架》，并于 1992 年对此作了修订，该协调框架阐明了美国生物安全管理的基本原则，即美国环境保护署（EPA）、农业部（USDA）、食品和药物管理局根据规章行使生物安全监督职责应基于食品本身的特征和风险，而不应根据所采用的技术，而且生物技术食品的安全应根据各个食品的情况逐案鉴定。其中农业部负责植物、兽用生物制品以及一切涉及植物病虫害等有害生物的产品的管理；环境保护局负责植物性农药、微生物农药、农药新用途及新型重组微生物的管理；食品药物局负责食品及食品添加剂、饲料、兽药、人药及医用设备的管理。

加拿大对转基因食品的态度与美国相近。加拿大于 1985 年颁布了《食品和药品法》；1993 年，制定了对生物技术产业的管理政策，规定政府要利用《食品和药品法》和管理机构对转基因农产品进行管理，具体的管理机构为卫生部产品安全局、农业部食品检验局、加拿大环境部；1994 年，发布新食品安全性评估标准；1995 年，《食品和药品法》中又增加了《新型食品规定》，从而进一步加强了对转基因食品的管理。

2. 欧盟转基因食品的安全管理

由于欧盟对转基因食品的安全性一直持谨慎态度，欧盟的转基因法规体系也比较系统和全面。其实施转基因生物安全管理基于研发过程中是否采用了转基因技术。

2004 年开始，欧洲食品安全局（EFSA）以及欧洲委员会负责评估所有新推出的生物技术产品的安全性评价，决定是否允许该产品进入欧盟市场。现行的转基因生物安全管理法规依然有水平系列和产品系列两类法规，主要包括：《关于转基因生物有益环境释放的指令（2001/18/EC）》和《关于转基因微生物封闭使用的指令（98/81/EC）》、《关于转基因食品和饲料条例（1829/2003）》及其实施细则条例（641/2004）和《关于转基因生物的可追踪性和标识及由转基因生物制成的食品和饲料产品的可追踪性条例（1830/2003）》。此外，欧盟允许各成员国通过各国卫生部或农业部所属的国家食品安全相关机构制定本国的农业转基因生物安全管理法规体系。因此，比较而言，欧盟及其成员国转基因生物安全管理法规体系比较复杂，意见难以统一，决策时间长。

3. 其他国家

日本采取基于生产过程的管理措施，即对生物技术本身进行安全管理。1979 年初，日本厚生省颁布了《重组 DNA 实验管理条例》。其中规定，转基因作物田间种植后用作食品或饲料，必须在田间种植和上市流通之前，逐一地对其环境安全性、食品安全性和饲料安全性进行认证。1989 年日本农林水产省大臣颁布了《农、林鱼及食品工业应用重组 DNA 准则》。2000 年 5 月 1 日起，食品安全性必须遵守由厚生劳动省制定的《食品和食品添加剂指南》；饲料安全性必须遵守由农林水产省制定的《在饲料中应用重组 DNA 生物体的安全评估指南》。根据以上 3 点由开发者先进行安全性评价，然后再由政府组织专家进行审查，确认其安全性。

澳大利亚和新西兰自 1999 年 5 月起开始实施《转基因食品标准》。所有在澳大利亚和新西兰出售的转基因食品必须经过澳大利亚和新西兰食品管理局的安全评价。2000 年，澳大利亚制定了《基因法》。澳大利亚卫生主管当局认为转基因食品的风险分析数据可以有很多来源，安全性评估主要是以同类非转基因食品为基准。新西兰于 1993 年制定了《生物安全法》，1996 年制定了《危险物质和新型生物体法案》，这两部法规是新西兰在转基因食品管理方面的主要法规。

近年来，韩国、印度等亚洲国家均大力投资生物技术的研发，并强化了对转基因食品的安全管理措施。韩国食品与药品管理局发布的《转基因食品安全评价办法》从 1999 年 8 月起开始实施。该办法对转基因食品的安全评价建立在科学的数据基础之上，充分考虑到了对人体安全的影响。1990—2008 年，印度其他国家的相关管理部门先后又发布了《重组 DNA 安全指南》、《转基因食品安全评价指南》和《转基因食品和饲料安全性评价程序》等 8 项指南，进一步加强了对转基因生物和食品安全的管理和监督。

4. 国际组织农业转基因生物安全管理

联合国相应机构及其他有关国际组织长期致力于转基因生物安全的国际协调管理。联合国工业发展组织（UNIDO）、粮农组织（FAO）、世界卫生组织（WHO）、环境规划署（UNEP）以及经济合作与发展组织（OECD）制定了一系列有关农业转基因生物安全管理的法规和准则。在 1992 年以来的《21 世纪议程》、《生物多样性公约》、《关于环境与发展的里约宣言》和 2000 年通过的《卡塔赫纳生物安全议定书》中，分别对转基因生物及其产品安全管理的原则和程序进行了规定。国际食品法典委员会（CAC）针对转基因食品安全管理制定了一系列指导原则和规范。世贸组织（WTO）也在考虑是否需要在《卫生与植物卫生条约》（SPS）和《贸易技术壁垒条约》（TBT）的基础上，制定有关转基因产品（特别是转基因农产品）安全管理和标识制度的规定。

国际食品法典委员会是世界粮农组织和世界卫生组织共同组织的国际机构。国际食品法典委员会于 2003 年通过了有关转基因植物安全检测的标准性文件 CAC/GL 45—2003《重组 DNA 植物及其食品安全性评价指南》。依据该指南，目前国际上对转基因植物的食用安全性评价主要从营养学评价、新表达物质毒理学评价、致敏性评价等方面进行评估。目前，国际上都是遵循国际食品法典委员会的指南对转基因食品进行食用安全的评价，该指南已经成为国际标准。

尽管各国农业转基因生物安全管理的制度不同，美国、欧盟、加拿大、澳大利亚、日本等均已形成了稳定和比较完善的转基因生物安全管理法律法规体系，规范了农业转基因生物研究、开发、生产、应用和进出口活动，促进了转基因技术发展。这些发达国家之间存在一些共同的特点：法律法规体系不断完善，与保障安全维护国家权益相适应；行政监督管理有效，与生物产业发展相适应；技术支撑体系健全，与风险分析要求相适应；公众广泛参与，与社会发展相适应。

我国作为人口大国和农业大国，必须抓住新兴生物技术的发展机遇，但我国又是发展中国家，转基因技术研究起步稍晚，同发达国家仍有一定差距。因此，在转基因食物安全管理上我国过去一直持稳妥的态度。在管理上综合借鉴了外国一些做法，既针对产品又针对过程，力求在科学评价、依法管理、确保转基因食品安全的前提下加快研究、推进应用；在制度设计上则强调适合我国国情、符合国际惯例、维护国家利益。

（四）转基因食品的标识制度

迄今，受国际政治和经济因素的影响，已有包括欧盟 15 个国家在内的 40 多个国家和地区制定了相关的法律和法规，要求对转基因生物及其产品（包括食品和饲料）进行标识。其中，除了美国、加拿大、阿根廷和中国香港这 4 个国家和地区采取的是自愿标识政策，其他国家和地区大多采用强制性标识管理政策。

大部分国家和地区的转基因标识管理政策，都允许在食品（饲料）中存在少量转基因成分，这种转基因成分的存在是在收获、运输及加工过程中，无法通过技术手段加以消除的意外混杂，不需要进行标识，并且确定了食品（饲料）中转基因成分意外混杂的最高限量即阈值（见表 1）。若食品（饲料）中转基因成分的含量超过这一阈值，则需对该食品（饲料）进行标识。

最早提出对转基因食品进行标识管理的是欧盟。欧盟 1990 年颁布的转基因生物管理法规（220/90）确立了转基因食品标识管理的框架。1997 年颁布的新食品管理条例（258/97），进一步要求在欧盟范围内对所有转基因产品进行强制性标识管理，并设立了对转基因食品进行标识的最低限量，即当食品中某一成分的转基因含量达到该成分的 1% 时，必须进行标识。2002 年，欧盟再次对其转基因标识管理政策进行修改，将标识的最低限量降低到 0.9%。

表 1　各国（地区）转基因标识管理概况

	标识类别	标识阈值	标识范围
澳大利亚 / 新西兰	强制	1%	食品特性，如营养价值发生改变，或食品中含有因转基因操作而引入的新 DNA 或蛋白质
巴 西	强制	1%	所有含转基因成分的食品
中 国	强制	—	第一批标识目录包括大豆、玉米、棉花、油菜、番茄等 5 大类 17 种转基因产品
加拿大	自愿	—	若与食品安全性有关的如过敏性、食品组成和食品营养成分发生了变化，则该食品需进行特殊的标识
欧盟 / 英国	强制	0.90%	所有从 GMO 衍生的食品或饲料，无论其终产品中是否含有新的基因或新的蛋白质
中国香港	自愿	5%	任何 GM 食品，如果在其组成成分、营养价值、用途、过敏性等方面与其传统对应食品不具有实质等同性，则推荐进行标识以标注这种差异
日 本	强制	食品前 3 种含量最高的食品成分，且该成分中 GMO 含量超过 5%	豆腐、玉米小食品、水豆豉等 24 种由大豆或玉米制成的食品需进行转基因标识；若能检测到外源 DNA 或蛋白质，则转基因马铃薯产品也需要标识
俄罗斯	强制	5%	由 GM 原料制成的食品产品，若食品产品中含有超过 5% 的 GMO 成分，需进行标识
韩 国	强制	食品中前 5 种含量最高的食品成分，且该成分中 GMO 含量超过 3%	转基因大豆、玉米或大豆芽及其制成品需进行转基因标识；2002 年起，GM 马铃薯及其加工产品需标识
瑞 士	强制	单一成分饲料 3%；混合饲料 2%；海外生产的玉米、大豆种子 0.5%	粗材料或单一成分饲料中 GM 成分超过 3%，混合饲料中 GM 成分超过 2%，则需进行标识
中国台湾	强制	5%	粗玉米、粗大豆、大豆粉、玉米粉和粗玉米粉（2003 年开始执行）；豆腐、豆奶和大豆蛋白（2004 年开始执行）；所有大豆产品及多成分加工品（2005 年开始执行）
美 国	自愿	—	如果与健康有关特性，如食品用途、营养价值等发生改变时，或以 GM 材料生产的该食品的原有名称已无法描述该食品的新特性时，需对食品进行标识
捷 克	强制	1%	所有含有转基因成分的食品都需要进行标识
以色列	强制	1%	转基因大豆、玉米及其产品
马来西亚	强制	3%	所有转基因产品

续表

	标识类别	标识阈值	标识范围
沙特阿拉伯	强 制	1%	若食品中含有 1 种或多种转基因植物成分需要标识；若含有转基因动物成分则禁止上市
泰 国	强 制	食品中前 3 种含量超过 5% 的食品成分，且该成分中 GMO 含量超过 5%	转基因大豆及其产品、转基因玉米及其产品，若其中含有外源基因或蛋白，则需进行标识

美国和加拿大对于转基因食品的标识管理，主要延用《联邦食品药物及化妆品法案》，该法案第 403 条规定了食品标识方面的内容，标识范围涉及所有食品而不仅仅是转基因食品，并且只有当转基因食品与其传统对应食品相比具有明显差别、用于特殊用途或具有特殊效果和存在过敏原时，才属于标识管理范围。

澳大利亚、新西兰、巴西、欧盟、俄罗斯、瑞士、捷克、马来西亚、沙特阿拉伯等国家和中国香港地区要求对所有转基因食品进行标识。其中，澳大利亚、新西兰、巴西、捷克、沙特阿拉伯规定标识的阈值为 1%，欧盟的阈值为 0.9%，瑞士规定原材料或单一成分饲料中 GM 成分超过 3%，混合饲料中 GM 成分超过 2%，需要进行标识，马来西亚的标识阈值 3%，俄罗斯标识的阈值为 5%；中国要求对列入农业转基因生物标识目录的大豆、玉米、棉花、油菜、番茄等 5 大类 17 种转基因产品进行标识；日本和韩国的标识范围值包括转基因大豆、玉米和转基因马铃薯及其制品，韩国的标识阈值为 3%，日本的标识阈值为 5%；以色列、泰国、中国台湾仅要求对部分转基因大豆和转基因玉米产品进行标识，其中以色列的标识阈值为 1%，泰国和中国台湾的标识阈值为 5%。

2011 年全球转基因棉花的播种面积为 2470 万公顷，转基因棉花是除了转基因大豆、玉米外种植面积最大的转基因作物，但因其不直接进入人类消化系统，大部分国家都不要求对转基因棉花进行标识。中国的转基因抗虫棉因抗虫效果好，深受棉农欢迎，2012 年中国转基因抗虫棉的种植面积约为 400 万公顷。为保证市售抗虫棉种子的真实性，防止假冒转基因抗虫棉种子坑害棉农，中国政府将转基因棉花种子列入标识目录。

油脂类产品的转基因检测技术较为复杂，一般认为精炼油中不应含有外源 DNA 及蛋白质，而且其副产品豆粕、菜籽饼等不直接进入人类消化系统，除欧盟和中国外，其他国家或地区均规定油脂类产品不需要进行标识。

四、转基因食品的发展趋势及展望

（一）转基因食品的商业化发展势不可挡

转基因技术可以使不同物种之间的基因进行重组，这是传统育种技术所无法实现的。人们根据实际需要，有针对性地对传统产品进行改造，赋予转基因产品各种各样优良性状，从而满足人类的不同需求。此外，当今世界资源日益匮乏，人口日益膨胀，环境日益恶化，安全开发利用食物资源显得比任何时候都更为紧要和迫切。我国人多地少的矛盾是世界上最为突出的，转基因技术为我国实现现代农业的可持续发展提供了一种新策略。

据 ISAAA 的最新数据，2012 年全球转基因作物种植面积达到 1.703 亿公顷，比 2011 年的 1.6 亿公顷增长了 6%，即 1030 万公顷。作为转基因作物商业化的第 17 年，在连续 16 年的增长后，2012 年转基因作物种植面积持续增加。其中最主要的四种作物是大豆、棉花、玉米和油菜。2012 年，发展中国家转基因作物的种植面积（占全球的 52%）超过了发达国家的转基因作物种植面积（占全球的 48%），而 2011 年全年，转基因作物为发展中国家所带来的经济效益（101 亿美元）也高出发达国家（96 亿美元）。ISAAA 预测，亚洲还有一些发展中国家在 2015 年之前将首次种植转基因作物；转基因抗旱玉米将首次于 2013 年在北美上市，2017 年在非洲上市；巴西将在 2013 年首次种植抗虫和耐除草剂复合性状大豆；预计得到监管审批后，金大米将于 2013—2014 年在菲律宾首次进入市场；印度尼西亚可能会种植耐旱甘蔗；在中国，转基因玉米的种植面积可能会达到 3000 万公顷；在未来，仅仅在亚洲，会有 10 亿贫困的水稻种植者从转基因水稻中获益。

（二）转基因食品为可持续发展做出重要贡献

转基因食品的研发和商业化，在以下几方面对可持续发展做出重要贡献：①促进了粮食、饲料和纤维安全及自足，通过持续增加农业生产力和提高农民经济利益，提供更多实惠的粮食，有利于减轻贫困和饥饿；②减少对农业的环境影响，传统农业对环境有严重影响，使用生物技术能够减少这种影响。迄今为止使用生物技术获得的益处包括：显著减少杀虫剂喷洒，节约矿物燃料，通过不耕或少耕土地减少 CO_2 排放，通过使用耐除草剂转基因作物实现免耕、保持水土；③水资源的保护，通过对水资源利用效率的增加将对全球水资源保护和利用产生主要影响。目前全球 70% 的淡水被用于农业，这在未来显然不能承受。首个具有抗旱性状的转基因玉米杂交品种预计将于 2013 年在美国开始商业化，首个热带抗旱转基因玉米预计将于 2017 年之前在撒哈拉以南非洲地区开始商业化。抗旱性状作物将对世界范围内的种植体系的可持续性产生重大影响，尤其是对于干旱比发达国家更普遍和严重的发展中国家而言。

（三）大力开发复合性状的转基因食品

随着生物技术的发展，转基因植物基因工程技术已从单性状基因转化发展到复合性状基因转化，并能在一种植物中转化多个目的基因并获得各自的生物学性状。与单性状转基因作物相比，复合性状转基因作物具有以下三方面优势：一是将现代生物技术与传统育种相结合，开辟育种新途径，节省资源；二是拓展转基因作物功能，使一个作物聚合多个转基因性状，满足多元化需求；三是以目前研发的单性状转基因作物为育种材料，充分利用现有资源，节省研发时间，降低研发成本，提高资源利用效率。因此，发展复合性状转基因植物势在必行。复合性状是转基因作物的一个重要特点。2012 年，13 个国家种植了两种或更多性状复合的转基因作物，这 13 个国家中有 10 个是发展中国家。2012 年复合性状转基因作物的种植面积是 4370 万公顷（总面积的 26%），而在 2011 年这个数字是 4200万公顷。

（四）对转基因食品的安全管理不能放松

由于转基因食品与健康紧密相关，有关国际组织、各国政府都高度重视转基因食品的安全管理。虽然各国对转基因食品的安全管理模式不尽相同，但基本上都采取了行政法规和技术标准相结合的方式。随之转基因技术的蓬勃发展，转基因食品的队伍不断壮大，对转基因食品的安全管理不但不能放松，还要日益完善。

1. 法律法规体系不断完善

随着转基因生物的诞生，各国都纷纷立法，制定了一系列明确、具体的法规、程序和规范，对转基因生物从研发、应用、到上市后监管和进出口活动实施全面的安全管理。随着转基因技术研究及其产业化的不断发展，随着转基因生物安全知识和管理经验的不断积累，有关转基因生物安全管理的法规也需不断修订、补充和完善，这样，既有利于使安全管理与转基因生物研究和应用相关的科技进步、经济增长和贸易发展需要相适应，也有利于安全管理与维护国家权益要求相适应。

2. 技术支撑体系不断健全

转基因食品的安全管理需要强大的安全评价、检测技术体系做支撑。因此，需加强农业转基因生物安全研究和安全评价与技术检测监测机构能力建设，加大对农业转基因生物安全性科学研究的力度，持续增加有关生物安全评价、检测、监测和监控机构建设等相关基础设施的投入和政策支持。大力组织开展转基因生物分子特征、环境安全和食用安全性研究，研制检测技术标准，生物安全技术标准，开展转基因食品的安全评价，不断提高技术支撑能力，为转基因食品产业发展、国民健康和环境与经济安全提供重要技术保障。

3. 转基因食品的安全评价方法不断跟进

（1）转基因食品安全评价的现状及发展趋势

各国对转基因食品安全评价现状和发展趋势主要体现在以下几个方面：①系统研究和评价商业化前期的转基因生物食用安全；②进行对转基因生物食用安全评价基础平台的研究与建设，如转基因生物食用（饲用）安全数据库的研究与建设；③开展转基因生物食用（饲用）安全性基础研究，如重要功能基因的安全性研究、主要农业转基因生物膳食暴露量的研究、转基因生物中内源性过敏原和内源性毒素的研究、毒性敏感终点的转基因生物安全评价体系、转基因生物饲料对畜禽生长生理及繁殖机能的影响研究等；④针对新性状转基因生物安全食用（饲用）评价体系的研究，如工业用和药用转基因生物食用安全评价体系、利用转录调控技术的转基因生物食用（饲用）安全评价体系、多个功能基因相互作用的复合性状转基因生物安全评价体系研究等；⑤加大转基因生物食用安全评价与检测新技术和新方法的研究，如转基因生物分子毒理检测与分析技术研究、蛋白组学和代谢组学在食用安全评价的应用研究、过敏性评价模型技术研究（蛋白质过敏性的支持向量机识别技术研究）等。

（2）开展复合性状转基因食品的安全性评价

由于没有一种方法可以对 GM 产品多样性进行恰当的评价，所以"实质等同性"一直是 GM 安全营养评价的基本规则。随着复合性状转基因食品的不断研发，开展复合性状转基因食品的安全评价迫在眉睫。与转单性状转基因作物比，复合性状转基因植物多转基因之间存在着非关联、关联等相互作用关系，可能会引发不同程度协同、拮抗效应，产生与单性状转基因植物不一样的食用安全结果，也能引起毒性、过敏性等方面的危害，其中非预期效应是复合性状转基因植物的明显特点。此外，如果多个转基因在多个位置和有多个拷贝数，那么多个基因很难稳定表达，从而更有可能产生对人或环境的不利影响。复合性状转基因植物的安全性评价明显有别于现有的单一性状转基因植物的安全性评价，提出了新的挑战，需要在现有的基础上对评价标准、操作程序、选择指标、设备条件、检测技术等都有所发展和提高，以适应其评价要求。目前对复合性状转基因作物，各个国家均根据国情制定有利于本国发展的管理措施和评价方案，我国对其的评价方案和技术仍处于起步阶段，如何进一步采用新的检测技术，建立有效、合理的复合性状转基因作物及非期望效应的安全性评价体系和方法成为急需解决的问题。

参 考 文 献

［1］徐海滨.转基因科普读物—转基因食品［M］.北京：军事医学科学出版社，2012.
［2］于洲.转基因科普读物—各国转基因食品管理模式及政策法规介绍［M］.北京：军事医学科学出版社，2012.
［3］王志刚，彭纯玉.中国转基因作物的发展现状与展望［J］.农业展望，2010，11：51-54.
［4］叶兴国，王艳丽，文静.主要农作物转基因研究现状和展望［J］.中国生物工程杂志，2006，26（5）：93-100.
［5］朱祯.转基因水稻研发进展［J］.中国农业科技导报，2010，12（2）：9-16.
［6］陈浩，林拥军，张启发.转基因水稻研究的回顾与展望［J］.中国科学，2009，54，（18）：2699-2717.
［7］于海波，张玲，转基因玉米的研究进展［J］.玉米科学，2011，19（5）：64-66.
［8］林清，吴红，周幼昆，等.转基因玉米研究现状及发展趋势［J］.南方农业，2012，6（9）：12-16.
［9］任海祥，南海洋，曹东.大豆转基因技术研究进展［J］.东北农业大学学报，2012，43（7）：6-12.
［10］李德亮，傅萃长，胡炜，等.转生长激素基因鱼的生物能量学研究进展［J］.水生生物学报，34（1）：204-209.
［11］江晨，王改改，刘莉，等.转基因鱼的应用前景［J］.水产科学，2012，31（11）：692-696.

209

［12］叶星，田园园，高凤英. 转基因鱼的研究进展与商业化前景［J］. 遗传，2011，33（5）：494-503.

［13］吴振，顾宪红. 国内外转基因食品安全管理法律法规概览［J］. 四川畜牧兽医，2011，4：25-28.

［14］王锐，杨晓光. 国际组织和世界各国对转基因食品的管理［J］. 卫生研究，2007，36（2）：245-248.

［15］武小霞，张彬彬，王志坤，等. 转基因作物的生物安全性管理及安全评价［J］. 作物杂志，2010，4：1-4.

［16］孟雨. 我国转基因生物安全立法的现状问题与对策研究［J］. 中国卫生法制，2013，21（1）：19-23.

［17］http：//www.gov.cn/zwgk/2009-07/24/content_1373609.htm；http：//www.gov.cn/flfg/2009-02/28/content_1246367.htm；http：//www.gov.cn/ziliao/flfg/2007-07/18/content_688929.htm；http：//www.yzglq.gov.cn/shangbao/xxgkinfo.asp?id=972［EB/OL］.

［18］转基因30年实践. 农业部农业转基因生物安全管理办公室、中国农业科学院生物技术研究所、中国农业生物技术学会.

［19］http：//www.isaaa.org/resources/publications/briefs/44/default.asp Brief 44：Global Status of Commercialized Biotech/GM Crops［EB/OL］，2012.

［20］农业部转基因生物安全管理办公室. 农业转基因生物知识100问［M］. 北京：中国农业出版社，2011.

［21］张兆顺，成功，昝林森. 动物转基因技术在转基因牛中的研究进展［J］. 中国农学通报，2012，28（20）：1-6.

［22］熊建文，彭端，覃晓娟，等。转植酸酶基因玉米的研究与安全评价［J］. 基因组学与应用生物学，2011，30（2）：251-256.

［23］崔文涛，单同领，李奎. 转基因猪的研究现状及应用前景［J］. 中国畜牧兽医，2007，34（4）：58-62.

撰稿人：杨晓光　卓　勤　杨丽琛

方便食品的最新研究进展

一、引言

方便食品通常是指一些以米、面、杂粮等粮食为主要原料，经加工而制成的无需烹饪或只需简单加工即可食用的食品。这类食品能够大幅度缩减烹调时间、烹调工艺、烹调所需能量，能够将家庭厨房转移至商业化进行大规模生产，具有食用简便、携带方便、易于储藏等特点，在快节奏的现代化社会里显示出极大的优越性。

（一）方便食品的盛行反应的是现代生活的一个趋势

自 20 世纪 80 年代，由于工业技术与食品科技的发展，以及人们对生活品质诉求的日益提高，促使日本、欧美等发达国家将方便食品这种原先的军需物品引入商品市场，逐步发展成为了大众化新型食品。随着人们的饮食消费习惯发生改变，对方便食品的依赖日趋明显，由图 1 可以看出，2009—2012 年，人们日均方便食品的食用频率有了大幅度的提高，原本比重较大的"1 ~ 2 次 / 天"部分的人群逐渐向更高频次转移，而原先没有方便食品消费经历的人数也由 3% 降为 0。

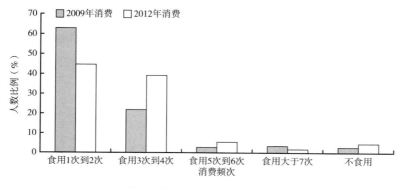

图 1　方便食品日均消费频次

（二）方便食品的消费需求促进相关技术的发展

当前大多数家庭生活与作息习惯的改变，特别是越来越多的家庭拥有了冰箱和微波炉，人们对一些可冷藏的食品的需求越来越多。与此同时，消费者也期望自己所消费的食品仅仅经过轻微的加工，希望原料仍能保持最初的品质。因而，这两者激起了研究者对食品保藏技术，比如高压处理、脉冲电场处理等技术进行研究开发的关注，因为它们在保持食物的新鲜、方便和安全上往往更有优势。食品加工越来越倾向于向组织化的方向发展，迫切需求的技术是开发出低成本的生产技术、可重复使用的包装、高效的配送系统等，从而提供消费者更便利的食物。

（三）方便食品已经成为食品工业发展的重要推动力

世界范围内亚洲的方便食品发展最为迅速，截至 2012 年，世界方便食品格局中亚洲以 40% 独占鳌头，而欧洲与美洲都以 30% 的市场份额列居次席。目前，日本国内方便食品部分已占全民食品总消费 95%；在美国，方便食品也早已渗透到了市民的日常生活。2011 年统计发现，美国人均每餐饭中方便食品所需的消费金额为 3.79 美元，其中格林威尔市的数据甚至超过了全国平均水平的 5 倍，达到 20.26 美元 / 单。

（四）对方便食品的最新进展进行解析，是促进食品行业可持续发展的重要需求

通过对国内外方便食品科技创新状况进行分析，以期为全面提升我国食品产业核心竞争力和持续发展能力提供参考，是满足国民营养和健康的重大举措。尽管目前我国方便食品的发展日新月异，但是在方便食品的界定及分类等方面尚未形成充分的共识，在方便食品加工技术及相关研究方面还与发达国家存在较大差距，我国方便食品科研单位和生产厂家对方便食品品质和相关加工技术的关注不够，相关基础研究和应用基础的缺乏导致产品的创新力度不够；对方便食品的发展状况进行解读和分析，对于促使食品工业向安全、健康、营养的方向发展具有很好的借鉴作用；对方便食品发展状况进行解析，是促进食品行业可持续发展的重要需求。通过对国内外方便食品科技创新状况进行分析，以期为全面提升我国食品产业核心竞争力和持续发展能力提供参考。

二、方便食品发展现状分析

方便食品在食品工业中占据重要作用，在世界各地迅速发展。据全球行业分析公司（GIA）预测，全球方便食品 2015 年的销售总量将会突破 4852 万吨，销售额达 3340 亿美

元。2007—2011 年，我国方便食品年均增长 26.7%，到 2011 年，方便食品总产值超过 2575 亿元，2012 年完成现价工业总产值 2904.99 亿元，同比增长 24.4%（数据来自国家统计局）。

我国《"十二五"发展规划》（以下简称"规划"）提出，"十二五"期间，我国将大力推进方便食品制造业的快速发展，到 2015 年，方便食品制造业产值规模达到 5300 亿，年均增长 30%，其中，冷冻米面食品行业、方便面及其他常温方便主食、方便休闲食品等行业销售收入分别达到 1200 亿元、1000 亿元、800 亿元和 1000 亿元（引自中国经济网）。

（一）方便食品的营养健康，已经成为居民膳食的重要需求

"膳食与健康"目前是关注焦点，2011 年以来，美国 FDA、USDA 和 NIH、欧盟第七框架计划、"地平线 2020"、德国 2020 高科技战略均将营养与健康作为重要内容之一。随着方便食品成为居民的重要膳食来源，方便食品的营养事关普通居民的健康问题。有研究者最新的调查报告提出，部分低收入人群的肥胖症与方便食品的过多摄入相关。据世界卫生组织预测，到 2015 年，约有 23 亿成人超重，7 亿多人成为肥胖症患者。针对目前环境恶化、不良生活习惯以及膳食结构的变化等外界环境因素，开发营养健康的方便食品已经成为居民的膳食重要亟需，方便食品的营养性和功能性等方面的研究也逐渐向多领域、全链条、深层次、低能耗、高效益、可持续等方向发展。

（二）方便食品加工装备制造水平稳步提高

方便食品是食品工业化的缩影，因此方便食品相关的装备制造水平提高对于推动整个食品行业发展具有重要作用。国外发达国家依然掌握全球方便食品相关加工装备的规模化开发和应用的主动权，我国在诸如光谱在线快速检测技术及装备、通电加热杀菌技术及装备等方面仍处于空白，但整体来看，我国方便食品装备制造水平稳步提高。据统计，2011 年，我国食品机械行业生产总值达 2210 亿元，同比增长 11.6%（工信部，2012 年）。其中很大一部分为方便食品加工和包装机械，如全自动挂面生产线、软饮料热灌装生产线、固体粉末灌装机、高速贴标机等。

（三）方便食品物流体系不断完善

近年来，我国冷冻及冷藏食品消费快速增长。目前全国冷藏库有近两万座，果蔬、肉类、水产品冷链流通率分别为 5%、15%、23%，对应的流通腐损率分别为 20%～30%、12%、15%，2012 年上半年，我国社会物流总费用为 4.1 万亿元，比 2011 年增长 10.7%。物流环节的消耗促使食品物流涉及的品质劣变控制、物流微环境控制、信息化与智能化应用、物流配送服务等环节成了当前我国食品物流发展研究的重点，产业需求及科技创新推

动了温度监控、第三方物流、物流信息化系统、物流金融系统、立法系统的构建、完善和发展。

（四）方便食品频发安全事件促使食品安全成为研究热点

2011—2012 年是食品安全问题频发的两年，国内有"毒奶粉"、"瘦肉精"、"地沟油"、"染色馒头"、"镉大米"等恶性事件，国外有有毒大米、带沙门氏菌的火鸡绞肉、"马肉风波"等食品安全事件，这些安全事件涉及的食品多为方便食品范畴，这些事件使食品安全问题被推向顶峰，公众对食品安全高度关注，面对严峻的食品质量安全形势，各国不断调整和修订政策法规，加强对于食品安全的监管力度。2011 年初美国总统奥巴马签署了《食品安全现代化法案》，2012 年日本厚生劳动省提出了食品卫生法修正案框架，这些做法除了保障食品安全，还"光明正大"的设置了贸易壁垒，限制外国农产品进口。发达国家的经验告诉我们，在食品安全保障体系中，科技进步起着决定作用，因此围绕加工过程中有害物的产生机理、前沿食品安全快速检测技术开发、食品安全风险分析、食品追溯体系构建等方面，方便食品的安全研究成为研究热点。

三、方便食品最新研究进展

发达国家在方便食品的研究开发历程中经历的各种变化虽然与我国当前的历程不同，但是其当前对方便食品发展的各项关注却值得去思考和借鉴。概括起来对方便食品的研究主要集中在 4 个方面，即营养与健康、加工与装备、物流与服务、质量与安全。应该说除了部分配料和加工技术以及包装技术研究外，很多上述研究都是食品科技研究的共性部分。但是在方便食品研究中，考虑到产品的特殊性，特别是对一些即食性而言，所关注的侧重点又有很大不同。

（一）方便食品的营养与健康

1. 方便食品的营养以营养均衡为主导

营养问题不仅关系居民的健康，也影响经济发展。合理营养是健康的物质基础，而平衡膳食又是合理营养的根本途径。在方便食品学科领域，平衡膳食主要通过合理的加工并保持食物营养平衡，以满足机体正常需要，维持人体健康。2011 年美国农业部 USDA 和卫生与公众服务部共同发布了"2010 版美国居民膳食指南"（见图 2），相关人员表示，健康餐盘将取代膳食金字塔。

实现方便食品的营养均衡，不仅依赖于基因组学、蛋白质组学、代谢组学、营养组学等生命科学的最前沿组学技术开发，而且需要基于以上组学交叉的食品组学和营养基因组学的深入研究。比如提高或额外增加具有某些功能或保健作用的活性成分，经基因修饰提高人体对其摄入率，这是传统单一的生化方法很难达到的，因为活性物质对于细胞的整体基因表达影响很小，反应到机体水平，作用就更微弱。因此，基于营养基因组学的分子机制研究营养素水平是方便食品基础研究领域的重要研究内容之一。此外，方便食品的营养与健康逐步由孤立地关注食品和基因，发展为营养素—基因—环境三者相互作用研究。

图 2　美国健康餐盘膳食指南

2. 方便食品的营养逐渐由群体营养向个性化营养发展

人体的基因组中 6 万个存在于不同基因的外显子中的单核苷酸多态性（SNPs）形成了个体之间的差异，这使得人体对于营养素的需求存在个体差异，因此方便食品作为重要的食物来源之一，个性化营养需求将是主要的发展趋势。明确食品组分加工过程中的变化时保证食品营养的基本前提。食品组分结构与功能变化及其对人体健康的影响已经成为食品营养与健康研究的核心问题。例如针对淀粉基干燥或膨化食品消费量大、但营养价值较低的特点开发新的营养强化的技术和装备；为降低糖含量，开发基于高甜味物质、低卡路里的方便食品；通过研究挤压过程对方便食品特性的影响，开发新型挤压方便食品；通过对方便面条中叶酸含量检测、强化、加工工艺的影响等研究，开发叶酸强化方便面条；基于对儿童即食早餐谷物食品的能量、糖分和盐分、纤维素和蛋白含量等的系统研究，开发高营养、低能量的儿童早餐食品。

3. 前沿技术发展促进食品营养与健康领域创新

基因组学、转录组学、蛋白组学、代谢组学及营养基因组学等涉及的基因芯片技术、双向凝胶电泳技术、质谱、磁共振等技术对于评价方便食品营养与健康至关重要。例如基于生物学技术发展而诞生的基因芯片技术即 DNA 微阵列技术（DNA microarray），能够在数平方厘米的面积上布放数千或数万个酸探针，当检体中的 DNA、cDNA、RNA 等与探针结合后，可用荧光或电流等方式检测。该方法具有高通量、集约化和低成本等特点（见图3），可用于检测泡菜等方便食品的微生物多样性及其功能。以精确三维结构知识为基础的食品加工技术发展，为方便食品功能因子靶向设计，实现食物营养—安全—健康提供了保障食品原辅料的微胶囊化技术、靶向控释技术、控释传输体系开发等是提高特殊膳食食品生物利用有效性和安全性的关键技术。

图 3　基因微阵列板

（二）方便食品的加工与装备

1. 高新技术交叉融合推进方便食品加工与装备不断革新

电子技术、纳米技术、生物技术、材料技术等与超高压处理、膜分离、超微粉碎等尖端技术融合，在方便食品加工与装备生产中广泛应用，智能化生产已经成为方便食品加工的主要模式；方便食品的以菌抑菌技术、超高压杀菌技术、超高压脉冲电场杀菌技术、强磁脉冲杀菌技术、脉冲强光技术、微波杀菌技术、紫外线杀菌、高静压技术、γ 辐射技术等系列非热杀菌技术和微波、射频加热、欧姆加热等的热处理技术以及组合杀菌技术得到了快速发展；新型冷冻技术、干燥技术、浓缩、超临界萃取、微胶囊化、纳米化、超微粉碎等方便制造相关技术与装备的研发也成为前沿领域的研究内容，例如方便面调味包中的蒜粉、姜粉、胡椒粉、牛肉粉、鸡肉粉和香菇粉等配料加工成超微粉后，对汤质有显著的提高，其口感更浓厚，后味亦更强；生物技术应用于食品生产与开发，促进了食品工业的飞速发展，如食品基因工程在改善食品的营养品质、风味品质、贮藏性质、工艺性质方面发挥着重要作用。

2. 传统主食工业化强调方便食品加工系统化

传统主食工业化是我国"十二五"期间重大关键课题，共设置 8 个方面的研究内容，内容涉及主食工业化以及所需关键装备的开发和研制。主食工业化追求的最终目标是营养平衡，在原料利用方面，以小麦、大米、玉米、土豆等为主要原辅料，更多的营养元素和功能性成分的添加配方受到国内外的热捧，原辅料需求主要呈现以下特点：肉、蛋、奶作为重要辅料依然受到普遍欢迎，蔬菜、水果作为方便食品辅料迅速兴起、食品添加剂作为方便食品辅料不可或缺。随着人们饮食习惯的改变以及统一配套和中央厨房等现代餐饮运作模式的出现和普及，传统主食引进现代生产新工艺、现代餐饮管理模式、现代冷链物流技术，向机械化和自动化等方向发展，相继而来的关于烹饪过程中食品主要组分之间的相互作用以及有害物质形成的机理、积累方式及变化规律等成为研究热点。

3. 方便食品加工与装备逐渐向方便化、清洁化、规模化等方向发展

围绕清洁生产、绿色生产、能源高效利用等方向，研发先进适用的技术设备、规模化设备是方便食品加工制造业的发展主流。采用无废、少废的生产工艺和高效生产设备，提高农产品加工副产物在方便食品中的综合利用效率，实现物料组织再循环；包装材料实行再回收；方便食品加工过程中实现工艺过程的低排放、零排放，并将原料转化为"绿色"方便食品；在耗能比较大的方便食品加工厂如罐头食品企业，推广清洁利用矿物燃料，加速以节能为重点的技术进步和技术改造，提高能源利用率。以工业化的先进生产组织，实现同类方便食品装备大批量生产，即发挥了企业的设备生产活力，有利于科技创新，又节约了大量的基本建设投资。

（三）方便食品的物流与服务

1. 冷链物流技术快速发展

从冷量的来源、温度的精确控制、经济型低温储运装备等方面入手，开发节能、降耗、降低成本的冷链物流系统，立足于物流装备的研发、智能化关键技术的突破和物流品质维持技术的更新等，解决农产品原料的供应链信息化问题，提高农产品的物流效率、保障最终方便食品的安全性。2，4- 二氯苯氧乙酸和二氧化硫已发展为冷链气调的辅助手段，然而这些化学因子对于最终方便食品的安全性评价系统尚存在缺口。

2. 包装技术不断革新

方便食品之所以具有方便的特性，与其包装材料和包装技术是密不可分的。通过采用材料学、力学和表面化学研究包装材料的物质组成、微观结构与宏观物理化学性能的内在规律，开发新型结构与功能复合包装材料的可降解材料及可食用包装材料；通过对热、

磁、光、电、高压等物理化学环境下内容物差异的研究，探索食品包装材料所表现出的物质迁移及气密性、相容性等包装特性的变化规律；针对方便食品的休闲和方便特性，方便食品包装设计的趣味性、个性化成为关注方向。

3. 食品流通过程中的消费行为对方便食品影响研究

食品消费行为对新型方便食品的诞生具有推动作用。例如，方便食品包装的外观设计以及包装上关于方便食品营养信息的标识、电视广告等促进精神层面上对于某种方便食物的消费需求和购买动机，围绕方便食品消费人群年龄、学历、工作环境、收入情况等对方便食品的消费行为进行调查研究受到越来越多食品厂商的关注。

（四）方便食品的质量与安全

1. 加工过程中有害物质的研究是热点

加热过程产生的丙烯酰胺、杂环胺、多环芳烃等严重影响人体健康，围绕方便食品热加工过程中油脂、蛋白质、碳水化合物等食品主要成分的降解和裂变，探索食品中有害物生成机理受到普遍关注，例如适用于大多数方便食品的真空油炸加工中，如何克服块低温储藏的糖化问题成为品质分析重要因素；传统发酵食品在发酵过程中产生的亚硝酸盐、反式脂肪酸、生物胺、氯丙醇等的形成过程及形成机理是研究热点；辐照食品的过度辐射引起的安全问题也引起了高度重视。

2. 食品安全快速检测技术取得长足进步

方便食品品质分析也借鉴了仪器分析中最新的手段和技术。基于气味品质检测和控制的气相色谱法（GC）、色谱质谱联用技术（GC-MS）、电子鼻是目前检测气味的常用方法，在方便食品的品质分析中受到密切关注。另外，一些以多传感器阵列为基础的电子舌等智能检测技术、近红外光谱（NIRS）分析技术、核磁共振技术、电感耦合等离子体质谱、同位素质谱技术等都被用于方便食品的品质评价。除了常规的化学和生物检测外，免疫分析法因具有超高灵敏性而受到热捧；纳米检测技术用于方便食品检测具有表面积大、吸附力强、导电好、催化能力强、化学性质稳定及机械强度高等特点，碳纳米管技术可以检测方便食品中的隔和铅可以提高检测方法的灵敏度及响应速度，降低检测限；多壁碳纳米管/壳聚糖（MWCNTs/CS）纳米复合物修饰玻碳电极，发现金属离子浓度和峰电流有较好的线性关系。

3. 追溯和监控技术不断发展

食品质量安全的溯源，能够连接生产、检验、监管和消费各个环节。物流配送过程主要采用传感器技术、通信技术、决策支撑技术、包装识别等来实现产品在配送过程中的信息监控和管理。集成 RFID、GPS 定位技术，无线网络传输技术、多通道信息采集技术，建立基于 Zigbee 的无线传感器网络，实现水产品品质、标识、地理位置的动态监测；集成 WSN 和 RFID 技术建立了农产品包装仓储过程的监控追踪系统。近年来传感器技术向着集成化、智能化方向发展，把传感器、信号调节电路、单片机集成在一个芯片上，形成超大规模集成化传感器已经成为当今主要的发展趋势。

四、方便食品国内外研究进展比较

（一）国内外方便食品存在的差距

尽管目前我国方便食品的发展日新月异，已经取得举世瞩目的成绩，但是在方便食品加工技术及相关研究方面还与发达国家存在较大差距，主要体现在以下几个方面。

1. 产业、市场和消费者差距

1）品种结构失衡。品种总体不多，有限品种中以休闲食品为主，主食品种较少。全世界方便食品的品种已超过 1.5 万种，而我国只有 2000 多种，其中 80% 为休闲食品。方便食品的个性化和差异化不大。

2）"西化"产品比例较高，东方或中国特色的品种不多。2002 年至今我国烘焙产品的生产总值均以年 30% 以上的速率增长，但一些具有中国特色的产品由于工业化技术与装备的制约，区域性明显，发展缓慢。

3）主食以面制品为主，适合于东方人的米制品偏少。我国方便主食是方便面一统天下，人均达到 37 包，目前其年产值是速冻食品的 3 倍，方便米饭产值仅为其 0.5%。

4）主食多为油炸类和膨化类的"干制品"，适口性好的湿制品或半湿制品很少。适合东方人的生湿面制品、各种方便米饭等产品在日本、韩国于 20 世纪末就完全商业化，产品充满超市货架，并对食用生湿面制品和食用常规面制品的营养摄入进行了系统研究，而在我国由于装备及关键生产技术，如方便米饭相应装备的研制尚未开始，淀粉老化控制等无有效手段等，致使这类产品的生产装备完全靠巨额外汇引进，生产成本高、产品平民化困难、市场份额很少。

5）生产企业规模普遍偏小。就发展最快的烘焙企业而言，2007 年生产总值中不同企业所占的比例分别为大型企业 3.14%、中型企业 27.96%、小型企业 68.90%。

6）某些关键装备尚不能国产化。生产液态食品的大型自动化包装机、灌装机，生产休闲食品的高精度共挤压装备，蛋制品或方便米饭的成套装备等均需要依赖进口。

2. 方便食品品质及相关加工技术差距

与发达国家相比，我国方便食品科研单位和生产厂家对方便食品品质和相关加工技术的关注不够，相关基础研究和应用基础的缺乏导致产品的创新力度不足。

在方便食品品质方面，国内外研究者今年来对产品的感官品质及其分析方法进行了大量的研究，对方便食品质构等品质的分析方法和仪器，包括一些高通量检测方法都开展了较多研究，但国内在这几方面研究相对较少。

方便食品加工技术方面，国内开展了不少研究，特别是在新型原辅料或工艺应用到方便食品加工的过程中，有些问题是国外没有遇到过的，因此这方面的原创性的研究显得十分必要。此外，方便食品包装上的改进，包括出于安全性和便利性考虑的很多技术也亟待系统研究。

3. 方便食品产品营养和安全性差距

由于国外相关基础研究较为完善，研究者对于新技术在方便食品营养和安全上的应用价值往往更有利，在消费者的教育上也给予了充分的重视。无论在方便食品的营养均衡方面，还是在方便食品营养标签等方面，都能够让消费者清楚地知道所食用方便食品的各种成分含量及营养特点，并且能够通过正确的与新鲜水果、蔬菜等原料进行配比，根据自己需要调控所需营养物质比例。而国内的很多方便食品还含有大量的脂肪。此外，有些公司为节省成本添加了某些非法添加成分，对消费者造成极大地身心伤害，引起方便食品不安全、不可靠的信誉危机。

（二）我国方便食品与国外存在差异的原因

1. 方便食品相关基础科学研究不够深入

1）与发达国家相比，我国方便食品研究起步晚，科研单位和生产厂家对方便食品品质和相关加工技术研究的基础研究较少，创新力度不够，原始创新较少。

2）我国对方便食品的安全相关基础研究不足，影响了方便食品危害因子主动干预体系建立，尚无成熟的方便食品产业链全程防控体系。

2. 方便食品装备研发能力薄弱，品质监管体系尚不完善

1）我国对方便食品装备自主化研发程度不高，技术性、安全性、卫生性、标准化等方面均与发达国家存在较大差距。

2）我国对方便食品主动监测网络技术平台、质量与安全管理信息系统、溯源监管技术及制度、质量安全预警平台等方面均与发达国家存在较大差距。

3. 大量规模企业缺乏核心技术储备，难以与国外企业抗衡

1）与发达国家相比，我国方便食品行业技术水平和附加值偏低，具有世界品牌知名度的企业较少。

2）高新技术在方便食品行业企业应用较少，相关企业缺乏前瞻性技术及创新开发型人才，资金投入能力有限。

（三）国内外差距给我们的启示

发达国家的发展经验告诉我们，一个国家主食工业化程度的大小可以充分体现该国方便食品的整体水平。要解决我国方便食品存在的问题，首要解决的问题是提高我国工业化主食在整个食品消费中的比例。主食工业化是提高我国食品加工业整体水平的重要支柱。

2010 年世界各国方便主食占食品消费的比例如表 1 所示。

表 1　2010 年不同国家的工业化主食在食品消费中的比例

美　国	日　本	韩　国	欧　洲	中　国
72%	83%	87%	67%	15%

快节奏的生活和细致的社会分工是发展方便食品的刚性需求；对食品和烹调观念的发展，要求方便食品多样性；安全、美味成为方便食品必不可少的组成元素，而营养改善更已成为消除方便食品诟病的重要出发点。

五、方便食品的发展趋势

方便食品业的持续快速发展离不开创新，产品的营养与健康、多样化、方便化、精致化、文化元素的融合等，已成为未来方便食品开发的主流方向和创新特点。

（一）天然营养型方便食品将是未来发展的主流

随着人们生活水平的提高和对自身健康的追求，在购买方便食品时越来越注重其营养特性。为了满足消费者新的需求，生产厂家必须加大科研开发的力度，研制营养型方便食品。根据不同人体的需求，在方便食品中添加相应的维生素、矿物质等，提高其营养价值。开发低热、低糖、富碘、含膳食纤维富硅的方便休闲小食品；发展不含色素、糖料的天然果蔬袋装饮料。另外，在方便面的开发上也应该向营养型转变，碗装佳肴面和保鲜湿面将成为新的增长点。

（二）包装趋于简易卫生、多样精美化

方便食品生产的另一趋势就是在包装上下功夫。首先，在包装的外观上要精致、美观，吸引顾客，刺激其购买欲望；其次，在包装的功能上力求做到简易、方便，降低成本，并同时确保安全卫生。

（三）高新技术将用于方便食品的生产，产品档次越来越高

国内外方便食品生产中采用的高新技术，主要体现在加工技术的先进性、新颖性和首创性三方面，而所采用的加工技术因方便食品种类的不同而在本质上有所区别。如超微粉碎技术可用于方便调味料的生产，将固形调味品加工成粒径在 10mm 以下的超微粉，增强其表面吸附力及亲和力，提高分散性和溶解性，从而使香味和滋味更加浓郁，也可以利用此技术来改变麸皮膳食纤维的水合与抗氧化能力。超临界 CO_2 萃取技术可用于香料成分的提取，植物色素的制备和动植物有效成分的萃取；微胶囊包埋技术应用于调味香料、挥发性和容易氧化变质的物质包埋，形成微胶囊颗粒，不仅使用方便，还能大大增加香味的浓度，常用于鲜味剂、咸味剂、增香剂等，以及将液态动、植物油脂制成粉末油脂。

（四）方便主食将实现新的发展，厨房工程进一步社会化

21 世纪生活节奏进一步加快，家庭规模的进一步缩小，人们迫切希望能够从繁重的厨房工作中解放出来。因此，方便主食将会迎来新一轮的发展，主要体现在以下几个方面：①冷冻调理套菜将得到迅速的发展，如冷冻鱼香肉丝套菜、榨菜肉丝套菜、梅菜扣肉等；②速冻蔬菜、小包装净菜、冷却分割猪肉、牛肉将会受到消费者的青睐；③粮食加工将向更精更细的方向发展，如用于做稀饭的绿豆混合米、红豆混合米，用于做米饭的速煮米，还有用于做面包的自发面粉，做炸鸡用的脆粉，油条专用粉等。

（五）微波食品将迎来新的发展契机

随着现代城乡家庭微波炉的普及，人们生活节奏的加快，消费者观念的改变，以及微波食品具有迅速、省时、经济节能、保持食物原有风味和营养成分等诸多优点，我们可以预见微波食品在 21 世纪将会出现快速增长的势头。

（六）速冻食品将收到更广泛的关注

在中国方便食品产业的发展中，有两支主要的力量——方便面与冷冻食品。2011 年 1～12 月，我国速冻食品制造业销售收入总额达到 547.12 亿元，利润总额达到 38.61 亿元。冷冻食品作为中国传统食品工业化的最佳载体，与中国人传承百年的饮食文化习俗相通，满足了不同层次的消费需求，具有深植于民间的市场动力；此外，随着国民收入提升，速冻食品作为传统主食工业化的最佳载体，行业集中度高、行业格局清晰、创新能力强，因此速冻食品将是方便食品重要的发展方向。

（七）保健方便食品将成为市场的新宠

保健方便食品是未来方便食品发展的新兴产业，将成为我国 21 世纪食品工业发展的重点。目前，市场上比较热销的保健方便食品主要是不饱和脂肪酸、补钙、减肥、美容、补血等产品。未来其他各类方便保健品，如菌类多糖系列、有益菌系列、低聚糖系列、海洋生物系列、中草药系列都将成为时尚。

六、对于方便食品发展的一点建议

当前，方便食品的发展出现以下趋势：市场需求为导向，方便食品将向简易化、功能化和多样化方向发展；营养安全为保障，方便主食、副食、辅食、休闲食品将成为人们主要食物来源；技术装备升级换代，促进节能、高效、自动、组合化方便食品生产；物流溯源日益完善，方便食品信息技术、供应链技术及相应的质量控制技术为发展方向。在此背景下，方便食品学科领域应从自身建设以及行业建设等方便入手，促进行业良性发展。

1）加强方便食品共性加工技术研究。重点研究挤压膨化、脱水复水、低脂油炸、复合保鲜、营养评价与强化、新型包装材料、冷冻冷藏、物性控制、安全性评价等技术。

2）大力发展方便主食。采用非油炸或低脂油炸的新型加工技术，提高方便面制品的品质，扩大面制品品种；开发方便米饭、方便米线等米制品，实现"中式"方便食品的平民化；强化和均衡主食营养，全面提高方便主食的营养水平。

3）力争关键装备的国产化。研发大型自动化包装机、灌装机、高精度共挤压装备和方便米饭成套装备等关键装备。重点支持相应方便食品机械制造企业生产成套设备，使之尽快具备生产线设计、设备制造的总体能力和示范作用。

4）传统食品的方便化。扩大方便食品的品种，使具有地方特色的传统食品实现方便化生产，传承和光大我国悠久的饮食文化。

5）积极倡导"绿色"包装。发展方便食品新型包装，降低环境污染，提高方便食品安全性。

参 考 文 献

［1］ 美国农业部手册［S］.美国农业部科学教育管理局，1918.

［2］ China Snack Food Industry Report，2010—2013［S］.Beijing：Research in China.2011.

［3］ Martha C.White. Which Cities Spend the Most on Snack Foods Fime Business & Money，2012，1（25）.

［4］ Global Snack Foods Market to Reach US$334Billion by 2015.Global Industry Analysts，Inc［EB/OL］.http://trove.nla.gov.au/version/175773204，2012–1–18.

［5］ Cizza G，Rother K I. Beyond fast food and slow motion：weighty contributors to the obesity epidemic ［J］. Journal of endocrinological. 2012，35（2）：236-42.

［6］ Mesas AE，Munoz-Pareja M，Lopez-Garcia E，et al. Selected eating behaviours and excess body weight：a systematic review ［J］.Obesity Reviews，2012，13（2）：106-135.

［7］ Anderson B，Rafferty AP，Lyon-Callo S，et al.Fast-Food Consumption and Obesity Among Michigan Adults ［J］. Preventing Chronic Disease, 2011，8（4）：A71.

［8］ Takahiro M，Fumito M，Ayumi H，et al. Impregnation type puffed food and method for producing same ［J］. Japanese Patent，WO2012161320.

［9］ Swapna P，Ravi R，Saraswathi G，et al. Development of low calorie snack food based on intense sweeteners ［J］ .Journal of Food Science and Technology，2012，doi: 10.1007/s13197-012-0911-9.

［10］ Victor AA，Lee CC，Wallice GD. et al. Method and Formulation for Producing Extruded Snack Food Products and Products Obtained Therefrom ［J］. US patent，2013，0045317.

［11］ Maria V，Chandra H，Martin PB. Jayashree Arcot Folic Acid-fortified Flour：Optimised and Fast Sample Preparation Coupled with a Validated High-Speed Mass Spectrometry Analysis Suitable for a Fortification Monitoring Program ［J］.Food Analytical Methods. 2013，doi: 10.1007/s12161-012-9559-3.

［12］ Thielecke F. The potential role of（whole grain）breakfast cereals for nutrient intake ［J］.Quality Assurance and Safety of Crops &Foods. 2012，4：158.

［13］ Wu H，Wang X，Liu B. Flow injection solid-phase extraction using multi-walled carbon nanotubes packed micro-column for the determination of polycyclic aromatic hydrocarbons in water by gas chromatography mass spectrometry ［J］. Journal of Chromatography A，2010，1217：2911-2917.

［14］ Namy D，Chang HW，Kim KH. Metatranscriptome analysis of lactic acid bacteria during kimchi fermentation with genome-probing microarrays ［J］. International Journal of Food Microbiology 2009，130（2）：140-146.

［15］ 以毒攻毒细菌成为美国食品添加剂 ［J］. 农业工程技术（农产品加工）. 2007（8）.

［16］ Carey KM. Thought for Food：I magined Consumption Reduces Actual Consumption ［J］.Science，2010，330：1530-1533.

［17］ Antonuk B. Find all citations by this author（default）.Or filter your current search Block LG. The effect of single serving versus entire package nutritional information on consumption norms and actual consumption of a snack food［J］. Journal of Nutrition Education and Behavior，2006，38（6）：365-370.

［18］ Jason CG，Gillespie J，Brown V，et al. Effect of television advertisements for foods on food consumption in children ［J］.Appetite 422004，221-225.

［19］ Feng T，Zhuang H，Ye R，et al. Analysis of volatile compounds of Mesona Blumes gum/rice extrudates via GC-MS and electronic nose ［J］. Sensors and Actuators B：Chemical.2011，160（1），964-973.

［20］ Nabloussi A，Fernandez CA，EI-Fechtali M，et al. Performance and seed quality of Moroccan sunflower varieties and Spanish landraces used for confectionery and snack food ［J］. Helia，2011，34：75-82.

［21］ 蒋林惠，王诗佳，顾青莹. 食品纳米包装材料的应用与安全性评价 ［J］. 江苏农业学报，2012，28（1）：210-213.

［22］ 倪超，朱超云，宋伟. 多壁碳纳米管/铋膜修饰电极示差脉冲溶出伏安法测定水中镉和铅 ［J］. 光谱实验室，2011，28（4）：1944.

撰稿人：金征宇　王金鹏

食品营养学学科的现状与发展

一、引言

　　人类的进化与食物密切相关，食物是人类环境的一部分，只有适量的安全营养的食物供给才能使人健康长寿。从有史记载以来，人们在食物、营养与健康方面的教学与实践就已开始。早在 6000 年前埃及的祭司中曾提到食物是作为药物食用的。公元前 2500 年我国的《黄帝内经》以及印度的《阿育吠陀古疗法》均强调使用具有药效的特定膳食结构、食物、饮料以及植物来预防和治疗疾病。欧洲的哲学家、内科医生以及教师为西方的科学和医学奠定了基础，并在公元前 600 年至公元 300 年间，形成了食物与健康的归纳和推导的思维体系。在 8 ~ 12 世纪兴起的阿拉伯文化，学者们在欧洲的萨勒诺组建了第一所医学专科学校，并在 1100 年合编了专著《健康政体》，为全球第一本被印刷的与食品、营养相关的书籍。

　　作为生活的原创性古代哲学，以饮食与营养作为教学的主要部分，该理论贯穿于欧洲整个文艺复兴时期及 18 世纪的启蒙运动时期。实际上，在许多国家目前仍保留着这些古代哲学，并形成了一种自然环境中的食品营养的概念体系。希腊词汇 diaita 意思是"生活方式"或"存在方式"，在欧洲，直至 19 世纪中期，"diet"这个词汇作为饮食的概念才被使用于论著和手册中。

　　自 19 世纪早期营养学的起始阶段，营养学家对他们的工作及其含义就有一个较为深刻而广阔的见解，就像他们的前辈，他们的教学及著作奠定了饮食学的基础并形成了一种经验主义学科。21 世纪初，营养科学与食物营养政策的蓝图逐渐得到复兴。

　　现代营养学之路可以追溯到 19 世纪中早期，其促进饮食学（Dietetics）成为了一种独立的辅助医学职业。第一代创建营养科学学科的生理学家、生物化学家以及医师们认为他们可以改变整个世界，政府及工业界接受了他们的这一观点。营养学的规模虽不大，但其涉及的领域与研究的范围很广。它不仅仅是一种生命哲学，更是一个国家的工具。约在 1850—1950 年间，营养科学的起步阶段主要是由大的欧洲势力和美国政府控制的，其不仅增加了植物与动物食品的产量，还加强了人力资源的建设。在这期间，需要越来越多的工厂工人及士兵来增加国家优势，服务于工业化和帝国主义。20 世纪早期的一系列疾病被确定为常见的基本病因是维他命的缺乏。在美国，继威尔伯阿特沃特关于能量与蛋白质的著作之后，埃尔默·麦克科伦与他人又发表了"营养学新知识"。食品营养学被定义为人体获得食物和为了增长、新陈代谢以及组织修复利用食品的过程，包括摄取、消化、吸收、运输、转化及排泄。在 1790—1980 年间，联合国及其他西方欧洲国家一半的经济增长都归因于人类营养的提高以及其他一些公共健康措施如环境卫生的适当改善。所以，安全营养的食品是一个国家可持续发展的重要基础。

二、食品营养学学科发展现状

（一）国内食品营养学的发展沿革

中国的食品营养学发展与其他自然科学一样有着非常悠久的历史。西周（公元前1046—前771年）时期，官方的卫生管理制度就分为四大类：食医、疾医（内科医生）、疡医（外科医生）、兽医。在《周礼》中记载，食医专门负责食物与营养，"食医掌和王之六食、六饮、六膳、百羞、百酱、八珍之齐"，可以说是最早的营养师。编纂于战国至西汉时期的经典医学著作《黄帝内经》，就已提出并探讨了关于均衡饮食的概念，还论述了关于通过摄入食物获取营养，以维持健康生命活动的可行性问题，并强调使用具有药效的特定膳食结构、食物、饮料以及植物来预防和治疗疾病。该书强调"五谷为养，五果为助，五畜为益，五菜为充，气味合而服之，以补精益气"的饮食原则，可以这是全球最早的"膳食指南"。

唐代，名医孙思邈曾提出了"治未病"的概念。关于如何摄入食物以保持健康这一问题，他强调保持与自然的和谐，尤其要注意"太过"与"不足"所造成的伤害。此种观点与现代均衡饮食的观点极为接近。孙思邈还提出了"食疗"的概念，他认为对于食品，其食用和药用功能均同样重要。"用之充饥则谓之食，以其疗病则谓之药。"在经典的中医药书籍《神农本草》和《本草纲目》中，展示了自然界中数百种食品的性质及其对人体健康的影响。此外，尚有许多其他古籍，如《食经》《千金方》等，这些都反映了中国古代食品营养学所取得的成就。

中国现代营养科学始建于20世纪初，为了解决国民的营养问题，中国的科学家们将饮食与营养视为最重要的研究项目之一。自1910年始，为了满足社会和民众的需求，我国的一些医疗与教育机构开始了教授简单的生物化学和营养知识，并进行了相关的营养研究。当时，我国的食品生物化学家进行了食品分析与膳食调查工作，并在1928年、1937年分别出版了《中国食品营养》和《中国民众最低营养需求》。1941年，中央卫生实验院召开了第一次全国营养学大会。1945年中国营养学会在重庆成立，并创刊了《中国营养学杂志》。限于历史条件和技术，我们无法全面追溯和记录当时中国的实际情况，但其代表了我国营养学研究的开始，并开辟了中国营养学发展的道路。

新中国成立后，营养学工作发展迅速。1950 年，中国营养学会并入生理科学学会，且继续从事营养学术活动。一支专业的营养学家队伍逐渐形成，先后进行了"谷物合适碾磨程度"、"口粮标准化"以及"5410 豆奶替代物"等研究。1952 年首版《食物成分表》正式发表；1956 年营养学报创刊。1959 年开展了第一次全国营养普查，覆盖全国 26 个省市 50 万人口的四季膳食情况。调查发现在江西、湖南等省足癣病广为传播，通过营养补充的公共教育、碾米及烹饪方法的改进，该病的蔓延得到控制。根据调查结果，我国的第一份营养素供给量建议于 1962 年被提出。

1981 年，中国营养学会重新发展成为国家性学会，于 1984 年成为国际营养科学联合会（IUNS）成员，并在 1985 年加入亚洲营养联合会（FANS）。1982 年，第二次全国营养普查开始进行。1988 年中国营养学会修订了每人每日膳食需求指标，并于 1989 年提出了《中国居民膳食指南》。在此期间，中国的营养工作者对于一些重要的营养缺乏疾病的预防与控制进行了研究，包括癞皮病、足癣以及碘缺乏病（IDD）。

1997 年，根据社会的发展及饮食变化，中国营养学会修订了膳食指南，并颁布了《膳食平衡宝塔》，营养知识在民众中广泛传播。在 2000 年 10 月 7 日第八次全国营养会议上，中国营养学会颁布了中国第一份《膳食推荐摄入量》，表明我国已从单纯的理论研究向具体实践迈出了重要的一步。我国政府对营养问题极为重视：1993 年，国务院下发了《中国食物结构改革与发展纲要》；1994 年，国务院总理签发了《食盐加碘消除碘缺乏危害管理条例》；1997 年，国务院发布了《中国营养改善行动计划》；2001 年，国务院又发布了《中国食物与营养发展纲要（2001—2010）》。

自 1982 年始，全国营养调查每 10 年进行一次。与营养相关的一些普查也在进行：1959 年、1979 年以及 1991 年的高血压调查；1984 年及 1996 年的糖尿病调查等。

（二）国内食品营养学的最新进展

要知道自己需要什么营养和多少营养是很复杂的事情。营养素的认识和发现是通过研究食物成分和尸解各组织器官的成分、疾病与食物成分之间的关系以及再经过动物与人体干预试验来确认的。

克山病是一种地方性心肌病，分布于我国自东北至西南一个狭长的带状区域，约 120万人处于患病的危险之中。在不同病区的大规模试验结果证实了口服亚硒酸钠可预防克山病。1976 年，硒干预政策推广至全国，此后克山病未出现过大规模的流行。中国营养学家在人体对硒的需求量方面的研究已达到了世界领先水平。美、欧及其他发达国家硒的推荐膳食摄入量均是基于我国的科研成果。

长期以来，在我国使用天然食物成分及食品来预防疾病被视为营养研究的热点领域之一。同时，食品中的一些微量功能成分在我国已日益引起关注。科研人员对功能成分从食物及其他自然资源中的提取、分离、纯化以及鉴定进行了广泛的研究，例如，茶叶中的茶多酚和茶色素、黑米和红米、大豆中的异黄酮、大蒜中的大蒜素和大蒜胺酸、水果和蔬菜中的番茄红素、人参皂甙、银杏黄酮、苦瓜皂甙、姜黄素、花青素原、香菇多糖、姜油树脂、灵芝、枸杞以及石斛中的多糖等。这些成分大部分均有多种生物效应，如抗氧化、免疫及调节新陈代谢等。大量的动物与流行病学研究证明，这些功能性成分有益于预防心血管疾病、某些癌症以及抗衰老等。

近年来，随着分子生物学的理论与实验技术的发展，"分子营养学"和"营养基因学（或营养基因组学）"也在我国发展起来，其用于研究营养物或生物功能成分与关系到人类健康的遗传因素的相互作用。目前的研究表明，硒可通过调节制造 GSH-Px 酶的 mRNA 稳定性来调整其基因的表达；n-3 多不饱和脂肪酸通过控制编码酶生产的关键基因 mRNA 的表达，从而对同型半胱氨酸代谢的相关酶进行调节，如胱硫醚 γ - 裂解酶，亚甲基四氢叶酸还原酶，蛋氨酸腺苷转移酶等。

为了促进营养科学的发展，培养年轻一代的领导人才，于 2008 年 6 月 6 ~ 9 日在杭州及上海、2009 年 10 月 11 ~ 14 日在昆明、2011 年 11 月 9 ~ 12 日在长沙分别举办了三届由国际营养科学联合会（IUNS）与中国营养学会共同主办的营养领导才能培训班，来自全国、包括中国台湾地区的 120 多位年轻一代营养学工作者参加了培训。近年来，中国大陆、台湾、香港以及澳门地区之间的营养学交流十分活跃，有关营养学、临床营养及食品安全的会议与论坛均定期举行。

近年来，中国营养学会已从原有数量不多的会员，发展至目前的 13 000 余名会员，并下属包括妇幼营养、老年营养、公共营养、临床营养、特殊营养、营养与保健食品以及微量元素营养等 7 个专业分会，专业分会的工作是学会工作的重要组成部分。此外全国 29 个省、市、自治区均有自己的地方性营养学会。

三、食品营养学在产业发展中的重大应用和重大成果

1976 年，硒的干预政策推广至全国，在全国流行区推广采用硒酸钠作为预防性服药，通常采用每 10 天口服 1 次，16 岁以上 4mg，11 ~ 15 岁 3mg，6 ~ 10 岁 2mg，1 ~ 5 岁 1mg，非发病季节可停服 3 个月。此外，流行区推荐使用含硒食盐，农村使用含硒液浸过的种子种植，植物根部施加含硒肥料以提高农作物中的含硒量。

食盐是一种很好的营养（矿物质）强化载体。我国自 1995 年始实施全民食盐加碘（USI），在提高碘营养水平及消除缺碘症方面取得了历史性的成功。2000 年，我国政府向世界郑重宣告：中国已基本实现了消除碘缺乏病的阶段性目标。除了加碘的食盐外，钾和钙、硒等强化食盐相继问世，在预防相关元素的缺乏方面具有重要的意义。

营养强化面粉是在面粉中添加维生素 A、维生素 B_1、维生素 B_2、尼克酸、叶酸、铁、锌等营养素。我国的《营养强化小麦粉》国家标准已于 2008 年 1 月 1 日起实施。营养强化面粉是消除某些微量营养素缺乏的有效途径与措施，根据对试点地区所做的跟踪研究显示，强化面粉有效地改善了居民维生素 A 等营养素的缺乏状况。

铁强化酱油，是按国家标准在酱油中添加一定量的乙二胺四乙酸铁钠（NaFeEDTA）制成的，NaFeEDTA 的添加不影响酱油的原有味道，NaFeEDTA 中的铁较硫酸亚铁中铁的生物利用度高一倍多。自 2004 年起，铁强化酱油陆续在全国推广，其目的是控制铁缺乏、纠正和预防缺铁性贫血。

深海鱼油强化食用调和油，是在食用调和油中加入一定量的深海鱼油。深海鱼油富含欧米茄 -3 多不饱和脂肪酸，其目的是通过每日摄入的食用油来补充欧米茄 -3 多不饱和脂肪酸。

营养强化奶粉，婴儿营养强化配方奶粉是模拟母乳成分，在以牛奶粉为基质的基础上强化多种营养素及功能成分，例如，二十二碳六烯酸（DHA）和花生四烯酸（ARA），维生素、矿物质、叶黄素、葡聚糖等配置而成的。老年奶粉是根据老年人的生理特点，强化钙、维生素 D、膳食纤维等营养素及功能成分配置而成的适宜于老年的营养强化奶粉。

营养强化饮料，例如强化钙、维生素 A 和 D 的牛奶，强化矿物质和糖的体育饮料。肠内营养液，是含蛋白质（或水解蛋白、或氨基酸）、脂肪、碳水化合物（包括膳食纤维）、维生素以及矿物质的全营养稳定混悬液，主要用于自己无法进食的患者。

我国食品营养产业发展很快，它是我国国民经济的一个重要组成部分，其对提高我国公民的生命质量具有重要的理论和应用意义。

四、食品营养学国内外研究进展比较

在美国，膳食指南及膳食营养素参考摄入量等的制定均由农业部组织和发布，美国国家级的六大营养中心均是由农业部与大学联合组建的。在我国，膳食指南和膳食营养素参考摄入量等的制定均属卫生部。在全球，传统的食品营养学分为两大阵营：医学院公共卫生系的营养学学科及农学院校的营养学学科。前者主要研究的是营养素的缺乏、过剩与健康、疾病、疾病风险因子以及寿命之间的关系，后者则主要研究食物的营养功能与食品加工过程中营养素的变化。其结果是医学院公共卫生系的营养学学科不介入前段，即食物在生产加工过程中营养素的变化；而农学院校的营养学学科不介入后段，即营养素在人体的代谢及其对人体健康、生长发育和疾病的影响。

2005 年国际营养科学联盟（IUNS）与世界健康政策论坛在德国吉森举行了会议并发表了《吉森宣言》。宣言中写道："营养科学需要结合食物体系来理解。食物体系塑造了营养科学且受生物、社会、环境以及他们之间相互作用的影响。食物如何种植、加工、分配、销售、准备、烹饪及消费对它的质量和本质很关键，其对人们的福利与健康、社会与环境的影响也很重要"；"营养科学定义为是一门研究食品体系、食品与饮品，它们的营养成分及其他组分在生物体内以及其他所有相关生物体、社会与环境系统之间的相互作用的一门学科。新营养科学关心的是个体、人群、还有地球的健康。"；"营养科学的目的是要促成一个世界，使现在及今后的子孙可以实现他们的人类潜能，生活最健康，发展、维持和享受日益提高的不同的人类生存和物质环境。""营养科学应该是食品与营养政策的基础。为了人类的健康，福利和健全身心，也为了生存和物质世界。这些政策应该认同、创造、保存以及保护合理的，可持续的和公平的社会、国家及全球食品体系。"

人们认识到食品与营养是不可分割的。2005年以后，世界各国均在合并传统的营养系与食品科学系，例如营养与食品科学系、食品科学与营养系、食品科学与人类营养系、营养膳食与食品科学系等。

食品营养学的发展速度很快，随着基因组学及蛋白组学技术的不断发展，营养遗传学与营养基因组学在食品营养学中的应用使食品营养学的研究从分子水平进入了基因水平时代。我国食品营养学的教育和研究与西方发达国家相比还有着很大的差距。在教育方面，目前我国仅有上海交通大学自2004年成立了营养系，同年开始招收4年制营养学专业。中山大学的营养学专业仅为后期分流专业方向。遗憾的是我国至今尚无营养师准入制度，医院营养学工作者的职称仅能挂靠医师系列。在研究方面，由于我国目前的膳食指南和膳食营养素推荐摄入量缺乏自己的数据，绝大多数的营养素只能参照WHO、美国和日本等国的相关数据，再按身高体重折算而来。除了硒以外，目前我们还缺乏真正属于自己国家的国际领先的原创性的食品营养学研究成果。

五、发展趋势及展望

近30年来，随着我国改革开放和社会经济的快速发展，居民的膳食结构、生活习惯以及疾病谱也在发生着变化。30年前的主要食品营养问题是营养摄入不足，而目前则是营养摄入不足与营养摄入失衡（人们俗称营养过剩）同时并存。在我国营养摄入不足以及与之相关的疾病正在逐渐下降，而由于营养摄入不平衡所引起的非传染性流行病却在逐年上升，特别是心血管系统疾病、癌症、代谢性疾病（代谢综合征、糖尿病、肥胖等）、老年痴呆症等。对普遍性某些营养素摄入不足的问题，可通过完善营养强化措施解决，例如营养强化面粉、铁强化酱油、碘强化食盐等。对特定地区特定人群的某种（些）营养素缺乏问题，可采取特定营养素干预或强化，例如我国实施多年硒缺乏地区的干预措施，孕妇的叶酸强化，婴幼儿的维生素A、DHA、ARA、叶酸等的强化或补充等。对贫困边远山区家庭经济困难的学生应实行免费营养午餐，该项工程已开始试点，有望尽快能在全国推广实施。

通过营养干预预防和辅助治疗我国快速增长的非传染性流行病目前是我国食品营养学工作者的一个重大课题和艰巨任务。然而快速增长的非传染性流行病与膳食营养的关系，营养素、食物功能成分与疾病、疾病风险因子以及相关基因之间的相互作用尚待进一步阐明，我国还缺乏相关基础数据。因此，食品营养学的研究方向需要重点关注以下几点：

1）从经验到循证，用循证食品营养学研究我国居民食品营养学的基础数据膳食营养素参考摄入量。例如，我国居民男性、女性的能量需要量分别是多少？适宜摄入脂肪、蛋白质以及碳水化合物的量与比例？钙的平均需要量是多少？

2）营养素或（和）功能成分强化食品的开发、功能与安全评价。

3）建立队列，研究不同民族、不同地域人群的膳食营养与疾病谱的关系以及对食物及其成分的不同应答。

4）营养素或（和）功能成分强化食品与非传染性流行病及影响因子的关系。

5）用营养遗传学和营养基因组学的手段探明营养素或（和）功能成分对人体相关通路的影响以及与相关基因的相互作用。

参 考 文 献

［1］ Darby W，Ghaliongi P，Grivettill P. Food，the Gift of Osiris［M］. London：Academic Press，1977.

［2］ Kiple K，Ornelas K. The Cambridge World History of Food［M］. Cambridge：University Press，2000.

［3］ Hutchison R. The history of dietetics. In：Mottram V，Graham G，eds. Hutchison's Food and the Principles of Dietetics，9th ed［M］. London：Edward Arnold，1944.

［4］ Drummond J，Wilbraham A. The Englishman's Food. Five Centuries of English Diet［M］. London：Pimlico，1991.

［5］ Lovejoy A. The Great Chain of Being［M］. Cambridge，MA：Harvard University Press，2001.

［6］ Beaudry M. Think globally，act locally. Do dietitians have a role to play in alleviating hunger in the world［J］Can Diet Assoc. 1985，46：19–27.

［7］ Cannon G. The rise and fall of dietetics and of nutrition science，4000BCE–2000CE［J］. Pub Heal Nutr，2005，8，701–705.

［8］ Fogel R. Economic growth，population theory and physiology：the bearing of long-term processes on the making of economic policy［J］. Am Econ Rev. 1994，84：369–95.

［9］ Ge KY. An overview of Nutrition Sciences in China［M］. Beijing：People's Health Publish Press，2004.

［10］ Zheng J. Modern Chinese Nutrition（1920–1953）［M］. Beijing：Science Press，1954.

［11］ Chinese Nutrition Society. History of Chinese Nutrition Society［M］. Shanghai：Shanghai Jiaotong University Publish Press，2008.

［12］ Gu JF. The Early Development of Modern Nutrition［J］. Acta Nutrimenta Sinica. 2006，28：100–103.

［13］ Huo XC. Looks back on and look forward to Chinese Nutrition – The achievement of Early Nutrition research in China. 1981，3：201–214.

［14］ Chen Q，Wang Z，Xiong Y，et al. Selenium increases expression of HSP70and antioxidant enzymes to lessen oxidative damagein Fincoal-type fluorosis［J］. Toxicol Sci，2009，34：399–405.

［15］ Huang T，Wahlqvist ML，Li D. Docosahexaenoic acid decreases plasma homocysteine via regulating enzyme activity and mRNA expression involved in methionine［J］. Nutrition，2010，26：112–119.

［16］ Chen J. An original discovery：Selenium deficiency and keshan disease（an endemic heart disease）［J］. Asia Pac J Clin Nutr，2012，21：320–326.

［17］ Beauman C，Cannon G，Elmadfa I，et al. The Giessen Declaration［J］. Pub Heal Nutr，2005，8：783–786.

撰稿人：李　铎

ABSTRACTS IN ENGLISH

Comprehensive Report

Report on Advances in Food Science and Technology

Food industry is a pillar industry of the national economy and a basic industry to guarantee people's life. In 2012, the total output value of China's food industry nearly 9,000,000 billion Yuan, 22% more than that in 2011, and accounted for 17% in GDP. Food industry had promoted the development of agriculture, circulation service industry and related manufacturing industry. Food industry had played important role of "structural adjustment, economic growth, improve people's livelihood, and promote development" in the social economy.

Food science and technology progress is the direct impetus for development of food industry. China's food science and technology covers the whole process of food industry, including food raw materials, food nutrition, food processing, food equipment, food circulation and service, food quality and safety control. Food science and technology progress deliver innovative talents, find innovative knowledge, develop innovative technology, and transfer innovation achievements for food industry. Food science and technology had effectively support and guide the food industry's development to the sustainable development.

From 2012 to 2013, in the whole efforts of government, enterprises, universities, research institutes and Industry Association, the construction of food science and technology in China has made great progress.

The subject was reviewed and assessed again, the level of research on food science and technology had been enhanced. In 2012 the newly revised "ordinary college undergraduate major directory", the food science and engineering discipline has five major namely food science and engineering, food quality and safety, food engineering, dairy engineering and brewing engineering, and three special major namely grape and wine engineering, food nutrition and testing education and cooking and nutrition education. The same year, in the new round of academic assessment used new evaluation index system, there were 51 colleges and universities participated in the assessment. The evaluation results show that the level of representative academic papers, scientific research award, patents and scientific research of these colleges had improved.

The talents construction task is more and more urgent, education and training had strengthened echelon optimization. In the aspect of talent team construction, colleges and universities have used the national "one thousand people plan", "million people plan", the Ministry of education "Yangtze River Scholar" special plans, the State Natural Science Fund Committee "outstanding youth" plan to train high level talent and team in domestic and foreign food areas. And further build our of high-end talent base in food field. The basic scientific researches were focused on food nutrition and food safety. There are 21 universities has first class food science authorized doctor qualification in the 235 colleges and universities, and can transport nearly 100,000 graduates for the food industry and related industries every year. Different talents training mode like schools and enterprises train people together, implementation and outstanding engineers' plans, international joint training, professional degree cultivation had been carried out in food colleges.

Support on basic research had strengthened, research on nutrition and security continued to deepen. The input on the basic research in food field by the National Natural Science Foundation of China can reflect the domestic basic research support. In 2012, the National Natural Science Foundation had input 133,000,000 yuan to support food science research, including the basis of food science, food biochemistry, nutrition and health, food processing, biology, food storage and preservation, food safety and quality control etc. At the same time, the National Natural Science Foundation will give priori support in important scientific problems which affect peoples' nutrition and health and restrict food industry development in 2013, research will focus on supporting the food component interaction, molecular nutrition, dietary structure and human health. In the foundation of China, Ministry of science and technology and other support, China's food science research work will include: studies of the harmful factor detection represented by biosensor, immune technology and food safety technology of safety risk assessment continues to heat up. The study of isolation, structure activity relationship studies and physiological activity of natural polysaccharides, polyphenols, antioxidant peptides and other active substances is also deepened. Nutritional genomics technology becomes more matured. Study on the mechanism of nutrients focus on the level of the cell and gene, which is concerned about disease prevention and intervention through food nutrition. Polysaccharides, proteins and other biological macromolecules materials used in the field of biomedicine and advanced materials.

Principle research in biosensor, immune technology as the representative of the harmful factor detection and safety risk assessment of food safety technology continues to rise; natural polysaccharides, polyphones, antioxidant peptides and other active substances isolation, structure activity relationship studies and physiological active development; nutritional genomics technology is more mature and perfect, the mechanism of nutrients is more concerned about the cell and gene level, focus on food nutrition disease prevention and intervention; polysaccharides, proteins and other biological macromolecules materials used in the field of biomedicine and advanced materials.

The paper and patent emphasized both the amount and quality; achievement transformation highlighted the new system. In 2012, Chinese scholars published more than 2400 articles in the field of food SCI source journals, increased nearly 4 times compared to 2006, the average citation rate was 0.6, the total number of published papers accounted 4.52% in all papers, second to the USA. In 2012, in the Journal of Agricultural and Food Chemistry and Food Chemistry, which are two representative high level journals, the number of papers published by Chinese scholars is 320, compared to 2006 increased by 207.69% and 461.40% respectively. In the field of food product, food and processing, the number of patent application and license increased stably, account to 12198 and 3763 respectively. During 2012 and 2013, with the support of national and provincial project plan, the achievements of scientific and technological industrialization are brilliant. A number of research projects of rice deep processing of by-products comprehensive utilization and high conversion have been realized industrialization in our country food and biological leading enterprises, building hundreds of production lines, and creating economic benefit over tens of billions Yuan.

In order to sum up the new development of food science and technology in this period from 2012 to 2013 in China, analyze the existing problems in work of food science and technology, propose the current and future development trend of food science and technology, and provide basis for government policies and project which promote the development of China's food science and food industry. Chinese Institute of food science and technology organized 14 colleges who had strong food science and research institute at home to jointly compiled "the report on the development of food science and technology in 2012 and 2013". The report is divided into two parts namely the comprehensive report and special reports. The comprehensive report is divided into three parts namely the future development of food science and technology, comparison the development of food science and technology at home and abroad, and the trend and outlook of food science and technology, which introduced the discipline construction, personnel training, scientific research, technological innovation, achievement transformation of Chinese food science and technology comprehensively in 2012 and 2013, compared the similarities and differences between the domestic and foreign development of food science and technology as well as the inspiration, discussed the development trend of food science in the future. Special report part has 12 chapters, including food safety, food biotechnology, functional food, aquatic products storage and processing, animal products processing and storage, processing and storage of starch science and engineering, fruit storage and processing, food additives, food equipment, genetically modified food, convenience food and food and nutrition. The report introduced the new progress, the difference between domestic and foreign, and the key direction and development prospects of each special subject in the future.

Writen by Chen Jian, Chen Jie, Xu Lingling, Shan Lijie,

Lou Zaixiang, Liu Song, Hua Xiao, Zeng Maomao

Reports on Special Topics

Report on Food Safety

Food safety disciplines is an important branch of food science disciplines. In the 2012—2013 years, the food safety disciplines was further developed speedly.

In 2012—2013 years, more than 150,000,000 yuan was used to fund the scientific research in food safety areas by China government, a batch of projects in food safety areas was carried out, such as "the accurate detection and regulation technology to biological hazards in foods" supported by the Chinese National High Technology Research Program and others by National Key Technology R&D Program .In 2013, the first project supported by "973" in food safety field was continued successfully ,which symbolized the foundation research on China's food security has made breakthrough progress. At the same time, scientific research has achieved fruitful results, high level research papers increasing rapidly, especially in the rapid detection technology technology. In 2012, a second prize of a national science and technology progress, and 39 provincial and ministerial level prize were won in food safety.

Food quality and safety major was established in 154 universities and colleges till 2012.Food safety academic exchanges continue to development, 30 times domestic and more than 10 times international academic conferences held in 2012—2013.

The developmental trends of food safety science and technology, the food safety risk assessment, accurate and fast detection technology and safety regulation technology of food process procedure are attached importance and will become the key areas of food safety research in the future.

Written By Wang Shuo, Wang Junping

Report on Food Biotechnology

Food Industry is a key pillar industry for national economy in China, the rapid development of food biotechnology contributes not only to the diversification of food, but also to the manufacture of specific nutraceuticals, providing technical support to sustainable and healthy development of the food industry. Recent research progress and application of food biotechnology in the fields of food industry was introduced in this paper. It is hoped that proposed suggestion on research directions of food biotechnology in the paper can provide useful information for future development of technology and industrialization of food industry.

Written by He Guoqing, Chen Qihe, Li Yun

Report on Functional Food

Functional Food, is a kind of health foods that have been licensed to bear a label claiming that a person using them for specified health use may expect to obtain the health use through the consumption. Functional food is expected to serve as the roles on biological defense, biological rhythm adjustment, and recovery form chronic disease but not the treatment of disease. For a long-term consumption–food, functional foods does not result in acute and subacute toxicity or chronic harm to human.

Discipline of Functional food was emerged among the interdiscipline of chemistry, physics, biology and medical science. Discipline of functional food aims to reveal the links between functional food and human health through the multidisciplinary studies. At present, investigates on functional food science have become the most active and interesting among the discipline of food science. The physiological functions are the essence of functional food and also are the centre of the investigates on functional food science. Although there are differences on claimed physiological functions of functional foods in countries including USA, Japan and China, products of functional foods and investigations on physiological functions are booming and normalized in worldwide. On the database of ISI web of knowledge, the publications original form China is increasing and shared of 7.4% of worldwide publications in 2012, ranking the secondary place after the first of USA. Chinese patents also is increasing and shared of 35.1% of worldwide patents, ranking the secondary place after the first of South Korea. On one hand, giving new nutrient in traditional food is a potential way to develop new functional food products. On the other hand, investigation on sub-health is a potential branch of study of functional food science to develop of new functional food products. Bio-factors are the key substances of functional foods which achieve the products' physiological function claimed. Including in China, most bio-factors used in worldwide are original from natural plants. In china, the State Food and Drug Administration, SFDA, has permitted 87 kinds of herbs which can be used in either medicine or food. The most contained bio-factors in used herbs of functional foods are saponins and flavone. Isolating the bio-factors is the base of assessment of physiological function and product development of functional food. In China, some techniques including fermentation and tissue culture have been used to produce bio-factors.

In the future researches, the physiological functions, especially in sub-health symptom, are worth to pay attention. It is necessary to re-assess the mechanisms of bio-factors used in functional foods on claimed physiological functions through the experiments in vivo and in vitro. First, base on the animal experiment, we should make it clear which biological functions bio-factor functions and how the bio-factors are metabolic on the level of organ as well as the safety of metabolites on human. Second, at the cellular level, we should understand the cells targeted by bio-factors and how to achieve these functions on the cells. Thirdly, at the molecular level, we should make it clear how bio-factors regulate the activity of functional like proteins and DNA. To the development of functional foods, it is helpful to build a perfect industry-university-research platform for functional food science and promote the transformation of the research into products.

Written by Huang Hanchang, Jiang Zhaofeng

Report on Aquatic Products Processing and Storage Engineering

Status and prospect of the discipline of aquatic products processing and storage engineering was introduced. Achievements and problems in the discipline of aquatic products processing and storage engineering developed in the past two years were presented. Current aquatic products processing and storage industry in China has formed an integrated system including refrigeration, frozen products, surimi and surimi-based products, fish cans, fish meals, fish oil, pharmaceutical chemical products, function products, and so on. Until to 2012 there are more than 9,611 aquatic products processing companies in China, and in total they have nearly 60 million tons of aquatic products. The total output value of aquatic products is 1,732 billion. In China, there are more than one hundred of colleges, universities and scientific research institute can cultivate the graduated student majored in the discipline of aquatic products processing and storage engineering. And now more and more research funds are invested in the research of this discipline development. Many national science and technology support programs about aquatic products processing and storage were started in 2011, for example, the program of technology development in aquatic food processing and industrialization. There are many progresses on aquatic products resource utilization, new technology development and application in aquatic products processing, the quality improvement of aquatic products and foods, broadening the trade market of aquatic foods, and so on.

Current main problem of the discipline of aquatic products processing and storage engineering in China were also introduced. The main problems include the lack of scientific industrial standardization of aquatic products and foods, the small proportion of refined processed aquatic products, the low technical content in aquatic products industry, the low level in aquatic product offal processing, the food safety problems of aquatic products and foods, and so on. Several suggestions and prospect in main research area of the discipline of aquatic products processing and storage engineering were stated. In a bid to advance the all–round level of this discipline, it shall maintain and strengthen its effort in discipline construction, put in more funds, catch more attention to scientific and technological innovation in aquatic products processing and storage engineering, strengthen the construction of state platform of aquatic products processing and storage engineering. In the further, scientific studies should be focused on the new storage technologies of aquatic products, the development of new aquatic products, the processing technologies, and food safety control and food safety risk assessment. These efforts will contribute to upgrading national original innovation and adding to knowledge about aquatic products processing and storage engineering.

Written by Pan Yingjie, Wang Xichang, Zhao Yong

Report on Land Animal Products Storage and Processing

What is land animal products storage and processing itself and what its industry and discipline do were introduced. Interdiscipline between agriculture and engineering is the main chareteristics for it. Baesed on the experience from developed countries, with the transition from plant agriculture to animal agriculture in China, land animal products storage and processing is becoming a more and more significant industry and will play a new economic pole in China.

As land animal production and consumption expanded very quickly with the vigorous growth in animal food industry in the last two years in China, scientific and research teams and platforms in universities and institues were established due to huge investment, mutual academic communications became frequent, and all sorts of talent were cultivated to meet the requirements of rapid economic development.

Progress in basic and technological research mainly funded by National Science Foundation and "863" and other Plan concerning meat, milk and egg storage and processing in China during 2011—2012 was described. Basic research focus was on meat conditioning, quality control, gelation and flavor; Lactic acid bacteria milk fermentation, probiotics and proteomics; egg antimicrobial characteristics, active peptides and pathogenic microbiorganisms etc. Technological research focus was on non-thermal processing, such as ultra pressure and pulsed light treatment, starter culture improvement, tracing and identification of adulteration and authenticity, such as internet of things and gene chips, and other high and emerging technologies, particularly used in developing high quality animal products and ameliorate traditional Chinese animal products, the quality of which are usually inferior because of the poor traditional production style. Lots of scientific and technological achievements were made in the land animal storage and processing field, including national and provincial (or ministerial) levels, converted into productive force or applicated in the industry sector, and great benefits were produced.

Trends of the international research in land animal storage and processing discipline were discussed regarding combination with biotechnology, enviorment, resource, new technologies and methods. Through comparison and analysis, the problems between international and domestic research were lack of professional scientists or researchers, irrational team structure, inefficient lab operation, extensive research area, little cross study, and poor engineering research. referential experiences were provided such as technology leaded model, enterprise dominated mechnisms and formation of advantages and characteristics.

Based on the market needs, development objects and trends in future, development strategy and research directions for China land animal products storage and processing discipline were prospected.

Written by Zhou Guanghong, Xu Xinglian, Sun Jingxin

Report on Starch Science and Engineering

The discipline of starch science and engineering is a fundamental expanding discipline which mainly investigates the correlationship between the structure of starch molecular and its properties. The law and mechanism in the variation of the structure and properties in the working process are included in this discipline. Moreover the approach and technique method for acquiring new modified design are also a significant part of this kind of subject thus adopting the subject of starch science and engineering to the requirements of various kinds of industrial applications and expanding the range of its application. In recent years the discipline of starch science and engineering kept intercepting and merging with other multi-disciplinary knowledge such as modern nutriology, physiology, pathology, biological science, materials science and other cutting-edge high-tech disciplines such as biotechnology, medical technology, nano technology and new material technology. As a result of transforming the different kinds of subjects and the advanced technology, the latest scientific and technological achievements are obtained in the area of starch science and engineering and new breakthrough are gained in the fundamental research and advanced technology in this kind of subject.

This reportbegins from the obvious impacting of each chain link on the subject of starch science and engineering in the science and engineering research. Besides the study also analyzes the current circumstance and put forward the future development trend for this kind of subject. The recent development within the discipline of starch science and engineering in China during 2012—2013 were summarized and analyzed mainly from four aspects including the biological synthesis and preparation, starch structure and properties, starch modification, conversion application analysis and detection for starch. Also, the significant supporting effect of the subject of starch science and engineering on the related industrial development is an important contribution to the society. In addition, this study which based on the foundation of the comparison between the international hot issues of the subject of starch science and engineering and the cutting–edge development in this kind of the area and combined the strategic needs in the starch science and engineering area in China analyzes the future trend of this subject and key points in this area.The related analysis for the development of the subject of starch science and engineering and the focus area of this subject come from the aspects of the construction of basis science and fundamental disciplines, cutting–edge research and technology innovation and industrial position and development with proposing the advices for policy and strategy in order to improve the development of starch science and engineering in China.

Written by Li Lin, Chen Ling, Li Xiaoxi, Li Bing, Xu Zhenbo

Report on Fruit and Vegetable Storage and Processing

In the year 2011, China's vegetable acreage reached 19.639 million hectares, production of 580 million tons. Correspondingly, the fruit growing area is 11.831 million hectares, production of 230 million tons. China is the largest fruit and vegetable producer and products processing base in the world. In 2012, the contribution of the fruit and vegetable industry for the National Farmers' per capital net income is over 1300 yuan.

At present, the fruit and vegetable storage and processing has played an increasingly important role in agriculture and rural development in China as a new industry. Obvious comparative advantage and international competitiveness have been found in the fruit and vegetable storage and processing of the agricultural product processing industry in our country. This industry has become a vast rural and farmer's main source of economy and new economic growth point in China. And it is highly export–oriented development potential of regional characteristics and efficient agricultural industry and the pillar industry of the Chinese agriculture.

The research report has given outline of some contents of fruit and vegetable storage and processing in our country, including the curriculums, the teacher's troop, scientific research personnel, talents cultivation, and platform construction, for project, intellectual property rights, scientific research achievements, and the international academic communication and so on. It also emphasized and analyzed the hot pots and the developments in the research of fruit and vegetable storage and processing, and explicated the major applications and major achievements of latest developments in the industrial development. In addition, the research report also discussed the trend of development of fruit and vegetable storage and processing and its development prospect by comparing and analyzing the major research progress at home and abroad.

Written By Shan Yang, Liu Wei, Li Gaoyang, Su Donglin, Zhu Xiangrong

Report on Food Additives

Food additives are key to food industry, and important basis for food safety, nutrition and industrial production. According to the 12th Five-Year Plan for Food Industry, by 2015, an intensive and large-scale food industry with improved food quality and safety should be achieved, and a modern, safety and nutrition-guaranteed food industry with good independent innovation ability and international competitiveness should be built. The accomplishment of the 12th Five-Year Plan needs the development of food additive development. In this report, the development of food additive in China during the past 3 years was summarized from all aspects of "industrial production, professional education and scientific research", and an outlook for the future trends of food additive industry in China was proposed.

In the food additives industry aspect, the industrial sales of food additives did not increase with the rapid development of food industry, and on the contrary, decrease by year. The public shows low awareness and positive attitude to food additives. Meanwhile, the excessive use and out-of-scope use are the main reason for unqualified food. All these enforce the public misunderstanding towards food additives, and hinder the development of food additive industry.

In the aspect of technology management of food additives, the National Center for China Food Safety Risk Assessment (CFSA) was established. Several national standards regarding food additives were amended and issued, including "Standard for Use of Food Additive", "Standard for Use of Nutrition Enhancers", "General Rules for Food Nutrition Labeling" and "General Rules for Compound Food additives". The 5th and 6th batch of "List of non-food Substances Illegally used and Food Additives Abused" are also issued.

Great progress is achieved in the major and innovation infrastructure development of food additive. The course "Food Additives" are the important node in the major of food science and technology. In 2012, a doctoral program for "food (functional food included) additives and safety" was approved, and this is the first doctoral program in the field of food additives. The book "Food Additives" written by Sun Baoguo and his collaborators was chosen as "12th Five-Year Plan" national official textbook for higher education. The book "Unavoidable Food Additives" written by Sun Baoguo and his collaborators was chosen as "12th Five-Year Plan" National Key Books.

The research in food additives is booming. The National Science & Technology Pillar Program during the 12th Five-year Plan Period established a key program "Research on the Key Technology in Food Additive Production". Two research achievements won the second prize of national science and technology progress award in year 2011. Five research achievements won the science and technology progress award or technological development award of the Ministry of Education. By summarizing the research progress and trends in 10 classes of food additives, and comparing with related international research, it is proposed that the future research and development in food additives should focus on new products with better safety, functionality and stability, new technology of controlled release, new production technology with better resource utilization, better safety, higher purity and less pollution.

Written By Sun Baoguo, Cao Yanping, Xiao Junsong, Wang Bei, Xu Duoxia

Report on Food Equipment

China's food industry economy performed well in 2012. Rapid development of China food industry would promote the development of food equipment industry. In turn, Continuous development of food equipment industry makes food industry perfect. With the growing demand of diversity and multi-level food, it brings more requirements to food equipment industry needs food equipment industry create powerful back-up. By comparing and studying the product quality, science and technology, the cultivating system and standardization, the report will put forward the suggestions for the development of China food equipment basing on the analysis of current situation.

Written By Li Shujun, Lin Yaling, Liu Xingjing, Liu Bin

Report on Genetically Modified Food

Since the first biotechnology tomato targeted for delaying shelf life approved for commercialization in 1993, the development of genetically modified food is unprecedented. U.S. is the lead country with the most biotech products. More than 60% of process food contained transgenic content. The adoption rates of maize, soybean and sugar beet are 86%, 93% and 95%, respectively. The percent of usage by US residents of maize, soybean and sugar beet are 68%, 72% and 99%, respectively. In China, the biotech foods were assessed by toxicology, allergencity, nutrition and unexpected effects methods in according to the principles worldwide accepted. In China, the imported biotech foods are soybean, maize, canola oil and papaya and the domestic products are papaya and cotton oil from insect resistant cotton. There are 17 biotech products in the labeling list, including products of soybean, maize, canola and tomato. As the development of the important biotech products with nutrition improvement and drought resistant traits, the biotechnology is not only provide high yield products but also improve nutritional function, such as high oleic soybean, lactoferrin cow which bring new field for function foods.

Written By Yang Xiaoguang, Zhuo Qin, Yang Lichen

Report on Convenience Food

Convenience food is the inevitable product that technology of food processing suitable to the fast tempo of life, it plays very important role in food industry. The convenience food development is the epitome of total food industry. The research development about convenience food in latest two years is mostly focuses on four aspects: nutrition and healthy, processing and equipment, logistics and service, quality and safety, the research contents including material characteristic of convenience food, nutrition design and healthy food exploit, general processing and key technology breakthrough, the level of logistics and service upgrade, the equipment study and upgrade, safety control technology. The authors made a simple review on these four aspects and explores the new technologies about convenience food, and figured out that the developing aspects of convenience food is to improve staple food industrialization, inwhich, the key technology breakthrough of highly developed quick-frozen food would promote the development of the science and technology of convenience food rapidly.

Written By Jin Zhengyu, Wang Jinpeng

Report on Food Nutrition

Human evolution is closely related to food, food is a part of the human environment. Nutritional balanced food is key factor for human health and longevity. Teaching and practice of food, nutrition and health have started since human being recorded history. Since the early 19th century, the concept of nutrition was defined by nutritionists. Their teaching and work laid the foundation of dietetics, and formed a kind of empirical disciplines. Modern nutrition of the road can be traced back to the middle of 19th century, and its promotion of dietetics became an independent auxiliary medical profession. At the beginning of the 21st century, the blueprint of nutritional science, and nutrition policy were gradually generated.

Chinese modern nutritional science was founded in the early 20th century, in order to solve the nation's nutritional problems, Chinese scientists considered diet and nutrition as one of the most important research projects. Chinese Nutrition Society was established in Chongqing in 1945, meantime Chinese Journal of Nutrition was founded. After the founding of New China, nutrition has been rapid developed. In 1950, the Chinese Nutrition Society was merged into the Society of Physiological Sciences, and continues to engage in nutrition academic activities. First edition of "Food Composition" was published in 1952. Acta Nutrimenta Sinica was Founded in 1956. First national nutrition survey was launched in 1995, covering population of 500,000 of 26 provinces and cities with four seasons dietary intake. Based on the survey, China's first Dietary Referance Intakes was proposed in 1962.

Chinese Nutrition Society redeveloped into national society in 1982, became the member of International Union of Nutritional Sciences (IUNS) members in 1984, and joined the Federation of Asian Nutrition Societies (FANS) in 1985. The Second National Nutrition Survey has been conducted in 1982, since then National Nutrition Survey every 10 years. The Dietary Guidelines for Chinese Residents was proposed in 1989, and updated in 1997 and 2007, respectively. The Balanced Diet Pagoda was suggested in 1997 and updated in 2007. Early 70s of last century, results from large—scale trials confirmed that the effectiveness of oral sodium selenite can prevent Keshan disease. 1976, selenium intervention policy extended to the country, since then Keshan disease does not appear on large—scale epidemic. Research on selenium essentiality of Chinese nutritionists has reached the world advanced level, recommended dietary intake of selenium has been adopted globally. Research of phytochemical bioactivities in China is a world leading level, such as polyphenols, isoflavones, allicin and garlic acid, lycopene, ginseng saponins, flavonoids, bitter melon saponin, curcumin, proanthocyanidins, lentinan, ginger oleoresin, polysaccharides of ganoderma, wolfberry and dendrobium etc.

In recent years, with the development of the theory and experiment technology of molecular biology, molecular nutrition and/or nutrigenetics and nutrigenomics developed in China, it is used to study the nutrient or biological functional component and the interaction of genetic factors related to human health. For example, the present study showed that selenium through regulating mRNA stability which produce GSH—Px to regulate it gene expression. N—3 polyunsaturated fatty acids through controlling the key genes mRNA expression of encoding enzymes production, led to adjustment of homocysteine metabolism related enzymes, such as urinary cystathionine γ —lyase, methylenetetrahydrofolate reductase, methionine adenosine transferase etc. Recent 30 years, along with our country reform and open policy, and the rapid development of social economy, the dietary pattern of residents, living habit and disease spectrum are also changing. Thirty years ago, the main food nutrition problem was malnutrition, however, we are currently facing co—exist of malnutrition and nutrition imbalance (commonly known as over nutrition) .

Through nutritional intervention for the prevention and adjuvant the rapid growth of non—communicable disease is a major subject of China's nutritionists and relevant healthy professionals. However, the relationship between the rapid growth of the non—communicable disease and dietary intake, and the interaction between nutrients, food ingredients and disease, disease risk factors and related genes remains to be further clarified, since China is still lack the basic data.

Written By Li Duo

附　　录

1. 学科分支变动表

附表 1　学科分支变动表

2. 学科重要成果名录

附表 2　2010—2012 年与食品科学技术相关的国家级奖项和项目

奖励	项目名称	主要完成单位	主要完成人
2010 年度 科技 进步奖	国家粮食储备新技术研究开发与集成创新	国家粮食局科学研究院，河南工业大学，中国储备粮管理总公司，国家粮食储备局成都粮食储藏科学研究所，国贸工程设计院，北京东方孚德技术发展中心，南京财经大学，国家粮食储备局郑州科学研究设计院，辽宁省粮食科学研究所，北京中谷润粮技术开发有限责任公司	吴子丹，卞科，徐永安，赫振方，郝伟，郭道林，宋伟，唐学军，卜春海，曹阳，蔡静平，陶诚，高素芬，张明学，王殿轩
	大豆磷脂生产关键技术及产业化开发	河南工业大学，江南大学，东北农业大学，上海良友（集团）有限公司，九三粮油工业集团有限公司，郑州四维粮油工程技术有限公司，山东渤海油脂工业有限公司	谷克仁，王兴国，江连洲，刘元法，李桂华，张根旺，王波，汪学德，于殿宇，梁少华

奖励	项目名称	主要完成单位	主要完成人
2010 年度科技进步奖	食品微生物安全快速检测与高效控制技术	广东省微生物研究所，广东环凯微生物科技有限公司	吴清平，张菊梅，蔡芷荷，邓金花，陈素云，阚绍辉，吴慧清，张淑红，寇晓霞，郭伟鹏
	青藏高原牦牛乳深加工技术研究与产品开发	中国农业大学，甘肃农业大学，甘肃华羚干酪素有限公司，西藏农牧学院，西藏高原之宝牦牛乳业股份有限公司，青海青海湖乳业有限责任公司	任发政，甘伯中，韩北忠，敏文祥，王福清，罗章，童伟，毛学英，何林，郭慧媛
	海洋水产蛋白、糖类及脂质资源高效利用关键技术研究与应用	中国海洋大学，青岛明月海藻集团有限公司，山东东方海洋科技股份有限公司，浙江兴业集团有限公司，中国水产舟山海洋渔业公司	薛长湖，李兆杰，汪东风，马永钧，李八方，林洪，薛勇，张国防，周先标，赵玉山
	特色热带作物产品加工关键技术研发集成及应用	中国热带农业科学院，椰树集团海南椰汁饮料有限公司，海南椰国食品有限公司，云南省农业科学院热带亚热带经济作物研究所	王庆煌，王光兴，钟春燕，张劲，刘光华，赵建平，谭乐和，赵松林，黄茂芳，黄家瀚
	农业食品中有机磷农药等残留快速检测技术与应用	华南农业大学，广州绿洲生化科技有限公司，广州达元食品安全技术有限公司，中国疾病预防控制中心营养与食品安全所，珠海丽珠试剂股份有限公司	孙远明，雷红涛，卢新，黄晓钰，王林，曾振灵，石松，刘雅红，徐振林，杨金易
	仔猪肠道健康调控关键技术及其在饲料产业化中的应用	中国科学院亚热带农业生态研究所，北京伟嘉饲料集团，武汉工业学院，广东省农业科学院畜牧研究所，双胞胎（集团）股份有限公司，武汉新华扬生物股份有限公司，广东温氏食品集团有限公司	印遇龙，侯永清，林映才，李铁军，黄瑞林，廖峰，邓近平，孔祥峰，卢向阳，谭支良
	贝类精深加工关键技术研究及产业化	大连工业大学，大连獐子岛渔业集团股份有限公司	朱蓓薇，董秀萍，李冬梅，吴厚刚，周大勇，孙黎明，杨静峰，吴海涛，辛丘岩，侯红漫
2010 年技术发明奖	脂溶性维生素及类胡萝卜素的绿色合成新工艺及产业化	浙江大学	李浩然，陈志荣，胡柏剡，王从敏，胡兴邦，黄国东
2011 年科技进步奖	农产品高值化挤压加工与装备关键技术研究及应用	山东理工大学，江南大学，江苏牧羊集团有限公司	金征宇，申德超，陈善峰，徐学明，范天铭，李宏军，谢正军，申勋宇，马成业，童群义

251

奖励	项目名称	主要完成单位	主要完成人
2011年科技进步奖	大豆精深加工关键技术创新与应用	国家大豆工程技术研究中心，华南理工大学，河南工业大学，东北农业大学，哈高科大豆食品有限责任公司，黑龙江双河松嫩大豆生物工程有限责任公司，谷神生物科技集团有限公司	江连洲，赵谋明，陈复生，朱秀清，于殿宇，王哲，唐传核，田少君，马传国，周川农
	稻米深加工高效转化与副产物综合利用	中南林业科技大学，华南理工大学，万福生科（湖南）农业开发股份有限公司，华中农业大学，长沙理工大学，湖南润涛生物科技有限公司，湖南农业大学	林亲录，杨晓泉，赵思明，程云辉，谭益民，肖明清，黄立新，吴跃，杨涛，吴卫国
	工业产品中危害因子高通量表征与特征识别关键技术与应用	湖南出入境检验检疫局检验检疫技术中心，江南大学，中国科学院大连化学物理研究所，福建出入境检验检疫局检验检疫技术中心，天津出入境检验检疫局工业产品安全技术中心	王利兵，胥传来，黄志强，梁鸣，许国旺，于艳军，丁利，彭梓，马伟，王晓兵
	高效节能小麦加工新技术	河南工业大学，武汉工业学院，克明面业股份有限公司，河南东方食品机械设备有限公司，郑州智信实业有限公司，郑州金谷实业有限公司	卞科，陆启玉，郭祯祥，温纪平，王晓曦，郑学玲，林江涛，陈克明，李庆龙，吴存荣
	L-乳酸的产业化关键技术与应用	河南金丹乳酸科技有限公司，哈尔滨工业大学（威海）	于培星，任秀莲，崔耀军，王然明，张云飞，刘喆，张兴龙，朱守林，钮涛，石从亮
2011国家技术发明奖	高分子多糖生物质加工新技术与产品应用	中华全国供销合作总社南京野生植物综合利用研究院，北京林业大学，华南理工大学，中国石化胜利石油管理局井下作业公司	
2012年科技进步奖	高含油油料加工关键新技术产业化开发及标准化安全生产	山东鲁花集团有限公司，江南大学	王兴国，孙东伟，刘元法，宫旭洲，金青哲，李恒严，王珊珊，李秋，王晓玲，宫晓华
	果蔬食品的高品质干燥关键技术研究及应用	江南大学，宁波海通食品科技有限公司，中华全国供销合作总社南京野生植物综合利用研究院，山东鲁花集团有限公司，江苏兴野食品有限公司	张慜，张卫明，孙金才，孙晓明，孙东风，范柳萍，陈龙海，崔政伟，罗镇江，赵伯涛
	食品安全危害因子可视化快速检测技术	天津科技大学，中国检验检疫科学研究院，天津出入境检验检疫局动植物与食品检测中心，辽宁出入境检验检疫局检验检疫技术中心，天津生物芯片技术有限责任公司，天津九鼎医学生物工程有限公司	王硕，陈颖，郑文杰，曹际娟，王俊平，张燕，张宏伟，袁飞，曹勃阳，温雷

3. 学科发展大事记（1952—2012 年）

1952 年

南京大学工学院独立组建成南京工学院，将来自复旦大学、原中央大学、武汉大学、浙江大学等院校的食品学科合并至南京工学院成立新中国第一个食品工程系。

1984 年

食品学科首次获得食品工程博士学位授予权。

1993 年

我国第一个农产品加工工程博士点获批建立。

1996 年

国家乳业工程技术研究中心（以黑龙江省乳品工业技术开发中心为技术依托单位）、国家大豆工程技术研究中心（以黑龙江省大豆技术开发研究中心、黑龙江省农科院大豆所、东北农业大学、吉林省农科院大豆所为技术依托单位）经国家科技部批准组建，这是我国食品领域最早组建的国家级工程技术研究中心。

1998 年

首批"食品科学与工程"博士后流动站获准建立。

教育部颁布《普通高等学校本科专业目录（1998 年）》，对食品学科进行了部分调整。

中国农业大学获批建立"食品科学与工程"一级学科博士点。

2001 年

国家重大科技专项"农产品深加工技术与设备研究开发"开始启动，我国首次在国家层面上对食品科技领域立项资助。

2005 年

南昌大学获批国内食品学科领域第一个"长江学者"创新团队。

2007 年

从事食品检验检疫研究的庞国芳教授当选中国工程院院士。

4 月，江南大学与南昌大学联合申报的食品科学与技术国家重点实验室获科技部批准立项建设，这是我国食品科技领域首个国家重点实验室。

8 月，江南大学"食品科学与工程"被教育部认定为首批一级学科国家重点学科。

2009 年

从事香精香料方面研究的孙宝国教授当选为中国工程院院士。

国家自然科学基金委员会在生命科学部设立食品科学学科，并从 2010 年开始受理和评审食品科学领域的自然基金项目。

2011 年

江南大学"食品科学与工程"本科专业通过 IFT（美国食品科学技术学会）食品专业国际认证。

2012 年

10 月，教育部正式颁布实施新的《普通高等学校本科专业目录（2012 年）》和《普通高等学校本科专业设置管理规定》，食品学科也得到了部分调整。

4. 食品学科教育部评估情况

（1）评估指标体系

附表 3　教育部学科评估指标体系

一级指标	二级指标	三　级　指　标
学术队伍	教师情况	专职教师及研究人员总数
		具有博士学位人员占专职教师及研究人员比例
		中国科学院、工程院院士数（仅对设立院士的学科门类）
	专家情况	长江学者、国家杰出青年基金获得者数
		百千万人才工程一二层次入选者、教育部跨世纪人才、新世纪人才数
科学研究	科研基础	国家重点学科、国家重点实验室、国防科技重点实验室、国家工程技术研究中心、国家工程研究中心、教育部人文社科基地数
		省部级重点学科、省部级重点实验室、省级人文社科基地数
	获奖专利	获国家三大奖、教育部高校人文社科优秀成果奖数
		获省级三大奖及"最高奖"、省级哲学（人文）社科成果奖数，以及获中华医学科技奖、中华中医药科技奖数
		获发明专利数（仅对"工学、农学、医学"门类）
	论文专著	CSCD 或 CSSCI 收录论文数
		人均 CSCD 或 CSSCI 收录论文数
		SCI、SSCI、AHCI、EI 及 MEDLINE 收录论文数
		人均 SCI、SSCI、AHCI、EI 及 MEDLINE 收录论文数
		出版学术专著数
	科研项目	境内国家级科研项目经费
		境外际合作科研项目经费
		境内国家级及境外合作科研项目数
		人均科研经费
人才培养	奖励情况	获国家优秀教学成果奖数
		获全国优秀博士学位论文及提名论文数

一级指标	二级指标	三 级 指 标
人才培养	学生情况	授予博士学位数
		授予硕士学位数
		目前在校攻读博士、硕士学位的留学生数
学术声誉	学术声誉	学术声誉

（2）食品学科教育部评估排名

附表4　2004年食品学科教育部评估排名

学校名称	排名	得分	学校名称	排名	得分
中国农业大学	1	83.7	华中农业大学	6	76.3
江南大学	2	81.8	江苏大学	7	70.9
中国海洋大学	3	81.6	南京农业大学	8	70.5
浙江大学	4	79.4	西北农林科技大学	9	68.9
华南理工大学	5	76.8	解放军军需大学	10	62.4

附表5　2008年食品学科教育部评估排名

学校名称	排名	得分	学校名称	排名	得分
江南大学	1	93	中国海洋大学	6	73
中国农业大学	2	87	华中农业大学	7	72
华南理工大学	3	80	天津科技大学	8	71
浙江大学	4	75	东北农业大学	8	71
南京农业大学	5	74	合肥工业大学	10	70

附表6　2012年食品学科教育部评估排名

学校名称	排名	得分	学校名称	排名	得分
江南大学	1	95	浙江大学	6	78
中国农业大学	2	86	中国海洋大学	6	78
华南理工大学	3	83	东北农业大学	8	77
南昌大学	4	81	江苏大学	8	77
南京农业大学	5	79	天津科技大学	10	76

索　引